"十四五"职业教育国家规划教材

"十二五"职业教育国家规划教材
普通高等教育"十一五"国家级规划教材
高等职业教育新形态一体化教材
全国高等职业教育示范专业规划教材
机械工业出版社精品教材
（电气工程及自动化类专业）

自动检测技术及应用

第 4 版

主　编　武昌俊　刘　瑞
副主编　张广红
参　编　鲁业安　张晴晴　徐　林　沈晔超
主　审　常　辉

机械工业出版社

本书是"十四五"职业教育国家规划教材、"十二五"职业教育国家规划教材、普通高等教育"十一五"国家级规划教材。主要内容包括：检测技术的基本知识；工业、生活等领域常用传感器的基本原理、转换电路及其应用；检测系统信号的处理、变换及抗干扰技术；智能视觉系统及其应用等。

本书突出了传感器应用和制造工艺方面的内容，特别介绍了新技术、新器件在自动检测领域的新应用，具有较强的实用性和可参考性，旨在帮助读者提高理论联系实际的能力。

本书可作为高等职业院校电气自动化类、仪器仪表类、电子技术类、智能制造类、机电技术及数控类、计算机类等专业的教材，也可供生产技术、管理、运行人员及其他工程技术人员参考。

为方便教学，本书提供免费电子课件、习题解答、短视频等，凡选用本书作为授课用教材的教师，均可登录机械工业出版社教育服务网（www. cmpedu. com），注册后下载。

图书在版编目（CIP）数据

自动检测技术及应用／武昌俊，刘瑞主编. -- 4 版. 北京：机械工业出版社，2024. 8（2025.8 重印）. --（"十四五"职业教育国家规划教材）（"十二五"职业教育国家规划教材）（普通高等教育"十一五"国家级规划教材）. -- ISBN 978-7-111-75985-0

Ⅰ. TP274

中国国家版本馆 CIP 数据核字第 2024PF0649 号

机械工业出版社（北京市百万庄大街22号　邮政编码100037）
策划编辑：于　宁　　　　　　责任编辑：于　宁　苑文环
责任校对：樊钟英　丁梦卓　　封面设计：鞠　杨
责任印制：常天培
河北虎彩印刷有限公司印刷
2025 年 8 月第 4 版第 2 次印刷
184mm×260mm · 17.75 印张 · 432 千字
标准书号：ISBN 978-7-111-75985-0
定价：54.50 元

电话服务　　　　　　　　　网络服务
客服电话：010-88361066　　机　工　官　网：www.cmpbook.com
　　　　　010-88379833　　机　工　官　博：weibo.com/cmp1952
　　　　　010-68326294　　金　书　网：www.golden-book.com
封底无防伪标均为盗版　　机工教育服务网：www.cmpedu.com

关于"十四五"职业教育
国家规划教材的出版说明

为贯彻落实《中共中央关于认真学习宣传贯彻党的二十大精神的决定》《习近平新时代中国特色社会主义思想进课程教材指南》《职业院校教材管理办法》等文件精神，机械工业出版社与教材编写团队一道，认真执行思政内容进教材、进课堂、进头脑要求，尊重教育规律，遵循学科特点，对教材内容进行了更新，着力落实以下要求：

1. 提升教材铸魂育人功能，培育、践行社会主义核心价值观，教育引导学生树立共产主义远大理想和中国特色社会主义共同理想，坚定"四个自信"，厚植爱国主义情怀，把爱国情、强国志、报国行自觉融入建设社会主义现代化强国、实现中华民族伟大复兴的奋斗之中。同时，弘扬中华优秀传统文化，深入开展宪法法治教育。

2. 注重科学思维方法训练和科学伦理教育，培养学生探索未知、追求真理、勇攀科学高峰的责任感和使命感；强化学生工程伦理教育，培养学生精益求精的大国工匠精神，激发学生科技报国的家国情怀和使命担当。加快构建中国特色哲学社会科学学科体系、学术体系、话语体系。帮助学生了解相关专业和行业领域的国家战略、法律法规和相关政策，引导学生深入社会实践、关注现实问题，培育学生经世济民、诚信服务、德法兼修的职业素养。

3. 教育引导学生深刻理解并自觉实践各行业的职业精神、职业规范，增强职业责任感，培养遵纪守法、爱岗敬业、无私奉献、诚实守信、公道办事、开拓创新的职业品格和行为习惯。

在此基础上，及时更新教材知识内容，体现产业发展的新技术、新工艺、新规范、新标准。加强教材数字化建设，丰富配套资源，形成可听、可视、可练、可互动的融媒体教材。

教材建设需要各方的共同努力，也欢迎相关教材使用院校的师生及时反馈意见和建议，我们将认真组织力量进行研究，在后续重印及再版时吸纳改进，不断推动高质量教材出版。

机械工业出版社

前　言

按照党的二十大报告"加快构建新发展格局，着力推动高质量发展""建设现代化产业体系"的战略部署，紧扣国家"十四五"规划，本书本次修订主要介绍现代产业体系中自动检测技术的基本知识和各类传感器的基本原理、转换电路及其应用；检测系统信号的处理、变换及抗干扰技术等，并基于实际应用案例，详细介绍了融合信息技术、人工智能和生物技术等新型智能传感器在新工业场景中的具体应用，契合了党的二十大报告中"推进新型工业化，加快建设制造强国""推动制造业高端化、智能化、绿色化发展"的相关要求。推动战略性新兴产业融合集群发展，构建新一代信息技术、人工智能、生物技术、新能源、新材料、高端装备、绿色环保等一批新的增长引擎，加快建设制造强国、质量强国、航天强国、交通强国、网络强国、数字中国。

本书根据高等职业院校电类专业的教学基本要求修订编写，充分体现了"以淡化理论，必需、够用为度，培养技能，重在运用，能力为本位"原则的指导思想，突出实际应用，注重实践，适用于社会要求培养具有"创造性、实用性"的人才需要，符合机械装配制造业企业的需求。力图使高等职业院校电类专业学生在学完本课程后，能获得具有从事生产一线的技术和运行人员所必须掌握的自动检测技术、传感器和抗干扰技术等方面的基本知识和基本应用技能。契合党的二十大报告"深入实施人才强国战略。培养造就大批德才兼备的高素质人才"，努力培养卓越工程师、大国工匠、高技能人才。

针对本书前3版在教学中的使用情况及毕业生在生产实际应用中所遇到问题的信息反馈，本次修订继续保留适用内容，并注重结合生产实际，强化应用技能的培养，充实一些制造业高端化、智能化、绿色化发展中的传感器应用内容，删减或替换掉一些陈旧、过时的内容，尽可能做到通俗易懂、方便自学。本次修订是在第3版的基础上重点对相关知识进行重组，将原来的第12章删除，增加一章"智能视觉系统及其应用"。

本书着重于介绍常用传感器的工作原理，测量转换电路及其应用。在取材方面，既考虑了检测技术日新月异的发展趋势，也考虑到高等职业教育对象的实际基础水平，既有深度又有广度。因而，本书主要的着眼点在于结合实际来提高高职院校学生的工艺知识水平和解决实际问题的能力，压缩了大量的理论推导，重在突出高等职业教育教学的适用性及生产实际的实用性。

在本次修订中充分融入素质教育内容，在每一章相关知识点增加课程导读或推荐主流教育学习平台的相关资源作为课下辅助教学内容激发学生爱国情怀、大力弘扬爱国精神；培养劳动精神、传承劳模精神；结合本课程特点促进学生养成精益求精的工匠精神。

本书总学时为50学时左右(包括实验)，主要作为高等职业院校自动化类、仪器仪表类、电子技术类、机电技术类和智能制造类等电类专业用书。教材各章具有一定的独立性，其他有关专业(如计算机、数控、汽车类等专业)可根据需要选学不同的章节内容，也可供从事检测、控制技术等相关工程技术人员参考。本书也是安徽省现代职业教育体系建设改革优质教材，我们还立项建设了本课程的安徽省质量工程项目——大规模在线开放课程，充分利用信息化手段的数字化资源，打破了空间和时间的限制，实现"以学生为中心"的教学理念。感兴趣的读者可自行访问：安徽省网络课程学习中心（e 会学）（https：//www. ehuixue. cn/index/detail/index？ cid = 33044）。

本书由安徽机电职业技术学院武昌俊、刘瑞担任主编，其中，武昌俊编写了前言、绪论、第1章、第12章及附录；刘瑞编写了第3章和第7章；山西机电职业技术学院张广红任副主编并编写了第5章；安徽机电职业技术学院张晴晴编写了第11章及全书电子课件制作；安徽机电职业技术学院徐林编写了第2章和第4章；安徽机电职业技术学院鲁业安编写了第6章和第8章；安徽机电职业技术学院沈晔超编写了第9章和第10章。安徽职业技术学院常辉教授担任主审，主审以高度负责的态度审阅全文，提出了许多宝贵意见，在此表示衷心的感谢！

由于传感器技术发展较快，而且自动检测技术涉及的知识面非常广，加之作者的水平有限，在接触领域和理解上又有一定局限性，因此，在内容选择和安排上，不免会存在遗漏和不妥之处，诚请读者批评指正。

编　者

二维码索引

序号	二维码	页码	序号	二维码	页码
1		1	10		37
2		5	11		43
3		7	12		48
4		15	13		52
5		22	14		55
6		27	15		56
7		28	16		56
8		28	17		58
9		34	18		60

（续）

序号	二维码	页码	序号	二维码	页码
19		65	29		97
20		67	30		99
21		70	31		102
22		79	32		105
23		80	33		109
24		80	34		113
25		85	35		114
26		90	36		114
27		96	37		118
28		97	38		124

（续）

序号	二维码	页码	序号	二维码	页码
39		126	47		142
40		127	48		147
41		132	49		170
42		134	50		192
43		135	51		216
44		135	52		243
45		137	53		262
46		138			

目 录

前言

二维码索引

绪论 ……………………………………… 1

第1章 检测技术的基本知识 ……………… 5

1.1 测量的基本概念 ………………………… 5
1.1.1 测量 …………………………………… 5
1.1.2 测量方法 ……………………………… 6
1.1.3 测量方法的选择原则 ………………… 6
1.2 测量误差及其分类 …………………… 7
1.2.1 误差的表达方式 ……………………… 7
1.2.2 测量误差的分类 ……………………… 8
1.2.3 测量仪表的精确度与分辨率 ……… 9
1.3 测量结果的数据分析及处理 ……… 11
1.3.1 测量结果的数据分析 ……………… 11
1.3.2 测量结果的数据处理 ……………… 12
1.3.3 测量系统静态误差的合成 ……… 15
1.4 传感器及其基本特性 ……………… 15
1.4.1 传感器的定义及组成 ……………… 15
1.4.2 传感器的分类 ……………………… 16
1.4.3 传感器的基本特性 ………………… 17
1.4.4 传感器的技术指标 ………………… 20
1.5 传感器的选用要求与原则 ………… 20
1.5.1 传感器的选用要求 ………………… 20
1.5.2 传感器的选用原则 ………………… 21
1.6 传感器中的弹性敏感元件 ………… 22
1.6.1 弹性敏感元件的基本特性 ……… 22
1.6.2 弹性敏感元件的形式及应用
范围 ………………………………… 23
复习思考题 ………………………………… 27

第2章 电阻式传感器及其应用 ………… 28

2.1 电阻应变片式传感器 ……………… 28
2.1.1 电阻应变片的结构和粘贴 ……… 28
2.1.2 电阻应变片的工作原理 ………… 32
2.1.3 测量转换电路 ……………………… 34

2.1.4 应用 ………………………………… 37
2.2 电位器式传感器 …………………… 41
2.2.1 工作原理及特点 …………………… 41
2.2.2 结构及测量转换电路 ……………… 41
2.2.3 电位器式电阻传感器应用举例 … 42
2.3 测温热电阻式传感器 ……………… 43
2.3.1 热电阻的工作原理 ………………… 43
2.3.2 热电阻材料及结构 ………………… 44
2.3.3 常用热电阻 ………………………… 46
2.3.4 热电阻的应用——热电阻式
流量计 ……………………………… 47
2.4 其他电阻式传感器 ………………… 48
2.4.1 热敏电阻式传感器 ………………… 48
2.4.2 湿敏电阻式传感器 ………………… 50
2.4.3 气敏电阻式传感器 ………………… 52
复习思考题 ………………………………… 55

第3章 电感式传感器及其应用 ………… 56

3.1 自感式传感器 ……………………… 56
3.1.1 工作原理 …………………………… 56
3.1.2 自感式电感传感器的转换电路 … 60
3.1.3 应用 ………………………………… 63
3.2 差动变压器式传感器 ……………… 65
3.2.1 工作原理 …………………………… 65
3.2.2 主要性能 …………………………… 66
3.2.3 测量电路 …………………………… 67
3.2.4 应用 ………………………………… 69
3.3 电涡流式传感器 …………………… 70
3.3.1 电涡流式传感器的基本结构与
工作原理 …………………………… 71
3.3.2 转换电路 …………………………… 74
3.3.3 应用 ………………………………… 76
复习思考题 ………………………………… 79

第4章 电容式传感器及其应用 ………… 80

4.1 电容式传感器的工作原理及
结构形式 …………………………… 80

4.1.1　变面积（A）式电容传感器 ……… 81

4.1.2　变极距（d）式电容传感器 …… 82

4.1.3　变介电常数（ε）式电容
传感器 ……………………… 83

4.1.4　差动电容传感器 …………… 85

4.2　电容式传感器的测量转换电路 ……… 85

4.2.1　电桥电路 ………………… 85

4.2.2　调频电路 ………………… 86

4.2.3　差动脉宽调制电路 ………… 86

4.2.4　运算放大器式电路 ………… 88

4.2.5　二极管T型网络 …………… 89

4.2.6　转换电路的使用注意事项 …… 89

4.3　电容式传感器的应用 …………… 90

4.3.1　电容式传感器的优缺点 …… 90

4.3.2　电容式传感器的设计改善措施 …… 91

4.3.3　应用实例 ………………… 92

复习思考题 …………………………… 95

第5章　热电偶传感器及其应用 ………… 97

5.1　热电偶的工作原理 ……………… 97

5.1.1　工作原理 ………………… 97

5.1.2　热电偶定律 ……………… 99

5.2　热电偶的结构和种类 …………… 102

5.2.1　热电偶的结构 …………… 102

5.2.2　热电偶的种类 …………… 103

5.2.3　常用热电偶简介及镍铬-镍硅热
电偶分度表 ……………… 104

5.3　热电偶的冷端温度补偿和测温电路 … 105

5.3.1　热电偶的冷端温度补偿 …… 105

5.3.2　热电偶的测温电路 ………… 106

5.4　热电偶的应用及配套仪表 ……… 109

5.4.1　伺服式温度表 …………… 110

5.4.2　动圈式仪表 ……………… 110

5.4.3　数字式温度表 …………… 111

5.4.4　热电偶用于金属表面温度的
测量 ……………………… 111

5.4.5　热电偶用于管道内温度的测量 … 111

5.4.6　热电偶用于测量小氮肥厂中
转化炉的温度 …………… 112

复习思考题 …………………………… 112

第6章　光电传感器及其应用 …………… 113

6.1　光电效应及光电元器件 ………… 114

6.1.1　光电效应及其分类 ………… 114

6.1.2　光电元器件特性及基本测量
电路 ……………………… 114

6.2　光电开关及光电断续器 ………… 126

6.2.1　光电开关 ………………… 126

6.2.2　光电断续器 ……………… 127

6.3　光电式传感器的应用 …………… 127

6.3.1　模拟式光电传感器 ………… 128

6.3.2　脉冲式光电传感器 ………… 130

6.4　热释电元件及红外人体检测 …… 132

6.4.1　热释电效应及传感器结构 …… 132

6.4.2　用于人体探测的热释电传感器 … 133

复习思考题 …………………………… 134

第7章　霍尔传感器及其应用 …………… 135

7.1　霍尔效应原理与霍尔元件的结构 … 135

7.1.1　霍尔效应原理 …………… 135

7.1.2　霍尔元件的结构 ………… 136

7.2　霍尔元件的特性参数及误差 …… 137

7.2.1　霍尔元件的主要特性参数 …… 137

7.2.2　霍尔元件的误差 ………… 137

7.3　霍尔集成电路 ………………… 138

7.3.1　霍尔元件的常用电路 ……… 138

7.3.2　常用霍尔集成电路 ………… 140

7.4　霍尔传感器的应用 …………… 142

7.4.1　磁场测量 ………………… 142

7.4.2　霍尔压力传感器 ………… 142

7.4.3　霍尔电流传感器 ………… 143

7.4.4　霍尔传感器用于角度检测 …… 144

7.4.5　转速测量 ………………… 144

7.4.6　霍尔开关按键 …………… 145

7.4.7　霍尔无刷电动机 ………… 145

7.4.8　用霍尔集成传感器实现无触头
照明控制 ………………… 146

7.4.9　霍尔式无触头汽车电子点火
装置 ……………………… 146

复习思考题 …………………………… 147

第8章　数字式传感器及其应用 ………… 148

8.1　码盘式传感器 ………………… 148

8.1.1　增量式编码器 …………… 149

8.1.2　绝对式编码器 …………… 150

8.1.3　光电编码器的测量方法 …… 153

8.2　光栅传感器 …………………… 153
　8.2.1　光栅的结构与类型 …… 154
　8.2.2　基本工作原理 ………… 155
　8.2.3　辨向及细分 …………… 156
　8.2.4　光栅传感器的应用 …… 157
8.3　磁栅传感器 …………………… 158
　8.3.1　磁栅结构及工作原理 … 159
　8.3.2　信号处理方式 ………… 160
　8.3.3　磁栅传感器的应用 …… 161
8.4　感应同步器 …………………… 163
　8.4.1　种类和结构 …………… 163
　8.4.2　工作原理 ……………… 165
　8.4.3　感应同步器的信号处理方式 … 166
　8.4.4　感应同步器数显表及其应用 … 167
复习思考题 …………………………… 170

第9章　其他类型传感器及其应用 …… 171
9.1　压电式传感器 ………………… 171
　9.1.1　压电效应 ……………… 171
　9.1.2　压电材料 ……………… 173
　9.1.3　测量电路 ……………… 174
　9.1.4　应用 …………………… 175
9.2　超声波传感器 ………………… 178
　9.2.1　超声波及其物理性质 … 179
　9.2.2　超声波的特点及应用 … 181
9.3　光纤传感器 …………………… 188
　9.3.1　光纤的基本概念 ……… 188
　9.3.2　光纤传感器的应用 …… 190
复习思考题 …………………………… 192

第10章　汽车常用传感器及其应用 … 193
10.1　转速传感器 ………………… 193
　10.1.1　电磁式转速传感器 … 193
　10.1.2　脉冲信号式转速传感器 … 194
　10.1.3　车速传感器 ………… 196
10.2　液位传感器 ………………… 199
　10.2.1　浮子笛簧开关式液位传感器 … 199
　10.2.2　热敏电阻式液位传感器 … 200
　10.2.3　可变电阻式液位传感器 … 201
　10.2.4　电极式液位传感器 … 201
10.3　氧量传感器 ………………… 202
　10.3.1　氧量传感器在三元系统中的
　　　　　作用 ………………… 202

10.3.2　二氧化锆型氧量传感器 …… 203
10.3.3　二氧化钛型氧量传感器 …… 204
10.3.4　氧量传感器的检测 ……… 205
10.4　空气流量传感器 …………… 206
　10.4.1　叶片式空气流量传感器 … 206
　10.4.2　卡门涡旋式空气流量传感器 … 208
　10.4.3　热线式空气流量传感器 … 210
10.5　安全气囊系统及碰撞传感器 … 211
　10.5.1　碰撞传感器 ………… 212
　10.5.2　气体发生器 ………… 214
　10.5.3　SRS气囊组件 ……… 214
复习思考题 …………………………… 216

第11章　智能视觉系统及其应用 …… 217
11.1　机器视觉基本概述 ………… 217
　11.1.1　机器视觉的定义及特点 … 217
　11.1.2　机器视觉系统的构成 … 219
　11.1.3　机器视觉系统的一般工作
　　　　　过程 ………………… 220
　11.1.4　机器视觉系统的应用领域及发展
　　　　　趋势 ………………… 221
11.2　视觉传感器 ………………… 224
　11.2.1　CCD视觉传感器 …… 225
　11.2.2　CMOS视觉传感器 … 229
　11.2.3　智能相机 …………… 231
11.3　机器人智能视觉系统 ……… 233
　11.3.1　信捷智能视觉系统的组成 … 233
　11.3.2　信捷智能相机 ……… 236
　11.3.3　镜头及光源 ………… 237
　11.3.4　智能相机的安装 …… 238
　11.3.5　数字图像采集 ……… 239
复习思考题 …………………………… 243

第12章　信号的处理、变换及抗干扰
　　　　技术 …………………… 244
12.1　信号的处理与变换 ………… 244
　12.1.1　电桥电路 …………… 244
　12.1.2　模拟开关 …………… 245
　12.1.3　放大器 ……………… 247
　12.1.4　信号转换电路 ……… 248
　12.1.5　线性化 ……………… 250
12.2　抗干扰技术 ………………… 252

12.2.1 电子测量装置的两种干扰 ……… 252
12.2.2 屏蔽技术 …………………………… 253
12.2.3 接地技术 …………………………… 255
12.2.4 滤波技术 …………………………… 258
12.2.5 光电耦合技术 …………………… 260
复习思考题 ……………………………… 261

附录 …………………………………… 263

附录A 测量的基准、标准和单位制
简介 ……………………………… 263

附录B 常用传感器的性能比较 …………… 264
附录C 工业热电阻分度表 ……………… 265
附录D 镍铬－镍硅热电偶分度表
（自由端温度为0℃） …………… 266
附录E 常用光敏电阻的规格、型号及
参数 ……………………………… 268
附录F 2CR型硅光电池特性参数 ………… 269

参考文献 ……………………………… 270

绪　论

检测包含检查和测量两方面，是将生产、科研、生活等方面的有关信息通过合适的方法与装置进行分析或定量计算，以发现事物的规律性。在自动化系统中，人们为了有目的地进行控制，首先需要通过检测获取生产流程中的各种有关信息，然后对它们进行分析、判断，以便进行自动控制。

1. 检测技术

检测技术是以研究自动检测系统中的信息提取、信息转换及信息处理的理论和技术为主要内容的一门应用技术学科。广义上说，检测技术是自动化技术的四个支柱之一，检测技术的任务是：寻找与自然信息具有对应关系的各种表现形式的信号，以及确定的定性、定量关系；从反映某一信息的多种信号中挑选出在所处条件下最为合适的表现形式，以及寻求最佳的采集、变换、处理、传输、存储、显示的方法和相应的设备。

信息采集是指从自然界诸多被检查与测量量（物理量、化学量、生物量与社会量等）中提取有用的信息。

信息变换是将所提取出的有用信息向电量、幅值、功率等形式转换。

信息处理的任务是根据输出环节的需要，将变换后的电信号进行数字运算（求均值、极值等），以及模拟量、数字量变换等处理。

信息传输的任务是在排除干扰的情况下，经济、准确无误地把信息进行远、近距离传递。

虽然检测技术服务的领域非常广泛，但是从这门课程的研究内容来看，不外乎是传感器技术、误差理论、测试计量技术、抗干扰技术及电量间互相转换的技术等。提高自动检测系统的检测分辨率、准确度、稳定性和可靠性是本门学科的主要研究方向。

2. 自动检测系统的组成

自动检测系统是自动测量、自动计量、自动保护、自动诊断、自动信号等诸系统的总称，其原理框图如图0-1所示。对具体检测系统或传感器而言，必须将框图中的各项内容赋予具体的内容。

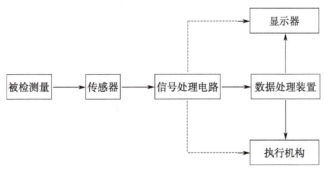

图0-1　自动检测系统原理框图

传感器是指能将被测的非电量变换成电量的器件，是连接被测对象和检测系统的接口。它提供给系统赖以进行处理和决策所必需的原始信息，是一些现代技术的起点，在很大程度上决定了系统的功能，是一个关键性器件。

信号处理电路的作用是把传感器输出的电量变成具有一定驱动和传输能力的信号（如电压、电流、频率等），以推动后级的显示电路、数据处理装置及执行机构。

目前常用的显示器有四类：模拟显示器、数字显示器、图像显示器及记录仪。模拟显示器是利用指针对标尺的相对位置来表示读数的，常见的有毫伏表、微安表和模拟光柱等。

数字显示器目前多采用发光二极管（LED）和液晶（LCD）等组成，以数字的形式显示读数。前者亮度高、耐振动、可适应较宽的温度范围；后者耗电低、集成度高。目前还研制出了带背光板的 LCD，便于在夜间观看。

图像显示器是用 CRT 或点阵式的 LCD 显示读数或被测参数的变化曲线，有时还可以用图表或彩色图等形式反映整个生产线上的多组数据。

记录仪主要用来记录被检测对象的动态变化过程。常用的记录仪有笔式记录仪、高速打印机、绘图仪、数字存储示波器和磁带记录仪等。

数据处理装置是用来对测试所得的数据进行处理、运算、分析，对动态测试结果做频谱分析（幅值谱分析、功率谱分析）及其他相关分析等。完成这些任务必须采用计算机技术。

数据处理的结果通常送到显示器和执行机构中，以显示运算处理的各种数据或控制各种被控对象。在不带数据处理装置的自动检测系统中，显示器和执行机构由信号处理电路直接驱动，如图 0-1 中的虚线所示。

执行机构通常是指各种接触器、电磁铁、电磁阀、伺服电动机等，它们在电路中是起通断、控制、调节、保护等作用的电气设备。许多检测系统能输出与被测量有关的电流或电压信号，作为自动控制系统的控制信号，去驱动执行机构。

3. 检测技术的作用

人类对客观世界的认识和改造总是以检测工作作为基础的。人类早期在从事生产活动时，就已经对长度（距离）、面积、时间和重量开始进行测量了，其最初的计量单位或是与自身生理特点相联系（如长度），或是与自然环境相联系（如时间）。

工程技术中的研究对象往往十分复杂，有些实际问题必须依靠实验研究来解决，而通过检测工作积累原始数据是工程设计和研究中的一项十分艰巨，也是十分重要的工作。

随着社会的进步和发展，自动检测技术已成为一些发达国家最重要的技术之一。它可以给人们带来巨大的经济效益，并促进科学技术飞跃发展，因此在国民经济中占有极其重要的地位。

在实际工业生产中，检测技术的内容十分广泛，见表 0-1。

在国防科研中，检测技术更为重要，用得更多，而且许多检测技术都是因国防科研需要而发展起来的。甚至在日常生活中，也离不开检测技术，如家庭煤气泄漏自动报警装置、空气温度检测装置等。自动检测技术渗透到各行各业，方方面面，也可以说，检测技术直接影响着人类文明的发展和进步。

表 0-1　工业检测技术包含的内容

被测量类型	被　测　量	被测量类型	被　测　量
热工量	温度、热量、比热容、热流、热分布、压力（压强）、压差、真空度、流量、流速、物位、液位、界面	物体的性质和成分量	气体、液体、固体的化学成分、浓度、黏度、湿度、密度、酸碱度、浊度、透明度、颜色
机械量	直线位移、角位移、速度、加速度、转速、应力、应变、力矩、振动、噪声、质量（重量）	状态量	机械的运动状态（起、停等）、设备的异常状态（超温、过载、泄漏、变形、磨损、堵塞、断裂等）
几何量	长度、厚度、角度、直径、间距、形状、平行度、同轴度、粗糙度、硬度、材料缺陷	电工量	电压、电流、功率、电阻、阻抗、频率、脉宽、相位、波形、频谱、磁场强度、电场强度、材料的磁性能

4. 检测技术的发展趋势

检测技术所涉及的知识非常广泛，已渗透到各个学科领域。由于科学和技术的发展，自动化程度越来越高，因而对自动检测系统的要求也越来越高，促使自动检测系统的研究向着研制"在线"检测和控制，检测系统小型化、一体化及智能化，以及研究故障检测系统的方向发展。当前，检测技术的发展主要表现在以下几个方面。

（1）不断提高检测系统的测量准确度、可靠性、稳定性、抗干扰性及使用寿命　近年来，随着科学技术的不断发展，要求测量准确度、可靠性和稳定性等尽可能高。例如，超精度的"在线"检测准确度要求小于 $0.1\mu m$。对传感器可靠性、故障率的数学模型和计算方法的研究，大大提高了检测系统的可靠性。

为了使自动检测装置适应在各种复杂条件下可靠工作，要求研制的检测系统具有较高的抗干扰能力和适应生产要求的较长使用寿命。

（2）发展小型化、集成化、多功能化、多维化、智能化和高性能、扩大量程范围的检测装置　随着半导体材料的研究和新工艺的进展，已研制出一批新型半导体传感器；光刻、扩散及各向异性腐蚀等集成电路新工艺也已渗透至传感器的制造过程中，从而使检测系统更趋于小型化、集成化、多维化、多功能化及性能更强。同时，若将传感器、放大器、温度补偿电路等集成于同一芯片上，构成"材料—器件—电路—系统"一体化，将进一步增强检测系统的抗干扰能力。

自微处理器问世及迅速应用以来，测量系统、控制技术、显示和记录装置也在向数字化、智能化方向发展，这使得自动检测技术须具有精确检测及数据处理等功能，以提高测量准确度和可靠性，从而扩展检测功能。

另外，检测系统趋于多维化，对于测量信息的采集不是局限于某一点，而是能在较宽范围内立体获得信息且具有较高的空间分辨率，即从"计量"向状态识别靠近。

（3）应用新技术和新的物理效应扩大检测领域的应用　检测原理大多以各种物理效应为基础。近代物理学的进展，对仿生学的研究，仿造生物感觉功能新型传感器的开发应用，使得检测技术的应用领域更广阔。如今的检测领域正向着整个社会需要各方面扩展，不仅用于工业部门，而且涉及工程、海洋开发、宇宙航行等尖端科学技术和新兴工业领域，生物、医疗、环境污染监测、危险品和毒品侦察、安全监测方面，同时也已渗入人类的日常生活之中。

（4）网络化传感器及检测系统逐步发展 在"信息时代"社会里，本着资源共享的原则，信息网络化蓬勃发展。为了能随时随地浏览和控制现场工况，要求传感器及检测系统具有符合某种协议格式的信息采集及传输功能。即通过局域网、互联网等实现异地数据交换和共享，从而实现远程调试、远程故障诊断、远程数据采集和实时操作，构成网络化的检测系统。

总之，检测技术的不断发展是为了适应国民经济发展的需求，取得的进展十分引人瞩目，今后将有更辉煌的飞跃。

5. 本课程的任务和学习要求

本课程的任务是：在阐述测量基本原理的基础上，分析各种传感器如何将非电量转换为电量，并对相应的测量转换电路、信号处理电路及在各领域中的应用做一介绍，同时，也适当地介绍误差处理、弹性元件、抗干扰技术、信号的处理与变换等知识。目的是使学生掌握各类传感器的基本理论、工作原理、转换电路、主要性能特点以及自动检测技术的相关知识，从而使学生能合理地选择、使用传感器；了解传感器的发展动向和运用检测技术的相关知识解决生产一线中出现的实际问题等。

由于涉及机、电、光等多领域知识，学科面广，需要有较广泛的基础和专业知识，学习本课程之前应有所准备。学习中要把握全书重点和各章重点，弄懂基本概念，做到理论联系实际，富于联想，善于借鉴，重视实验和实训，这样才能学得活、学得好，有利于提高今后解决实际问题的能力。

第1章 检测技术的基本知识

检测技术的主要组成部分之一是测量，人们采用测量手段来获取所研究对象在数量上的信息，从而通过测量得到定量的结果。现代社会要求测量必须准确度高、误差极小、速度快、可靠性强等。为此，对测量的方法精益求精。本章主要介绍测量的基本概念；测量方法；误差定义及表示法；误差分类及处理；测量仪表的精确度与分辨率；测量结果的数据统计与处理；传感器的定义、分类、静特性及技术指标和传感器中的弹性敏感元件等内容。这些内容是学习后面章节的基础。

企业案例引入 某轴承生产公司生产了一批轴承，现对该批轴承某一轴径进行检测，等准确度测量 16 次，得到如下数据（单位为 mm）：24.774，24.778，24.771，24.780，24.772，24.777，24.773，24.775，24.774，24.772，24.774，24.776，24.775，24.777，24.777，24.779。对该批轴承的测量数据进行处理和分析，计算出该轴径的尺寸。

要想解决该案例问题，先要学习检测技术的基本知识、测量误差的表达及误差分类、测量仪表的精确度与分辨率、测量结果的数据分析及处理、传感器及其基本特性的相关内容。

◇◆ **本章学习的重点：**掌握测量方法，测量误差的表达及误差分类，测量仪表的精确度，传感器及其基本特性，传感器的选用原则。

◇◆ **本章学习的难点：**测量误差的表达及误差分类，测量仪表的精确度与分辨率，测量结果的数据分析及处理，传感器的基本特性，弹性敏感元件的基本特性及应用。

1.1 测量的基本概念

1.1.1 测量

测量是借助专用的技术和设备，通过实验和计算等方法取得被测对象某个量的大小和符号；或者取得一个变量与另一个变量之间的关系，如变化曲线等，从而掌握被测对象的特性、规律或控制某一过程等。

测量是获取被测对象量值的唯一手段。它是将被测量与同性质的标准量通过专用的技术和设备进行比较，获得被测量对比标准量的倍数。标准量是由国际上或国家计量部门所指定的，其特性是足够稳定的。

测量结果一般表示为

$$X = AX_0 \tag{1-1}$$

式中，X 是被测量；X_0 是标准量；A 是比值。

可见，比值 A 的大小取决于标准量 X_0 的单位大小。因此，在表示测量结果时，必须包含两个要素：一个是比值大小及符号（正或负）；另一个是说明比值 A 所采用的单位，不注明单位，测量结果则失去实际意义。

1.1.2 测量方法

测量的方法多种多样，就测量过程而言，测量分为直接测量和间接测量。如用电压表、电流表等测量属于直接测量。它们的共同点是用一块分度（标定）好的仪表盘对被测量进行直接测量，从表盘上直接读出被测量数值。若直接测量不方便，或直接测量的仪表不够精确，就利用被测量与某中间量间的函数关系，先测出中间量，然后通过相应的函数关系计算出被测量的数值，此法称为间接测量，如用伏安法测量电阻的阻值。

根据测量结果的显示方式，测量分为模拟量测量和数字量测量。如用示波器测量交流电压为模拟量测量。

按被测量是否随时间变化，测量分为静态测量和动态测量。如在磨床加工中使用无杠杆传动的电触式传感器进行圆工件检测就是动态测量。

根据测量时是否与被测量对象接触，测量分为接触式测量和非接触式测量。

从不同角度考察，测量方法有不同的分类。常用的测量方法有零位法、偏差法和微差法等。

零位法是指将被测量与已知标准量进行比较，使这两种量对仪器的作用抵消为零（指零机构达到平衡），从而可以肯定被测量就等于已知标准量。如用天平测量质量就是零位法的典型应用。天平的砝码就是已知标准量。零位法的测量误差显然主要来自标准量的误差和比较仪器的误差。此法的误差很小，因此零位法的测量准确度较高，但平衡过程复杂，多用于缓慢信号的测量。

偏差法是指通过测量仪表指针相对于表盘上分度线的位移直接表示被测量的大小。如用弹簧秤测物体的质量就是直接从指针偏移的大小来读取被测量数值。在这种测量方法中，必须事先用标准量具对仪表分度进行校正。该方法由于表盘上分度的精确度不易做得很高，测量准确度一般不高，但测量过程简单、迅速，比较通用。

微差法是零位法和偏差法的组合。先将被测量与一个已知标准量进行比较，使该标准量尽量接近被测量，这相当于不彻底的零位法。而不足部分即被测量与该标准量之差，再用偏差法测量。例如，在图 1-1 的长度测量中，标准长度为 L_B，它与被测量 L_X 进行比较后的差值 ΔL 用偏差法测出，则所得被测物体长度 $L_X = L_B + \Delta L$。

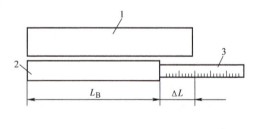

图 1-1　微差法测量示意图
1—被测物体　2—标准长度　3—测量尺

在测量中，即使测得的差值 ΔL 准确度不高，但因其值较小，其误差对总的误差影响较小。另外，微差法无须进行反复的平衡操作。因而微差法是综合了偏差法速度快和零位法测量准确度高的优点的测量方法，在工程测量中广泛使用。

1.1.3 测量方法的选择原则

选择测量方法时，要综合考虑下列几方面：

1）从被测量本身的特点来考虑。例如，被测量的性质不同，采用的测量仪器和测量方法自然不同。又如，对被测对象的情况要了解清楚，被测参数是否线性、数量级如何、对波形和频率有何要求、对测量过程的稳定性有无要求、有无抗干扰要求及其他要求等。

2）从测量所得的准确度和灵敏度来考虑。工程测量和精密测量对这两者的要求有所不同，要注意选择仪器、仪表的准确度等级，还要选择测量误差满足要求的测量技术。如果属于精密测量，还要按照误差理论的要求进行严格的数据处理。

3）考虑测量环境是否符合测量设备和测量技术状况要求，尽量减少仪器、仪表对被测电路状态的影响。

4）测量方法简单可靠，测量原理科学，尽量减少原理性误差。

综上所述，在测量之前必须综合考虑以上诸方面的情况，恰当选择测量仪器、仪表及设备，采用合适的测量方法和测量技术，以便较好地完成测量任务。

1.2　测量误差及其分类

测量的目的是对被测量求取真值。所谓真值，是指某被测量在一定条件下其本身客观存在的真实的实际值。实际中，由于实验方法和实验设备的不完善、周围环境的影响及人们认知能力所限等，测量和实验所得的数据和被测量的真值间不可避免地存在着差异，在数值上即表现为误差。将这种测量值与真值之间的差值称为测量误差。

测量误差可用绝对误差表示，也可用相对误差和引用误差表示。

1.2.1　误差的表达方式

1. 绝对误差　某量值的测量值 A_x 与真值 A_0 之间的差值称为绝对误差 Δ，即

$$\Delta = A_x - A_0 \tag{1-2}$$

由式（1-2）可知，绝对误差可能为正值，也可能为负值。

2. 相对误差　绝对误差 Δ 与被测量的真值 A_0 之比称为相对误差 γ，用百分比的形式表示，即

$$\gamma = \frac{\Delta}{A_0} \times 100\% \tag{1-3}$$

对于相同的被测量，绝对误差可以用于评定其测量准确度的高低，但对于不同的被测量及不同的物理量，用绝对误差就难以评定其测量准确度的高低，采用相对误差来评定就较为确切。

例如，对 $L_1 = 100\mathrm{mm}$ 的尺寸进行两次测量，其测量误差分别为 $\Delta_1 = 10\mu\mathrm{m}$，$\Delta_2 = 8\mu\mathrm{m}$，显然后者测量准确度高，但若对 $L_2 = 80\mathrm{mm}$ 的尺寸进行测量，测量误差为 $\Delta_3 = 7\mu\mathrm{m}$，此时用绝对误差就难以评定其与前两次准确度的高低，必须用相对误差来评定。

因测量值与真值相近，故也可近似用绝对误差与测量值之比作为相对误差，此误差也称为示值相对误差 γ_x，即

$$\gamma_x = \frac{\Delta}{A_x} \times 100\% \tag{1-4}$$

由于绝对误差可能为正值，也可能为负值，因此相对误差也可能为正值，可能为负值。

3. 引用误差　相对误差可用来比较两种测量结果的准确程度，但不能用来衡量不同仪表的质量。因为同一仪表在整个测量范围内的相对测量误差不是定值，随着被测量的减小，

相对误差会增大。当被测量接近量程的起始零点时，相对误差趋于无限大。为了合理地评价仪表的测量质量，引入了引用误差这一概念。所谓引用误差 γ_m，是指被测量的绝对误差 Δ 与测量仪表的上限（满度）值 A_m 的百分比，即

$$\gamma_m = \frac{\Delta}{A_m} \times 100\% \tag{1-5}$$

1.2.2 测量误差的分类

误差产生的原因和类型很多，其表现形式也多种多样，根据造成误差的不同原因，有不同的分类方法。

1.2.2.1 按误差的特点与性质划分

按误差的特点与性质划分，误差可分为系统误差、随机误差（也称偶然误差）和粗大误差。

1. **系统误差** 在同一条件下，多次测量同一量值时，绝对值和符号保持不变，或在条件改变时，按一定规律变化的误差称为系统误差。例如，由标准量值不准确、仪器仪表盘分度不准确而引起的误差。系统误差按其表现规律分为不变系统误差和变化系统误差。不变系统误差是指误差绝对值和符号为固定的系统误差。如由于分度盘分度差错或分度盘移动而使仪表分度产生误差。变化系统误差是指误差绝对值和符号为变化的系统误差。如电子元器件老化、机械零件变形移位、电源电压波动等产生的误差。

系统误差是有规律可循的，因此可通过实验或引入修正值的方法予以修正，也可通过重新调整测量仪表的有关零部件来消除。

2. **随机误差** 在同一条件下，多次测量同一量值时，绝对值和符号以不可预知方式变化着的误差称为随机误差。例如，仪器仪表中传动部件的间隙和摩擦、连接件的弹性变形等引起的示值不稳定。随机误差的出现，就每次测量误差的个体而言是没有规律的，不可预计它的大小和符号，但在多次重复测量时，测量结果的总体是遵从于统计规律，因而可从理论上计算出它对测量结果的影响，即随测量次数 n 的增加，随机误差 δ_i 的算术平均值 $\sum_{i=1}^{n} \delta_i / n$ 将逐渐变小，测量准确度将提高。随机误差不能用实验的办法消除。

3. **粗大误差** 超出在规定条件下预期的误差称为粗大误差，也称为过失误差。此误差值较大，明显歪曲测量结果，如测量时对错了标志，读错或记错了数，使用有缺陷的仪器及在测量时因操作不细心而引起的过失性误差等。当发现粗大误差时，应予以剔除。

1.2.2.2 按测量变化速度划分

按测量变化速度划分，误差可分为静态误差和动态误差。

1. **静态误差** 被测量稳定不变时所产生的误差称为静态误差。前面讨论的误差多属于静态误差。

2. **动态误差** 被测量随时间迅速变化时，系统的输出量在时间上不能与被测量的变化精确吻合，产生的误差称为动态误差。例如，用温度计测 100℃ 沸水时，如果一插入水中就读数，必然会产生误差，因为温度计不可能立即上升至 100℃。用带有机械结构的仪表进行动态测量时，应尽量减小机械惯性，提高机械结构的谐振频率，以便尽可能真实地反映被测量的迅速变化。

1.2.3　测量仪表的精确度与分辨率

衡量仪表测量能力的指标，较多的是精确度，与精确度有关的指标有精密度、准确度和准确度等级。

精密度是指测量仪表指示值不一致程度的量，即对于某一稳定的被测量，在相同的工作条件下，由同一测量者使用同一个仪表在相当短的时间内按同一方向连续重复地测量，将获得测量结果不一致的程度。例如，一温度计的精密度为 0.5 级，表明该温度计的不一致程度不会超过 0.5 级。不一致程度越小，说明仪表越精密。有时表面上看不一致程度为零，但并不能说明该仪表精密度高，还要考察该仪表显示的有效值位数。精密度是由两个因素决定的：一个是重复性，它是由随机误差决定的；另一个是仪表能显示的有效值位数，能读出的有效值位数越多，精密度越高。

准确度是指仪表指示值有规律地偏离真值的程度，如某电流的真值是 10.00mA，经某电流表多次测量结果是 10.01mA、10.02mA、10.03mA、10.02mA、10.04mA，则该电流表的准确度为 0.04mA。准确度是由系统误差衡量的，产生系统误差的原因较多，如仪表工作原理所利用的物理规律不完善；仪表本身有缺陷；测量环境有变化；测量时使用仪表的方法不正确等。这些误差是服从某一特定规律，产生原因是可知的，所以应尽可能消除或减小其误差，即可提高准确度。

精确度是精密度和准确度两者总和，是反映测量仪表优良程度的综合指标。仪表的精密度和准确度都高，其精确度才高，精确度是以测量误差的相对值来表示的。

实际测量中，精密度高，准确度不一定高。因仪表本身可以存在较大的系统误差。反之，准确度高，精密度也不一定高。精密度和准确度的区别，可以用图 1-2 所示射击的例子来说明。

图 1-2a 表示弹着点很分散，相当于精密度差；图 1-2b 表示精密度虽好，但准确度差；图 1-2c 才表示精密度和准确度都很好。

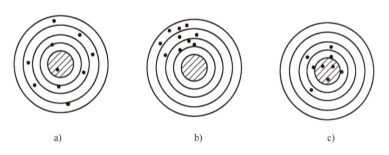

a)　　　　　　　　　　b)　　　　　　　　　　c)

图 1-2　射击举例

在工程检测中，为了简单地表示仪表测量结果的可靠程度，引入了仪表准确度等级，其定义为：在规定的工作条件下，仪表最大绝对允许误差值与仪表测量范围的百分比绝对值，即

$$S\% = \left| \frac{\Delta_{max}}{A_{xmax} - A_{xmin}} \right| \times 100\% \qquad (1\text{-}6)$$

式中，Δ_{max} 为最大绝对允许误差值；A_{xmax}、A_{xmin} 为测量范围的上、下限值；S 为准确度等级无 "%" 的数值。

我国模拟仪表有七种等级：0.1、0.2、0.5、1.0、1.5、2.5、5.0。如某仪表的准确度等级为 1.0 级，表明该仪表指示值的相对误差不大于 1.0%。可从仪表面板上的标志判断出准确度等级。仪表在正常工作条件下使用时，各准确度等级仪表的基本误差不应超过表 1-1 所规定的值。准确度等级的数值越小，仪表的准确度就越高。

表 1-1 仪表的准确度等级和基本误差

准确度等级	0.1	0.2	0.5	1.0	1.5	2.5	5.0
基本误差	±0.1%	±0.2%	±0.5%	±1.0%	±1.5%	±2.5%	±5.0%

仪表的准确度等级与仪表允许误差的大小有关。所谓允许误差，是指根据仪表的使用要求规定一个在正常情况下允许的最大误差，一般用相对百分误差来表示，即某一台仪表的允许误差是指在规定情况下允许的相对百分误差的最大值。对式（1-6）的计算结果加 "±" 就是该仪表的允许误差，即 ±S% 之值。

如果某仪表的输入量从某个任意非零值缓慢地变化（增大或减小），在输入变化值没有超过某一数值以前，该仪表指示值不会变化，但当输入变化值超过某一数值后，该仪表指示值发生变化，则将这个使指示值发生变化的最小输入变化值称为仪表的分辨率。分辨率用于显示仪表能够检测到被测量的最小变化量。一般将模拟式仪表的分辨率规定为其最小分度格数的一半，将数字式仪表的分辨率规定为其显示的最后一位数字。

例 1-1 某台测温仪表的测温范围是 200 ~ 700℃，而该仪表的最大绝对误差为 ±4℃，试确定该仪表的允许误差与准确度等级。

解 仪表的允许误差为

$$S\% = \pm \frac{4}{700 - 200} \times 100\% = \pm 0.8\%$$

如果将该仪表的允许误差去掉 "±" 与 "%"，$S = 0.8$。由于国家规定的准确度等级中没有 0.8 级，同时，该仪表的允许误差超过了 0.5 级仪表所允许的最大误差，所以，这台测温仪表的准确度等级为 1.0 级。

例 1-2 现有两个电压表，一只是 0.5 级 0 ~ 300V，另一只是 1.0 级 0 ~ 100V，若要测量 80V 的电压，试问选用哪一只电压表好？

解 用 0.5 级电压表测量时，可能出现的最大示值相对误差为

$$\gamma_{x1} = \frac{\Delta_{m1}}{A_x} \times 100\% = \frac{(A_{max1} - A_{min1}) \times S\%}{A_x} \times 100\% = \frac{300 \times 0.5\%}{80} \times 100\% = 1.875\%$$

用 1.0 级电压表测量时，可能出现的最大示值误差为

$$\gamma_{x2} = \frac{\Delta_{m2}}{A_x} \times 100\% = \frac{100 \times 1.0\%}{80} \times 100\% = 1.25\%$$

计算结果表明，选 1.0 级表比用 0.5 级表的示值相对误差小，所以更合适。因此在选用仪表时要兼顾准确度等级和量程。

1.3　测量结果的数据分析及处理

在实际测量工作中，所测得的数据并不一定十分理想。为了能得到合理的测量结果，应对测量的数据进行分析与处理。对测量结果数据分析及处理主要体现两点：一是得到最接近被测量的近似值；二是估计出测量的误差，即得出测量结果的近似值范围。

1.3.1　测量结果的数据分析

1.3.1.1　随机误差的统计特征

当对同一被测量进行多次等准确度的重复测量时，得到一系列不同的测量值（常称为测量列），每个测量值都含有误差，这些误差的出现又没有明确的规律，即前一个误差的出现不能预见下一个误差的大小和方向，但就误差总体而言，却具有统计规律性——正态分布。若测量列中不包含系统误差和粗大误差，则该测量列中的随机误差一般具有以下特征。

1. 集中性　测量值大部分集中于算术平均值 $\bar{x}$ 附近。

$$\bar{x} = \frac{1}{n} \sum_{j=1}^{n} x_j = \frac{x_1 + x_2 + \cdots + x_n}{n} \tag{1-7}$$

2. 对称性　绝对值相等的正、负误差出现次数相等，即 x_j 对称分布于 $\bar{x}$ 两侧。一般将 x_j 与 $\bar{x}$ 之差称为剩余误差，也称为残差 V_j，即

$$V_j = x_j - \bar{x} \tag{1-8}$$

随着测量次数的增加，随机误差的算术平均值趋近于零，即正、负误差基本上相互抵消。

3. 有界性　在一定的测量条件下，随机误差的绝对值不会超过一定界限。

由于多数随机误差都服从正态分布，因而正态分布在误差分析理论中占据十分重要的地位。在工程测量中，一般用下式表示存在随机误差时的测量结果，即

$$x = \bar{x} \pm \Delta x \tag{1-9}$$

$\bar{x}$ 是测量列 x_j 的算术平均值，当测量次数 $n \rightarrow \infty$ 时，可认为是数学期望值或者说是测量值的最可信值；Δx 表示测量值的误差范围，工程上常表示为

$$\Delta x = 3\,\bar{\sigma} = 3\sqrt{\frac{\sum_{j=1}^{n} V_j^2}{n(n-1)}} \tag{1-10}$$

$\bar{\sigma}$ 称为算术平均值的方均根误差，也称为算术平均值的标准差，可表示为

$$\bar{\sigma} = \sqrt{\frac{\sum_{j=1}^{n} V_j^2}{n(n-1)}} \tag{1-11}$$

由于 $\bar{\sigma}$ 与 n 有关，n 越大，测得的 $\bar{\sigma}$ 就越小，即测量的 $\bar{\sigma}$ 准确度越高，但测量次数不可能也不必要过多。实验证明，当 $n > 10$ 时，$\bar{\sigma}$ 的减小就已非常缓慢，因此，一般取 n 略大于 10 次即可。

1.3.1.2　系统误差的统计特征

实际的测量过程中不仅存在随机误差，而且存在着系统误差。系统误差的特征是：在同

一条件下，多次测量同一量值时，误差的绝对值和符号保持不变，或在条件改变时，按一定的规律变化。系统误差不具有抵偿性，是固定的或服从一定函数规律的误差。

图 1-3 所示为各种系统误差 Δ 随测量过程变化而表现出的不同特征。曲线 a 为不变的系统误差，曲线 b 为线性变化的系统误差，曲线 c 为非线性变化的系统误差，曲线 d 为周期性变化的系统误差，曲线 e 为复杂规律变化的系统误差。

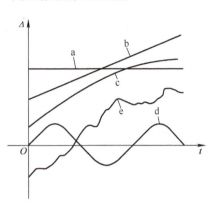

在测量过程中发现有系统误差存在时，须进一步分析比较，找出可能产生系统误差的因素及减小和消除系统误差的方法。如从产生误差的根源上消除；或用修正法消除；或用不变系统误差消除法（代替法、抵消法、交换法）；或用线性系统误差消除法——对称法等一系列基本方法。

图 1-3　各种系统误差变化曲线

1.3.1.3　粗大误差的判别准则

在测量过程中可能存在粗大误差，必须从测量结果中将其剔除。判别粗大误差常采用 3σ 准则。σ 为方均根误差（注意与 $\overline{\sigma}$ 的区别），即规定了一个评定单次测量结果离散性大小的标准，有

$$\sigma = \sqrt{\frac{\sum\limits_{j=1}^{n} V_j^2}{n-1}} \tag{1-12}$$

对于某一测量列，若各测量值只含有随机误差，根据随机误差的正态分布规律，其剩余误差 V_j 落在 $\pm 3\sigma$ 以外的可能性约为 0.3%。因此，若在测量列中发现有大于 3σ 的剩余误差测量值，即当 $|V_j| > 3\sigma$ 时，应予以剔除。

由式（1-11）和式（1-12）可知，算术平均值的方均根误差 $\overline{\sigma}$ 与方均根误差 σ 的关系为

$$\overline{\sigma} = \frac{\sigma}{\sqrt{n}} \tag{1-13}$$

1.3.2　测量结果的数据处理

通过实际测量取得测量数据后，通常还要对这些数据进行处理，如计算、分析、整理，有时还要把数据归纳整理成一定的表达式或画成表格、曲线等。数据处理是建立在误差分析的基础上的。

1. **数据修约规则**　由于测量的误差不可避免，以及在数据处理过程中应用无理数时不可取无穷位，所以通常得到的测量数据和测量结果均是近似数，其位数各不相同。为了使测量结果准确唯一和方便计算，在数据处理时，须对测量数据进行修约处理。数据修约规则如下：

1）大于 5，进 1，在末位增 1。

2）等于 5，则当末位是偶数时，末位不变；末位若是奇数时，在末位增 1。

3）小于 5，舍去，末位不变。

例如，将下列数据舍入到小数第二位。

1. 3466→1. 35   1. 3850→1. 38   1. 6732→1. 67   1. 19499→1. 19

需要注意的是，舍入应一次到位，不能逐位舍入，否则会得到错误的结果。

2. 有效数字　若截取得到的近似数的截取或舍入误差的绝对值不超过近似数末位的半个单位，则该近似数从左边第一个非零数字到最末一位数为止的全部数字，称为有效数字。例如，2. 123 为四位有效数字，2. 100 为四位有效数字，0. 102 为三位有效数字。

舍入处理后的近似数，中间的 0 和末位的 0 都是有效数字，不能随意添加或省略。多写则夸大了测量准确度，少写则夸大了误差。但是开头的 0 不是有效数字，因为它们仅与选取的测量单位有关。

为了得到较精确的测量结果，对一测量任务进行多次测量后，须按下列步骤进行处理。

1）将一系列等准确度测量的读数 x_j（$j = 1$、2、3、$\cdots$、n）按先后顺序列成表格（在测量时应尽可能消除系统误差）。

2）求出测量列 x_j 的算术平均值 $\bar{x}$。

3）计算出各测量值的剩余误差 V_j（$V_j = x_j - \bar{x}$），并列在表格中的每个测量数值旁。

4）检查 $\sum\limits_{j=1}^{n} V_j = 0$ 的条件是否满足。若不满足，则说明计算有错误，须再次计算。

5）在每个剩余误差旁列出 V_j^2，然后求出方均根误差 σ。

6）判别是否存在粗大误差（即是否有 $|V_j| > 3\sigma$ 的数值），若有，应舍去此读数 x_j，然后重复步骤 2）的计算。

7）在确定不存在粗大误差（即 $|V_j| \leqslant 3\sigma$）后，求出算术平均值的标准差 $\bar{\sigma}$。

8）写出最后的测量结果 $x = \bar{x} \pm 3\bar{\sigma}$，并注明置信概率（99.7%）。

例 1-3　对某一轴径等准确度测量 16 次，得到如下数据（单位为 mm）：24. 774，24. 778，24. 771，24. 780，24. 772，24. 777，24. 773，24. 775，24. 774，24. 772，24. 774，24. 776，24. 775，24. 777，24. 777，24. 779。计算该轴径的尺寸。

假定该测量列不存在固定的系统误差，则可按上述步骤计算出测量结果。

解　1）按测量数值的顺序列表，见表 1-2。

表 1-2　测量结果数据列表

序　号	x_j / mm	V_j / mm	V_j^2 / mm^2
1	24. 774	− 0. 001	0. 000001
2	24. 778	+ 0. 003	0. 000009
3	24. 771	− 0. 004	0. 000016
4	24. 780	+ 0. 005	0. 000025
5	24. 772	− 0. 003	0. 000009
6	24. 777	+ 0. 002	0. 000004
7	24. 773	− 0. 002	0. 000004
8	24. 775	0	0
9	24. 774	− 0. 001	0. 000001
10	24. 772	− 0. 003	0. 000009
11	24. 774	− 0. 001	0. 000001

（续）

序　　号	x_j/mm	V_j/mm	V_j^2/mm^2
12	24.776	+0.001	0.000001
13	24.775	0	0
14	24.777	+0.002	0.000004
15	24.777	+0.002	0.000004
16	24.779	+0.004	0.000016
	$\sum\limits_{j=1}^{16} x_j = 396.404$ $\bar{x}=24.775$	$\sum\limits_{j=1}^{16} V_j = 0.004$	$\sum\limits_{j=1}^{16} V_j^2 = 0.000104$

2）计算测量列 x_j 的算术平均值 $\bar{x}$，即

$$\bar{x} = \frac{\sum\limits_{j=1}^{n} x_j}{n} = \frac{396.404}{16}\text{mm} = 24.77525\text{mm} \approx 24.775\text{mm}$$

3）求出各测量值的剩余误差：

$$V_j = x_j - \bar{x}$$

并列入表中。

4）验证 $\sum\limits_{j=1}^{n} V_j = 0$ 的条件是否成立：

$$\sum\limits_{j=1}^{16} V_j = 0.004\text{mm} \approx 0$$

故以上计算正确。

5）计算出 V_j^2 并列入表中，同时也计算出：

$$\sum\limits_{j=1}^{16} V_j^2 = 0.000104\text{mm}$$

6）计算出方均根误差：

$$\sigma = \sqrt{\frac{\sum\limits_{j=1}^{16} V_j^2}{16-1}} = \sqrt{\frac{0.000104}{15}}\text{mm} \approx 0.0026\text{mm}$$

7）计算出极限误差 $3\sigma = 0.0078$。经检查，未发现 $|V_j| > 3\sigma$，故16个测量值无粗大误差值。

8）计算出算术平均值的标准差：

$$\bar{\sigma} = \frac{\sigma}{\sqrt{n}} = \frac{0.0026}{\sqrt{16}}\text{mm} \approx 0.001\text{mm}$$

9）写出测量结果：

$$x = \bar{x} \pm 3\bar{\sigma} = 24.775\text{mm} \pm 0.003\text{mm}\ （置信概率为99.7\%）$$

以上复杂的数据处理步骤一般适于编制程序，利用计算机来完成。

1.3.3　测量系统静态误差的合成

一个测量系统一般由多个测量单元组成，这些测量单元在测量系统中为若干环节，为了确定整个系统的静态误差，须将每一个环节的静态误差综合起来，即静态误差的合成。

图 1-4 所示为由 n 个环节串联组成的开环系统，输入量为 x，输出量为 y。

若第 i 个环节的引用相对误差为 γ_i 时，则输出端的引用相对误差 γ_m 与 γ_i 之间的关系可用以下两种方法求得。

图 1-4　由 n 个环节串联组成的开环系统

1. 绝对值合成法　此法是从最不利的情况出发的合成方法，即认为在 n 个环节中 γ_i 有可能同时出现正值或同时出现负值，则总的合成静态误差为每个环节误差的绝对值之和，即

$$\gamma_m = \sum_{i=1}^{n} \gamma_i = \pm(|\gamma_1| + |\gamma_2| + |\gamma_3| + \cdots + |\gamma_n|) \tag{1-14}$$

这种方法对误差的估计是偏大的，因为每一个环节的误差实际上不可能同时出现最大值，精确的方法应考虑各环节误差可能性出现的概率。

2. 方均根合成法　当系统的误差大小和方向都不能确切掌握时，可以按处理随机误差的方法来处理系统误差，即表示为

$$\gamma_m = \pm\sqrt{\gamma_1^2 + \gamma_2^2 + \gamma_3^2 + \cdots + \gamma_n^2} \tag{1-15}$$

例 1-4　某传感器在测量过程出现了以下误差情况，敏感元件的测量误差为 ±4%，转换电路环节中出现的误差为 ±3%，仪表指示环节出现的误差为 ±1%，请问此测量过程中出现的总误差为多大？

解　由题意可知 $\gamma_1 = \pm 4\%$，$\gamma_2 = \pm 3\%$，$\gamma_3 = \pm 1\%$。

1）用绝对值合成法计算测量总误差：

$$\gamma_m = \pm(|\gamma_1| + |\gamma_2| + |\gamma_3|) = \pm(4\% + 3\% + 1\%) = \pm 8\%$$

2）用方均根合成法计算测量总误差：

$$\gamma_m = \pm\sqrt{\gamma_1^2 + \gamma_2^2 + \gamma_3^2} = \pm\sqrt{(4\%)^2 + (3\%)^2 + (1\%)^2} \approx \pm 5.1\%$$

由例 1-4 计算合成总误差的方法可看出，用方均根合成法估算测量的总误差较为合理。**值得注意的是**，在整个测量系统中的一个或几个环节的准确度较高，对提高整个测量系统的总的准确度未必是有效的，反而还会增加测量系统的成本，造成资源浪费，因此应该努力提高误差最大的某个环节的测量准确度，以达到最佳性价比。

1.4　传感器及其基本特性

1.4.1　传感器的定义及组成

传感器是一种以测量为目的，以一定的准确度把被测量转换为与之有确定对应关系，以便于处理和应用的某种物理量的测量装置。传感器的输出信号多为易于处理的电量，如电压、电流、频率等。

传感器的定义包含了几方面的意思：①传感器是一种测量装置，能完成检测任务；②它的输入量是某一被测量，可能是物理量，也可能是化学量、生物量等；③它的输出量是某种物理量，这种量可以是气、光、电量，但主要是电量；④输出与输入有对应关系，且应有一定的准确程度。

传感器一般由敏感元件、转换元件、转换电路三部分组成，其组成框图如图1-5所示。

$$\text{被测量} \rightarrow \boxed{\text{敏感元件}} \rightarrow \boxed{\text{转换元件}} \rightarrow \boxed{\text{转换电路}} \xrightarrow{\text{电量}}$$

图1-5 传感器组成框图

1. **敏感元件** 它是直接感受被测量，并输出与被测量构成有确定关系、更易于转换为某一物理量的元器件。图1-6所示是一种气体压力传感器的示意图。膜盒2下半部与壳体1固定连接，上半部通过连杆与磁心4相连，磁心4置于两个电感线圈3之间，后者接入转换电路5。这里的膜盒就是敏感元件，其外部与大气压力 p_a 相通，内部感受被测压力 p。当 p 变化时，引起膜盒上半部移动，即输出相应的位移量。

2. **转换元件** 敏感元件的输出量就是它的输入量，它把输入量转换成电路参数量。在图1-6中，转换元件是电感线圈3，它把输入的位移量转换成电感量的变化。

3. **转换电路** 上述电路参数接入转换电路，便可转换成电量输出。

应该指出，不是所有的传感器均由以上三部分组成。最简单的传感器是由一个敏感元件（兼转换元件）组成，它感受被测量时直接输出电量，如热电偶传感器。有些传感器由敏感元件和转换元件组成，而没有转换电路，如压电式加速度传感器，其中质量块是敏感元件，压电片（块）是转换元件。有些传感器的转换元件不止一个，要经过若干次转换。另外，一般情况下，转换电路的后续电路，如信号放大、处理、显示等电路不包括在传感器的组成范围之内。

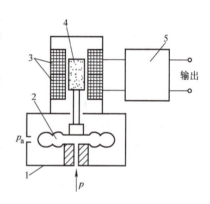

图1-6 气体压力传感器
1—壳体 2—膜盒 3—电感线圈
4—磁心 5—转换电路

1.4.2 传感器的分类

目前传感器主要有几种分类方法：根据传感器工作原理分类；根据传感器能量转换情况分类；根据传感器转换原理分类和按照传感器的使用分类。

表1-3是按传感器转换原理分类法列出了各类型传感器的名称及典型应用。各类传感器由于原理、结构不同，使用环境、条件、目的不同，其技术指标也有所不同。但是有些一般要求却基本上是相同的，例如，①可靠性；②静态精度；③动态性能；④抗干扰能力；⑤通用性；⑥小的轮廓尺寸；⑦低成本；⑧低能耗等，其中传感器的工作可靠性、静态精度和动态性能是最基本的要求。

表 1-3 传感器的分类

传感器分类		转 换 原 理	传感器名称	典 型 应 用
转换形式	中间参量			
电参数	电阻	移动电位器触头改变电阻	电位器传感器	位移
		改变电阻丝或片的尺寸	电阻丝应变传感器、半导体应变传感器	微应变、力、负荷
		利用电阻的温度效应（电阻温度系数）	热线传感器	气流速度、液体流量
			电阻温度传感器	温度、辐射热
			热敏电阻传感器	温度
		利用电阻的光敏效应	光敏电阻传感器	光强
		利用电阻的湿度效应	湿敏电阻传感器	湿度
	电容	改变电容的几何尺寸	电容传感器	力、压力、负荷、位移
		改变电容的介电常数		液位、厚度、含水量
	电感	改变磁路几何尺寸、导磁体位置	电感传感器	位移
		涡流去磁效应	涡流传感器	位移、厚度、硬度
		利用压磁效应	压磁传感器	力、压力
		改变互感	差动变压器	位移
			自整角机	位移
			旋转变压器	位移
	频率	改变谐振回路中的固有参数	振弦式传感器	压力、力
			振筒式传感器	气压
			石英谐振传感器	力、温度等
	计数	利用莫尔条纹	光栅	大角位移、大直线位移
		改变互感	感应同步器	
		利用数字编码	角度编码器	
	数字	利用数字编码	角度编码器	大角位移
电量	电动势	温差电动势	热电偶	温度、热流
		霍尔效应	霍尔传感器	磁通、电流
		电磁感应	磁电传感器	速度、加速度
		光电效应	光电池	光强
	电荷	辐射电离	电离室	离子计数、放射性强度
		压电效应	压电传感器	动态力、加速度

1.4.3 传感器的基本特性

传感器的特性主要是指输出与输入之间的关系，它有静态、动态之分。静特性是指当输入量为常量或变化极慢时，即被测量各个值处于稳定状态时输入与输出的关系。动特性是指输入量随时间变化的响应特性。由于动特性的研究方法与控制理论中介绍的研究方法相似，故在本教材中不再重复，这里仅介绍传感器静特性的一些指标。

研究传感器总希望输出与输入呈线性关系，但由于存在着误差因素、外界影响等，输入与输出不会完全符合所要求的线性关系。传感器输入与输出作用图如图1-7所示。图中的误差因素就是衡量传感器静特性的主要技术指标。

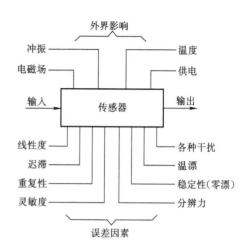

图1-7 传感器的输入与输出作用图

1.4.3.1 线性度

静特性曲线可由实际测试获得，在得到特性曲线后，为了标定和数据处理的方便，希望得到线性关系。这时可采用多种方法进行线性化处理，一般在非线性误差不太大的情况下总是采用直线拟合的办法进行线性化。

所谓的线性度，也称为非线性误差，是指传感器实际特性曲线与拟合直线（也称理论直线）之间的最大偏差占传感器满量程输出的百分比，如图1-8所示。它常用相对误差 γ_L 来表示，即

$$\gamma_L = \frac{\Delta_{Lmax}}{y_{max} - y_{min}} \times 100\% \tag{1-16}$$

式中，Δ_{Lmax} 为非线性最大偏差；$y_{max} - y_{min}$ 为输出范围。

拟合直线的选取有多种方法，常用的拟合方法有：①理论拟合；②过零旋转拟合；③端点拟合；④端点平移拟合；⑤最小二乘拟合等。选择拟合直线的主要出发点应是获得最小的非线性误差，还要考虑使用是否方便，计算是否简便。图1-8是采用端点拟合方法，即将传感器输出起始点与满量程点连接起来的直线作为拟合直线，因而得出的线性度称为端点线性度。

设计者和使用者总希望非线性误差越小越好，即希望仪表的静态特性近于直线，这是因为线性仪表的分度是均匀的，容易标定，不容易引起读数误差。检测系统的线性误差多采用计算机来纠正。

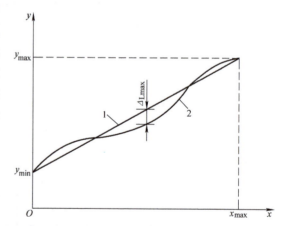

图1-8 传感器线性度示意图
1—拟合直线 $y = ax + b$
2—实际输出特性曲线

1.4.3.2 迟滞

传感器在正（输入量增大）、反（输入量减小）行程中输入与输出曲线不重合的现象称为迟滞。迟滞特性如图1-9所示，它一般由实验方法获得，表达式为

$$\gamma_H = \pm \frac{1}{2} \frac{\Delta_{Hmax}}{y_{max}} \times 100\% \tag{1-17}$$

式中，Δ_{Hmax} 为正、反行程间输出的最大差值；$y_{\max}$ 为满量程输出。

必须指出，正、反行程的特性曲线是不重合的，且反行程特性曲线的终点与正行程特性曲线的起点也不重合。迟滞会引起分辨力变差，或造成测量盲区，故一般希望迟滞越小越好。

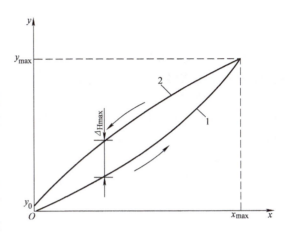

图 1-9　迟滞特性示意图
1—正行程特性　2—反行程特性

1.4.3.3　重复性

重复性是指传感器在输入按同一方向作全量程连续多次变动时所得特性曲线不一致的程度。图 1-10 所示为校正曲线的重复特性，正行程的最大重复性偏差为 Δ_{Rmax1}，反行程的最大重复性偏差为 Δ_{Rmax2}。重复性误差取这两个最大偏差中较大的为 Δ_{Rmax}，再以满量程输出 $y_{\max}$ 的百分比表示，即

$$\gamma_{\text{R}} = \frac{\Delta_{\text{Rmax}}}{y_{\max}} \times 100\% \qquad (1\text{-}18)$$

1.4.3.4　灵敏度与灵敏度误差

传感器在稳态标准条件下，输出量的变化量 Δy 与引起该变化量的输入量的变化量 Δx 的比值称为灵敏度，用 K 表示，其表达式为

$$K = \frac{\text{输出量的变化量}}{\text{输入量的变化量}} = \frac{\Delta y}{\Delta x} \qquad (1\text{-}19)$$

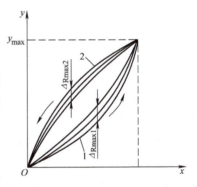

图 1-10　重复特性示意图
1—正行程特性　2—反行程特性

可见，线性传感器特性的斜率处处相同，灵敏度 K 是一常数。以拟合直线作为其特性的传感器，也认为其灵敏度为一常数，与输入量的大小无关。

由于某种原因引起灵敏度变化，将产生灵敏度误差。灵敏度误差 γ_{S} 用相对误差表示，即

$$\gamma_{\text{S}} = \frac{\Delta K}{K} \times 100\% \qquad (1\text{-}20)$$

1.4.3.5　分辨力与阈值

分辨力是指传感器能检测到被测量的最小增量。分辨力可用绝对值表示，也可用与满量程的比值百分数表示。当被测量的变化小于分辨力时，传感器对输入量的变化无任何反应。

在传感器输入零点附近的分辨力称为阈值。

对数字仪表而言，如果没有其他附加说明，一般可认为该仪表的最末位数值就是该仪表的分辨力。

1.4.3.6　稳定性

稳定性包括稳定度和环境影响量两方面。

稳定度是指传感器在所有条件均不变的情况下能在规定时间内维持其示值不变的能力。

稳定度是以示值的变化量与时间长短的比值来表示。例如，某传感器中仪表输出电压在4h内的最大变化值为1.2mV，则用1.2mV／（4h）表示其稳定度。

环境影响量是指由于外界环境变化而引起的示值变化量。示值变化由两个因素组成：零点漂移和灵敏度漂移。零点漂移是指在受外界环境影响后，已调零的仪表的输出不再从零起始，而有一定漂移的现象，这在测量前是可以发现的，应重新调零，但在不间断测量过程中，零点漂移是附加在读数上的，因而很难发现。带微机的智能化仪表可以定时地自动暂时切断输入信号，测出此时的零点漂移值，恢复测量后从测量值中减去零点漂移值，相当于重新调零。灵敏度漂移是使仪表的输入与输出的曲线斜率发生变化。

造成环境影响量的因素很多，要予以重视，使传感器对外界各种干扰有一定的抵抗能力。

1.4.4　传感器的技术指标

由于传感器的应用范围十分广泛，类型繁多，使用要求千差万别，所以列出若干基本参数和比较重要的环境参数指标作为检验、使用和评价传感器的依据是十分必要的。

（1）基本参数指标

1）量程指标：量程范围、过载能力等。

2）灵敏度指标：灵敏度、分辨率和满量程输出等。

3）精度指标：精度、误差、线性、滞后、重复性、灵敏度误差和稳定性。

4）动态性能指标：固有频率、阻尼比、时间常数、带宽、频率响应范围、频率特性、临界频率、临界速度和稳定时间等。

（2）环境参数指标

1）温度指标：工作温度范围、温度误差、温度漂移、温度系数和热滞后等。

2）抗冲击、振动指标：允许的抗冲击、振动频率、振幅、加速度和冲击、振动引起的误差。

3）其他环境参数：抗潮湿、抗腐蚀和抗干扰等。

（3）可靠性指标。包括工作寿命、平均无故障时间、绝缘电阻、疲劳性能和耐压等。

（4）其他指标

1）供电：交直流、频率、功率、电压范围等。

2）外形尺寸、质量、壳体材质和结构特点等。

3）安装尺寸、馈线电缆等。

对于某一种具体的传感器而言，并不是全部指标都是必需的。应该根据实际需要保证主要的参数，其余满足基本要求即可。即使是主要参数也不必盲目追求单项指标的全面优异，而应关心其稳定性和变化规律性，可在电路上或使用计算机进行补充与修正，即兼顾了传感器的低成本与高精度。

1.5　传感器的选用要求与原则

1.5.1　传感器的选用要求

由于传感器的精度高低、性能好坏直接影响到整个自动测试系统的品质和运行状态。一般来说，对传感器的要求是全面的、严格的，它们是选用传感器的依据。

1. 技术指标要求 技术指标要求包括：静特性要求，如线性度及测量范围、灵敏度、分辨力、准确度和重复性等；动特性要求，如快速性和稳定性等；信息传递要求，如形式和距离等；过载能力要求，如机械、电气和热的过载。

2. 使用环境要求 如要考虑温度、湿度、大气压力、振动、磁场、电场、附近有无大功率用电设备、加速度、倾斜、防火、防爆、防化学腐蚀及有害于周围材料的寿命及操作人员的身体健康等。

3. 电源要求 如电源电压形式、等级、功率及波动范围、频率及高频干扰等。

4. 基本安全要求 如绝缘电阻、耐压强度及接地保护等。

5. 可靠性要求 如抗干扰、寿命、无故障工作时间等。

6. 维修及管理要求 如结构简单、模块化，有自诊断能力，有故障显示等。

上述要求又可分为两类：一类是常规的，如线性度及测量范围、准确度、工作温度等；另一类是特殊要求，如过载能力、防火及防化学腐蚀要求等。对于某一个具体的传感器，仅满足上述部分要求即可。

1.5.2 传感器的选用原则

传感器在原理与结构上千差万别，如何根据具体的测量目的、测量对象及测量环境合理地选用传感器，是测量时首先要解决的问题。当选定传感器后，与之相配套的测量方法和测量设备也就可以确定了。测量结果的成败在很大程度上取决于传感器的选用是否合理。

1. 根据测量对象与测量环境确定传感器的类型 要进行一项具体的测量工作，首先要考虑采用何种原理的传感器，这需要多方面的分析后才能确定。因为，即使是测量同一物理量，也有多种原理的传感器可供选用，哪一种更合适，则需要根据被测量的特点和传感器的使用条件具体考虑：量程的大小；被测位置对传感器体积的要求；测量方式为接触式还是非接触式；信号的引出方式为有线或是非接触测量等。

在考虑上述各方面因素之后就能确定选用何种类型的传感器了，然后还要考虑传感器的具体性能指标。

2. 灵敏度的选择 在传感器的线性范围内通常希望传感器的灵敏度越高越好。因为只有灵敏度高，与被测量变化对应的输出信号的值才比较大，有利于信号处理。但要注意的是，传感器的灵敏度高，与被测量无关的外界噪声也容易混入，会被系统放大，影响测量准确度。因此，要求传感器本身应有较高的信噪比，尽量减少从外界引入的干扰信号。

传感器的灵敏度是有方向性的。当被测量是单向量且对其方向性要求较高，则应选择方向灵敏度小的传感器；如果被测量是多维向量，则要求传感器的交叉灵敏度越小越好。

3. 频率响应特性 传感器的频率响应特性决定了被测量的频率范围，必须在允许频率范围内保持传感器不失灵的测量条件。实际上，传感器的响应总是有一定延迟，因此，希望延迟时间越短越好。

传感器的频率响应越高，可测的信号频率范围就越宽，而由于受到结构特性的影响，机械系统的惯性也越大。

4. 线性范围 传感器的线性范围是指输出与输入成正比的范围。理论上讲，在此范围内，灵敏度保持定值。传感器的线性范围越宽，其量程越大，且能保证一定的测量准确度。在选择传感器时，当传感器的种类确定后，首先要看其量程是否满足要求。但实际上，任何传感器都不能保证绝对的线性,其线性度是相对的。当所要求测量准确度比较低时,在一定的范围内可将非线性误差较小的传感器近似看作线性的,这会给测量带来极大的方便。

5. 稳定性 影响传感器长期稳定性的因素除传感器本身结构外,主要是传感器的使用环境。因此,要使传感器具有良好的稳定性,就要求传感器必须具有较强的环境适应能力。

在选择传感器之前,应对其使用环境进行调查,并根据具体的使用环境选择合适的传感器,或采取适当的措施减小环境的影响。

6. 准确度 它是传感器的一个重要的性能指标,关系到整个测量系统测量准确度的一个重要环节。传感器的准确度越高,其价格越昂贵,因此传感器的准确度只要满足整个测量系统的准确度要求就可以,不必选得过高。这样,就可以在满足同一测量目的的传感器中选择比较便宜和简单的传感器。

如果测量目的是定性分析的,选用重复准确度高的传感器即可,不宜选用绝对量值准确度高的;如果是为了定量分析,必须获得精确的测量值,就须选用准确度等级能满足要求的传感器。

一个自动测试系统的优劣,关键取决于传感器的选择。选择传感器总的原则是:在满足对传感器所有要求的情况下,成本要低廉,工作要可靠且易维修,即所谓性能价格比要高。

综上所述选择传感器可按下列步骤进行:

1)借助于传感器分类表,按被测量的性质从典型应用中初步确定几种可供选用的传感器类别。

2)借助于常用传感器比较表,按被测量的范围、准确度要求、环境要求等确定传感器类别。

3)借助于传感器产品目录、选型样本,查出传感器的规格、型号、性能及尺寸。以上三步不是绝对的,仅供经验少的工程技术人员对选择常用传感器时参考。

1.6 传感器中的弹性敏感元件

弹性敏感元件在非电量测量技术中占有极为重要的地位。它的输入量可以是力、压力、力矩、温度等物理量,而输出则为弹性元件本身的弹性变形。弹性敏感元件是影响传感器稳定性、动态特性的关键部件,它能把某些形式的非电量变换成应变或位移量,然后由各种不同形式的传感元件变换成电量。

所谓弹性元件,是指能够因外力作用而改变形状或尺寸,而外力撤除后能完全恢复其原形的物体。在传感器中应用的弹性元件称为弹性敏感元件。

1.6.1 弹性敏感元件的基本特性

1. 刚度 刚度是弹性敏感元件受外力作用变形大小的量度,是弹性元件单位形变下所需要的力,一般用 k 表示,表达式为

$$k = \frac{\mathrm{d}F}{\mathrm{d}x} \tag{1-21}$$

式中,F 是作用在弹性敏感元件上的力,单位为 N;x 是作用力为 F 时弹性敏感元件产生的变形,单位为 mm。

刚度 k 也可以从弹性特性曲线上求得。如要得到图 1-11 所示曲线 1 上 A 点的刚度，可过 A 点作曲线 1 的切线，该切线与 x 正半轴夹角的正切值代表该弹性敏感元件在 A 点处的刚度，即 $k = \tan\theta = \mathrm{d}F/\mathrm{d}x$。若弹性是线性的，显然它的刚度是一个常数，即 $k = \tan\theta_0 = F/x = $ 常数，如图 1-11 中的直线 2 所示。当测量力较大时，必须选择刚度大的弹性敏感元件，使 x 不至于太大。

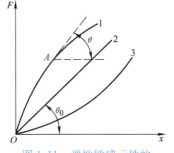

图 1-11　弹性敏感元件的刚度特性

2. 灵敏度　通常用刚度的倒数表示弹性敏感元件的特性，称为弹性敏感元件的灵敏度，用 s 表示，即

$$s = \frac{1}{k} = \frac{\mathrm{d}x}{\mathrm{d}F}$$

(1-22)

弹性敏感元件的灵敏度是单位力作用下弹性敏感元件产生的形变大小。灵敏度大，表明弹性敏感元件软，变形大。在非电量检测中，往往希望灵敏度为常数。

3. 弹性滞后　实际的弹性敏感元件在增加、去除负载的正、反行程中变形曲线是不重合的，此现象称为弹性滞后现象，如图 1-12 所示。曲线 1、2 所包围的区域称为滞环，产生弹性滞后的主要原因是弹性敏感元件在工作过程中分子间存在内摩擦。弹性滞后现象会给测量带来误差，并造成零点附近的不灵敏区。

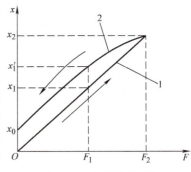

图 1-12　弹性滞后现象
1—增加负载曲线　2—去除负载曲线

例如，在测物体重量的应用中，若在弹性滞后的明显区域，如图 1-12 所示，对于相同的负载 F_1，增加负载过程的读数 x_1 和在去除负载过程中的读数 x_1' 是不相等的，这便造成了测量误差。因此，在选取弹性敏感元件时，必须选择弹性滞后小的元件。

4. 弹性后效　当负载由一数值变化为另一数值时，弹性形变不会立即形成相对应的变形，而是在一定的时间后逐渐完成变化的，此现象称为弹性后效。如图 1-13 所示，当作用在弹性敏感元件上的外力由零迅速增至 F_0 时，弹性敏感元件的变形是由零变至 x_1，然后在力 F_0 未改变的情况下继续变形至 x_0。反之，当外力由 F_0 快速减至零时，弹性敏感元件的变形也是由 x_0 快速变至 x_2，再继续减小直至零。由于弹性后效现象的存在，弹性敏感元件的变形始终不能迅速跟上力的改变，从而在测量过程中产生误差，这种现象也是由弹性敏感元件分子间的内摩擦造成的。

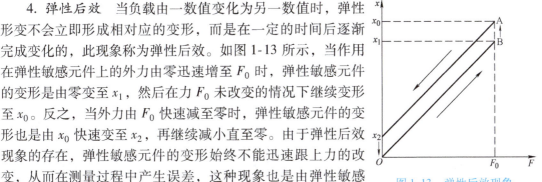

图 1-13　弹性后效现象

1.6.2　弹性敏感元件的形式及应用范围

根据弹性敏感元件在传感器中的应用，对其提出了一些要求，如具有良好的弹性特性、足够的准确度、长期使用和温度变化时的稳定性等方面。而对制作弹性敏感元件的材料也提出了如弹性模量的温度系数要小、线膨胀系数小且恒定、有良好的机加工和热处理性能等要求。我国使用合金钢、碳钢、铜合金和铌基合金，如 65Mn、锰弹簧钢、35CrMnSiA 合金结

构钢、40Cr 铬钢、50CrMnA 铬锰弹簧钢、铍青铜 QBe2、QBe1.9 等材料制作弹性敏感元件。

1.6.2.1　弹性敏感元件的形式

传感器中弹性敏感元件的输入量通常是力（力矩）或压力，即使输入的是其他非电被测量，也是将它们先变换成力或压力，再输入至弹性敏感元件。弹性敏感元件输出的是应变或位移（线位移或角位移）。因此，弹性敏感元件在形式上基本分为两大类：力变换成应变或位移的变换力弹性敏感元件和压力变换成应变或位移的变换压力的弹性敏感元件。

在力的变换中，弹性敏感元件的形式有实心圆柱、空心圆柱、矩形柱、等截面圆环、等截面悬臂梁、等强度悬臂梁、扭转轴等，如图 1-14 所示。

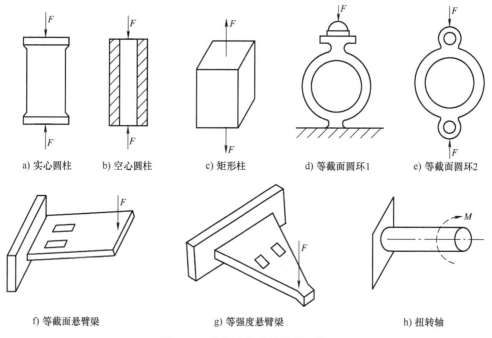

a) 实心圆柱　　b) 空心圆柱　　c) 矩形柱　　d) 等截面圆环1　　e) 等截面圆环2

f) 等截面悬臂梁　　　　g) 等强度悬臂梁　　　　h) 扭转轴

图 1-14　变换力的弹性敏感元件

变换压力的弹性敏感元件通常是弹簧管、膜片、膜盒、薄壁圆筒等，如图 1-15 所示。

1.6.2.2　变换力的弹性敏感元件

1. 等截面柱式　等截面柱式弹性敏感元件又称为轴状弹性敏感元件，根据截面形状可分为实心圆截面、空心圆截面和矩形截面形式，如图 1-14a、b、c 所示。它们的特点是结构简单、可以承受较大载荷、便于加工、容易达到高精度的几何尺寸和光滑的加工表面等。

实心圆截面如图 1-14a 所示，在外力的作用下，它的位移量很小，所以往往用它的应变作为输出量，在它的表面粘贴应变片，可将应变进一步变换为电量。

空心圆截面如图 1-14b 所示，此形式是为了提高灵敏度，也就是单位力作用下柱体变形大一些。此外，在相同截面的情况下，空心圆柱的半径可加大，使它的抗弯能力提高，以及由于温度变化而引起的曲率半径相对变化量大大减小，但空心圆柱的壁不能太薄，否则容易受力变形影响精度。

当被测力较大时，一般多采用钢材制作的弹性敏感元件。当被测力较小时，可采用铝合金或铜合金制作的弹性敏感元件。材料越软，弹性模量越小，其灵敏度也越高。

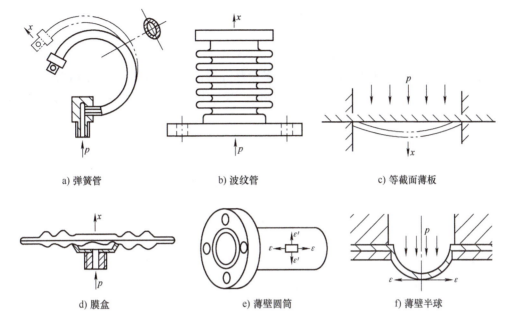

a) 弹簧管　　　　　b) 波纹管　　　　　c) 等截面薄板

d) 膜盒　　　　　e) 薄壁圆筒　　　　　f) 薄壁半球

图 1-15　变换压力的弹性敏感元件

2. 圆环式　图 1-14d、e 是等截面圆环式弹性敏感元件。因其输出有较大的位移而有较高的灵敏度，适用于测量较小的力。它的缺点是加工工艺性不如轴状弹性敏感元件，加工时不易得到高的精度和粗糙度。用圆环式弹性敏感元件组成的传感器的轮廓尺寸和重量比用轴状弹性元件大。

若将图 1-14d 所示元件应用于力传感器中，当环上面的刚性部分承受压力 F 时，圆环上、下相对距离缩短，因圆环下部不能下移，将使圆环上部分向下移动。圆环受压产生的弹性反力最后与压力 F 平衡，达到一个新的平衡位置。圆环上部的位移量可以通过杠杆和放大机构带动指针偏转，指示出被测力的大小。

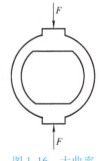

图 1-16　大曲率变截面圆环

图 1-14e 为等截面圆环弹性敏感元件，主要用于 1 ~ 10kN 范围的各式拉、压力传感器中，当被测力超过 5kN 时，为了增加刚度和减小非线性，将圆环制成变截面式，如图 1-16 所示。中间空心部分可以是各种形状，但为了加工方便，往往设计成外表面是圆形，内表面由直线段和圆弧组成。

由于圆环式弹性敏感元件各变形部位应力不均匀，测量应变力时，应变片须贴在应变最大的位置。

3. 悬臂梁　它是一端固定、另一端自由的弹性敏感元件。它的特点是灵敏度高、结构简单、加工方便、输出应变和挠度（位移）较大，适于测量较小的力。根据它的截面形状可分为等截面和变截面悬臂梁。

图 1-14f 是等截面悬臂梁，当力 F 以如图所示的方向作用于悬臂梁末端时，梁的上表面产生拉应变，下表面产生压应变。对任一指定点来说，上下表面的应变大小相等、符号相反。由于它的表面各部位应变不同（梁自由端应变为零，固定端最大），所以应变片要选择

合适的地方粘贴，否则会带来测量误差。在实际应用中，还常把悬臂梁自由端的挠度作为输出，在自由端装上电感、电涡流或霍尔传感器等，可进一步将挠度变为电量。

为了克服等截面梁表面各部位应变不同带来测量的不便，往往将这类弹性敏感元件做成变截面等强度悬臂梁，如图 1-14g 所示。这种梁的外形呈等腰三角形，厚度相同，因此截面积处处不相等。当梁的自由端有外力 F 作用时，沿梁长度方向的任一点的应变量都相等，即它的灵敏度与梁长度方向的坐标无关。

必须指出，变截面梁的尖端必须有一定的宽度才能承受作用力。

4. 扭转轴　如图 1-14h 所示，扭转轴用于测量力矩和转矩。力矩 M 为作用力 F 和力臂 L 的乘积，即 $M = FL$。力矩单位为 N·m，较小力矩用 mN·m。使机械部件转动的力矩称为转动力矩（简称转矩）。在转矩作用下，任何部件必定产生某种程度不同的扭转变形，因此，习惯上又常称为扭转力矩，专门用于测量力矩的弹性敏感元件称为扭转轴。在扭转力矩的作用下，扭转轴的表面将产生拉应变、压应变，在轴表面上与轴线成 45° 方向上的数值是相等的，但符号相反。

在试验和检测各类回转机械中，力矩是一个必测参数。

1.6.2.3　变换压力的弹性敏感元件

在工业生产中，经常需要测量流体（气体或液体）产生的压力。变换压力的弹性敏感元件形式很多，如图 1-15 所示，这些元件的变形计算复杂，故只定性地分析。

1. 弹簧管　弹簧管又称为波登管。它是弯成各种形状的空心管，大多是 C 形薄壁空心管，如图 1-15a 所示，它一端固定，另一端封闭，但不固定，为自由端。弹簧管能将压力转换为位移。当流体压力 p 通过接头固定端导入弹簧管后，弹簧管的横截面力图变成圆形截面，而截面的短轴力图伸长，长轴力图缩短，截面形状的改变导致弹簧管趋向伸直，一直伸到管弹力与压力作用相平衡为止（如图 1-15a 的双点画线所示）。由此可见，利用弹簧管可把压力变换成位移，因而可在自由端连接传感元件。C 形弹簧管的刚度较大，灵敏度较小，但过载能力较强，常作为测量较大压力的弹性敏感元件。

2. 波纹管　波纹管是一种从表面上看有许多同心环状波形皱纹组成的薄壁圆管，如图 1-15b 所示。在流体压力或轴向力的作用下伸长或缩短，自由端输出位移。金属波纹管的轴向容易变形，即轴向灵敏度较好。在变形允许范围内，压力或轴向力的变化与波纹管的伸缩量成正比，利用它将压力或轴向力变成位移。波纹管主要用作测量压力的弹性敏感元件。由于其灵敏度高，在小压力和差压测量中用得较多。

3. 等截面薄板　等截面薄板又称为平膜片，如图 1-15c 所示，它是周边固定的圆薄板。当它的上下两面受到均匀分布的压力时，薄板将弯向压力低的一面，并在表面产生应力，从而把均匀分布的压力变为薄板表面的位移或应变。在应变处贴上应变片就可测出应变的大小，从而测出作用力 F 的大小。在非电量测量中，利用等截面薄板的应变可组成电阻应变式传感器，也可利用它的挠度（位移）组成电容式、霍尔式压力传感器。

4. 波纹膜片和膜盒　平膜片的位移较小，为了能获得大位移，制作出了波纹膜片。它是一种具有环状同心波纹的圆形薄膜。膜片边缘固定，中心可以自由弹性移动，如图 1-17 所示。为了便于与其他部件连接，膜片中心留有一个光滑部分

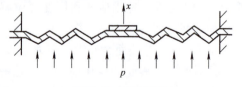

图 1-17　波纹膜片

或中心焊上一块金属片，当膜片两侧受到不同压力时，膜片将弯向压力低的一面，其中心有一定的位移，即将被测压力变为位移。它多用于测量较小压力。

为了增加膜片的中心位移量，提高灵敏度，常把两个波纹膜片的边缘焊接在一起组成膜盒，如图 1-15d 所示。它的中心挠度（位移）为单个波纹膜片的两倍。

波纹膜片的波纹形状有正弦形、梯形和锯齿形，其形状直接影响膜片的变换特性。在同一压力下，正弦形膜片给出的挠度（位移）最大；锯齿形膜片给出的挠度（位移）最小，但它的变换特性比较近于线性；梯形膜片的特性介于两者之间。

波纹膜片和膜盒都是利用它的中心位移变换压力或力的，因而可制成电容式、电涡流式传感器。

5. 薄壁圆筒　图 1-15e 是薄壁圆筒弹性敏感元件，它的壁厚约为圆筒直径的 $\frac{1}{20}$。当筒内腔与被测压力相通时，筒内壁均匀受压，薄壁不弯曲变形，只是均匀向外扩张，所以，在筒壁的轴线方向和圆周切线方向产生拉伸应力和应变。薄壁圆筒弹性敏感元件的灵敏度仅取决于圆筒半径、壁厚和弹性模量，与圆筒长度无关。

复习思考题

1. 测量的定义及内容是什么？
2. 直接测量的方法有几种？它们各自的定义是什么？
3. 仪表精确度有几个指标？它们各自的定义是什么？
4. 有一温度计，它的测量范围为 0～200℃，准确度为 0.5 级，求：
1）该表可能出现的最大绝对误差；
2）当示值分别为 20℃、100℃时的示值相对误差。
5. 欲测 240V 左右的电压，要求测量示值相对误差的绝对值不大于 0.6%。问：若选用量程为 250V 电压表，其准确度应选择哪一级？若选用量程为 300V 和 500V 的电压表，其准确度应分别选哪一级？
6. 已知待测力约为 70N，现有两只测力仪表，一只为 0.5 级，测量范围为 0～500N，另一只为 1.0 级，测量范围为 0～100N。问选用哪一只测力仪表较好？为什么？
7. 试述传感器的定义及其在检测中的位置。
8. 选择传感器一般要考虑哪些基本要求？
9. 选用传感器的基本原则有哪些？
10. 传感器静态特性的技术指标及其各自的定义是什么？
11. 传感器由哪几部分组成？各自的定义是什么？
12. 弹性敏感元件的弹性特性用什么表示？各自的定义是什么？

延伸阅读

▶ 神州十三号发射和航天员出舱

该短视频资料中示出了神舟载人飞船发射及在轨运行和航天员出舱工作，可以看出，这项工作不允许有丝毫偏差，要求各检测信号必须精确和精准，否则失之毫厘、谬以千里，将无法到达预定轨道运行。

增强学生民族自豪感和我国航空航天事业不断强大的责任感，在学习过程中培养学生的爱国热情，养成精益求精、严谨细致、追求卓越的态度。

相关短视频请参看随赠的教学辅助资源。

第2章 电阻式传感器及其应用

将被测非电量（如温度、湿度、位移、应变等）的变化转换成导电材料电阻变化的装置，称为电阻式传感器。

电阻式传感器的基本原理是将各种被测非电量转换为电阻变化量的测量，从而达到对非电量测量的目的。本章主要介绍电阻应变片式、电位器式、热电阻式、气敏和湿敏电阻式传感器。

企业案例引入 图 2-1 所示为高速公路路口收费站汽车衡称重系统自动称重收费装置，该装置里一个重要的传感器便是电阻应变片式传感器。

本章将要学习电阻应变片的结构组成和粘贴、工作原理、测量转换电路及其应用，以及其他几种电阻式传感器的工作原理、测量转换电路及其应用。

◆ **本章学习的重点**：各电阻式传感器的结构、工作原理、测量电路及其应用。

图 2-1 汽车衡电子称重系统

◆ **本章学习的难点**：各电阻式传感器的测量电路及其应用。

2.1 电阻应变片式传感器

电阻应变片式传感器由电阻应变片和测量电路两部分组成。电阻应变片是一种能将被测元件上的应变变化转换成电阻变化的传感元件。而测量电路则进一步将该电阻阻值的变化转换成电压或电流的变化，以便显示或记录被测非电量的大小。

2.1.1 电阻应变片的结构和粘贴

2.1.1.1 电阻应变片的结构和材料

1. 电阻应变片的结构 电阻应变片由引出线、覆盖层、基片和敏感栅等部分组成，如图 2-2 所示。敏感栅是应变片的核心部分，它粘贴在绝缘的基片上，其上再粘贴起保护作用的覆盖层，两端焊接引出导线。图中 l 为应变片的标距，也称为工作基长，b 为应变片的基宽，$l \times b$ 为应变片的有效使用面积。应变片规格一般是以有效使用面积和敏感栅的电阻值来表示，如 $3 \times 100 mm^2$、120Ω。

电阻应变片按其敏感栅材料的不同，可分为金属电阻应变片和半导体应变片两大类。常见金属电阻应变片的敏感栅有丝式、箔式和薄膜式三种。图 2-3 所示为几种不同类型的电阻应变片。

图 2-3a 为丝式电阻应变片敏感栅的典型形状。有时为了减少弯曲段的横向效应，可制成其他形状。它的特点是价格便宜，多用于应变、应力的大批量、一次性低精度试验，由于丝式应变片蠕变较大，有被箔式电阻应变片替代的趋势。

图 2-3b 是应用十分广泛的箔式电阻应变片的敏感栅。其主要优点是敏感栅的表面积和应变片的使用面积比值大、散热好、允许通过的电流密度大、灵敏度高、工艺性好、可制成任意形状、易加工、适于成批生产和成本低等。

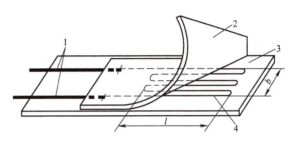

图 2-2　电阻丝应变片的基本结构
1—引出线　2—覆盖层　3—基片　4—电阻丝式敏感栅

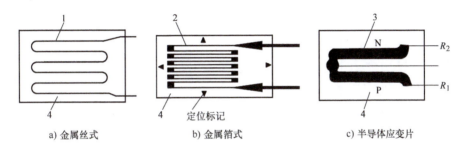

a) 金属丝式　　　　b) 金属箔式　　　　c) 半导体应变片

图 2-3　电阻应变片
1—电阻丝　2—金属箔　3—半导体　4—基片

图 2-3c 是用半导体材料作敏感栅的半导体应变片。当其受力时，电阻率随应力的变化而变化。它的主要优点是灵敏度高（比丝式、箔式大几十倍）、横向效应小，缺点是灵敏度的一致性差、温漂大、电阻与应变间不成线性，使用时须采取非线性和温度补偿措施。在图 2-3c 中，受拉时，N 型和 P 型半导体应变片的一个电阻值增加，另一个电阻值减小，可形成双臂半桥，又有温度自补偿功能。

表 2-1 列出了几种常用国产金属电阻应变片的技术数据。

表 2-1　常用国产金属电阻应变片的技术数据

型　号	形　式	阻值 R_0/Ω	灵敏系数 K_0	线栅尺寸（使用面积）$l \times b/\mathrm{mm}^2$
PZ－17	圆角线栅（纸基）	120 ± 0.2	$1.95 \sim 2.1$	17×2.8
8120		118	$2.0\ (1 \pm 1\%)$	18×2.8
PJ－120		120	$1.9 \sim 5.1$	12×3
PJ－320		320	$2.0 \sim 2.1$	11×11
PB－5	箔式	120 ± 0.5	$2.0 \sim 2.2$	5×3
2×3		$87\ (1 \pm 0.4\%)$	2.05	3×2
2×1.5		$35\ (1 \pm 0.4\%)$	2.05	1.5×2

2. 金属电阻应变片敏感栅材料　金属电阻应变片敏感栅常用材料及其性能见表 2-2，

箔式应变片常采用康铜、镍铬合金等。

对金属电阻应变片敏感栅材料的基本要求：①灵敏系数 K_0 值大，并且在较大应变范围内保持定值；②电阻温度系数小；③电阻率大；④机械强度高，且易于拉丝或辗薄；⑤与铜线的焊接性好，与其他金属的接触热电动势小。

表 2-2　电阻应变片常用金属材料

材料名称	成分		灵敏系数 K_0	电阻系数 $\rho/$ ($\Omega mm^2/m$)	电阻温度系数/ ($\times 10^{-6}$ ℃)	最高使用温度/℃	应用
	元素	含量(%)					
康铜	Ni	45	1.2～1.9	0.45～0.54	±20	300（静态） 400（动态）	最常用
	Cu	55					
镍铬合金	Ni	80	2.1～2.3	1.0～1.1	110～130	450（静态） 800（动态）	多用于动态
	Cr	20					
镍铬铝合金 (6J22卡玛合金)	Ni	74	2.4～2.6	1.24～1.42	±20	450（静态） 800（动态）	中、高温应变片
	Cr	20					
	Al	3					
	Fe	3					
镍铬铝合金 (6J23)	Ni	75	2.4～2.6	1.24～1.42	±20	450（静态） 800（动态）	中、高温应变片
	Cr	20					
	Al	3					
	Cu	2					
铁铬铝合金	Fe	70	2.8	1.3～1.5	30～40	700（静态） 1000（动态）	高温应变片
	Cr	25					
	Al	5					
铂	Pt	100	4～6	0.09～0.11	3900	800（静态） 1000（动态）	高温应变片
铂钨合金	Pt	92	3.5	0.68	227	800（静态） 1000（动态）	高温应变片
	W	8					

2.1.1.2　电阻应变片式传感器的常用型号

电阻应变片式传感器是以电阻应变片为电阻转换元件的传感器，是应用最为广泛的传感器之一，其用量占总传感器用量的80%以上，具有精度高、测量范围广、频响特性好、性能稳定、结构简单、能在恶劣环境下工作等优点。但是在大应变状况下其非线性较大、输出信号较微弱、抗干扰能力较差。

国内外生产的电阻应变片式传感器种类繁多，涉及各种应变片、力传感器、荷重传感器以及加速度传感器等。表 2-3 列出了部分电阻应变片式传感器的型号及用途。

表 2-3　部分电阻应变片式传感器的型号及用途

名称/型号	性能指标	应用
GZB-104型电阻应变片式压力传感器	测量范围：0～0.3MPa，0～40MPa 非线性：Ⅰ级≤0.1%FS　Ⅱ级≤0.2%FS　Ⅲ级≤0.5%FS 供桥电压：6V、12V、15V　输出阻抗：250Ω、350Ω 输出灵敏度：1mV/V　　初始不平衡量：<1mV	适用于准确测量气体、液体介质的压力，广泛用于国防建设、工业自动化部门的压力检测

（续）

名称/型号	性能指标	应　用
PR9631/963 系列应变片式压力传感器	测量范围：$0 \sim 2.5 \times 10^5$ Pa，$0 \sim 1600 \times 10^5$ Pa　过载：100% 输出灵敏度：1mV/V　　　　　非线性误差：<0.25% 供应电压：10V　　　　　工作温度：$-20 \sim 100$℃	液体和气体的静、动态压力测量
FTH 型高压脉动压力传感器	测量范围：$1 \sim 25$MPa 静态性能：<0.2%　　　动态性能：89kHz	测气体爆炸压力
FTS 型高输出脉动压力传感器	测量范围：$0.1 \sim 100$MPa 静态性能：<0.5%　　　动态性能：120kHz	测爆破压力
GDB 型压力变换器	测量范围：$0.2 \sim 50$MPa　　　线性度：0.25% FS 重复误差：0.20% FS　　　过载：150% FS 零位温漂：0.20%·℃$^{-1}$FS　工作温度：$-20 \sim 70$℃	测量气压、水压、风压、油压等
PTX2000 型压力变换器	量程：2.5×10^5Pa　准确度等级：0.1 级　输出：$4 \sim 20$mA 零位温漂：0.03%·℃$^{-1}$FS　　　工作温度：$-20 \sim 80$℃	测量压力
BHR-3 型荷重传感器	量程：0～50N，100N，200N，300N，500N，1000N，2000N，3000N，5000N 输出灵敏度：2mV/V　激励电压：12V 准确度等级：0.5 级　工作温度：$-10 \sim 50$℃	测量荷重
BHR-5 型荷重传感器	量程：$0 \sim 1 \times 10^4$N，2×10^4N，3×10^4N，5×10^4N，10×10^4N，20×10^4N，30×10^4N，70×10^4N，100×10^4N 输出灵敏度：2mV/V　激励电压：12V 准确度等级：0.5 级　工作温度：$-10 \sim 50$℃	测量荷重
BLR-2 型拉压力传感器	量程：$0 \sim 1 \times 10^4$N，2×10^4N，3×10^4N，5×10^4N，10×10^4N，20×10^4N，30×10^4N，50×10^4N 输出灵敏度：2mV/V　激励电压：12V 准确度等级：0.5 级　工作温度：$-10 \sim 50$℃	测量拉力和压力
BLR-3 型拉压力传感器	量程：0～200N，500N，700N，1000N，2000N，3000N，5000N，10000N 输出灵敏度：2mV/V　激励电压：12V 准确度等级：0.5 级　工作温度：$-10 \sim 50$℃	测量拉力和压力

2.1.1.3　电阻应变片的粘贴

应变片是通过黏合剂粘贴到试件上的。黏合剂形成的胶粘层必须准确迅速地将试件应变传递到敏感栅上。黏合剂及粘贴工艺的好坏将在很大程度上影响应变片的工作特性，因此选择性能优良的黏合剂并采用正确的粘贴工艺是保证应变片测量准确度的一个很重要的因素。

1. 黏合剂　黏合剂应具有以下特点：①黏合强度好；②胶粘层有较大的剪切弹性模量；③良好的电绝缘性；④耐湿、耐油、耐老化、动应力测量时耐疲劳性好等。选用时，要根据基片材料、工作温度、潮湿程度、稳定性、是否加温加压、粘贴时间等因素合理选择黏合剂。

2. 应变片粘贴工艺　应变片的粘贴工艺包括：应变片选择准备；试件贴片处的表面处理；贴片位置的确定；应变片的粘贴、固化，引出线的焊接及保护处理等。

粘贴应变片之前，应先将试件表面清理干净。可用细砂布45°交叉地打磨试件表面，并根据测量要求在试件上画线，给应变片定位，再用丙酮、甲苯等清洗试件表面，然后在试件表面均匀涂刷一薄层黏合剂作底层，稍干后，将应变片按画线位置贴上，用手指滚压，挤出气泡和多余黏合剂。粘好的应变片按一定的规范进行固化处理。为清除黏合剂固化过程中膨胀或收缩产生的应变残余应力，还须进行一次稳定处理，又称为后固化处理，即将应变片加温至比最高工作温度高出10~20℃，但不加压。接下来是检查粘贴质量，即位置是否正确，粘合层是否有气泡和漏贴，敏感栅是否有短路或断路现象等。经检查合格后即可焊接引出线，引出线最好采用中间连接片引出。为保证应变片长期工作的稳定性，还应采取防潮、防水等措施，如在应变片及其引出线上涂石蜡等防护层。

2.1.2 电阻应变片的工作原理

导电材料的电阻与其电阻率、几何尺寸（长度与截面积）有关，在外力作用下发生机械变形，引起该导电材料的电阻值发生变化，此现象称为电阻应变效应。电阻应变片的工作原理，就是依据应变效应构建出导体电阻变化与变形之间的量值关系，即求取电阻应变片应变灵敏度的数学表达式。

设有一根电阻丝，如图2-4所示。它在未受力时的原始阻值为

$$R = \rho \frac{l}{A} = \rho \frac{l}{\pi r^2} \tag{2-1}$$

式中，ρ是电阻丝的电阻率，单位为$\Omega \cdot m$；l是电阻丝的长度，单位为m；A是电阻丝截面积，单位为m^2。

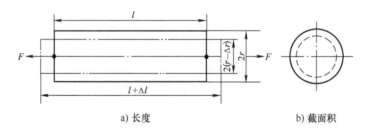

a) 长度　　　　　　　　b) 截面积

图2-4　金属丝受力前后的几何尺寸

当金属丝受到外力F的作用时，对式（2-1）微分可得

$$\frac{dR}{R} = \frac{dl}{l} - 2\frac{dr}{r} + \frac{d\rho}{\rho}$$

或

$$\frac{\Delta R}{R} = \frac{\Delta l}{l} - 2\frac{\Delta r}{r} + \frac{\Delta \rho}{\rho} \tag{2-2}$$

式中，$\frac{\Delta l}{l}$是轴向（纵向）应变，$\frac{\Delta l}{l} = \varepsilon_x$，且$\varepsilon_x = \frac{F}{AE}$（$E$为弹性模量）；$\frac{\Delta r}{r} = \varepsilon_y$；$\frac{\Delta \rho}{\rho}$是电阻率相对变化量；$\frac{\Delta R}{R}$是电阻相对变化量。

ε_y与ε_x的关系可表示为$\varepsilon_y = -\mu\varepsilon_x$，$\mu$为电阻丝材料的泊松比，即横向收缩与纵向伸长

之比，有

$$\frac{\frac{\Delta r}{r}}{\frac{\Delta l}{l}} = \frac{\varepsilon_y}{\varepsilon_x} = -\mu \tag{2-3}$$

式中的负号表示两者变化方向相反。

将 ε_x、ε_y、μ 代入式 (2-2) 中可得

$$\frac{\Delta R}{R} = \left(1 + 2\mu + \frac{\frac{\Delta \rho}{\rho}}{\varepsilon_x} \right) \varepsilon_x = K_0 \varepsilon_x \tag{2-4}$$

上式即为应变效应表达式，其中 K_0 为金属单丝灵敏度，即

$$K_0 = \frac{\frac{\Delta R}{R}}{\varepsilon_x} = 1 + 2\mu + \frac{\frac{\Delta \rho}{\rho}}{\varepsilon_x} \tag{2-5}$$

由式 (2-5) 可得出，K_0 受两个因素影响：一个是 $(1 + 2\mu)$，它表示电阻丝几何形变所引起的变化；另一个是 $\dfrac{\Delta \rho / \rho}{\varepsilon_x}$，它表示材料的电阻率 ρ 随应变所引起的变化（称之为压阻效应）。

以上分析对金属导体和半导体都适用。

对于半导体材料，如果仅承受简单的轴向拉伸或压缩，则其电阻率相对变化量与作用应力 $\sigma \left(或应变 \varepsilon_x = \dfrac{\Delta l}{l} \right)$ 的关系为

$$\frac{\Delta \rho}{\rho} = \pi_l \sigma = \pi_l E \varepsilon_x \tag{2-6}$$

式中，π_l 是半导体材料压阻系数；E 是半导体材料的弹性模量。

将式 (2-6) 代入式 (2-5) 中，可得

$$K_0 = (1 + 2\mu) + \pi_l E \tag{2-7}$$

由于 $\pi_l E \gg 1 + 2\mu$，因此式 (2-7) 可表示为

$$K_0 = \frac{\frac{\Delta R}{R}}{\varepsilon_x} \approx \pi_l E \tag{2-8}$$

大量实验证明，在电阻丝拉伸比例极限内，电阻的相对变化量与应变成正比，即 K_0 为常数。通常金属电阻丝 K_0 取 $1.7 \sim 3.6$。

金属单丝的灵敏度 K_0 与相同材料制成的应变片灵敏度 K 稍有不同。K 由实验求得，实验表明，$K < K_0$。同样通过实验证明，电阻应变片的电阻相对变化量 $\Delta R/R$ 与 ε_x 的关系在很大范围内是呈线性关系的，即

$$\frac{\Delta R}{R} = K \varepsilon_x \tag{2-9}$$

式中，ε_x 是应变片受力后的应变，它代表了被测件在应变片处的应变。

2.1.3 测量转换电路

应变片将试件应变 ε_x 转换成电阻的相对变化量 $\Delta R/R$，为了能用电测仪器进行测量，还必须将 $\Delta R/R$ 进一步转换成电压或电流信号，这种转换常采用电桥电路。根据电源的不同，可将电桥分为直流电桥和交流电桥。当电桥的四个桥臂均为纯电阻时，用直流电桥测量准确度高；当有的桥臂为阻抗时，则必须采用交流电桥。电桥按读数方法的不同可分为平衡电桥（零读法）与不平衡电桥（偏差法）两种。平衡电桥仅适用于测量静态参数，而不平衡电桥对静、动态参数都可测量。

鉴于交流电桥与直流电桥在原理上相似，限于篇幅，这里只对直流不平衡电桥进行分析。

1. 不平衡电桥的工作原理　如图 2-5a 所示，在四臂电桥中，R_1 为工作应变片，由于应变而产生相应的电阻变化 ΔR_1。R_2、R_3 及 R_4 为固定电阻。U_o 为电桥输出电压。初始状态下，电桥是平衡的，$U_o = 0$，从而可得到电桥初始平衡条件为 $R_1 R_4 = R_2 R_3$。

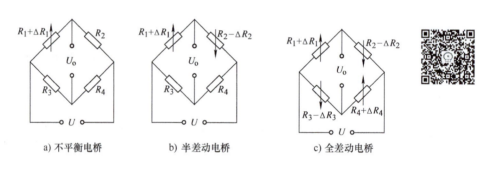

a) 不平衡电桥　　　　b) 半差动电桥　　　　c) 全差动电桥

图 2-5　直流电桥

当应变片承受应变 ε_x 时，应变片产生电阻变化量 $\Delta R_1 = K R_1 \varepsilon_x$ 的变化，电桥处于不平衡状态，其输出电压为

$$U_o = U_{14} - U_{24}$$

$$= -\frac{\dfrac{\Delta R_1}{R_1} \dfrac{R_4}{R_3}}{\left(1 + \dfrac{\Delta R_1}{R_1} + \dfrac{R_2}{R_1}\right)\left(1 + \dfrac{R_4}{R_3}\right)} U \tag{2-10}$$

设桥臂比 $n = R_2/R_1$，由于电桥初始平衡时有 $R_2/R_1 = R_4/R_3$，略去分母中的 $\Delta R_1/R_1$ 的微小项，可得

$$U_o \approx -\frac{n}{(1+n)^2} \frac{\Delta R_1}{R_1} U \tag{2-11}$$

定义电桥的电压灵敏度为

$$K_u = \frac{U_o}{\dfrac{\Delta R_1}{R_1}}$$

因而，可得到单臂工作应变片时的电桥电压灵敏度为

$$K_u \approx -\frac{n}{(1+n)^2}U \tag{2-12}$$

显然，K_u 与电桥电源电压成正比，同时与桥臂比 n 有关。实际应变电桥后面都连接电压放大器，且放大器的输入阻抗比电桥内阻高很多，故在求电桥输出电压时，可以把电桥输出端视为开路，即电桥输出电压与其负载有关。

2. 电桥的非线性误差及其消除方法

（1）非线性误差　式（2-11）中求出的输出电压是忽略了分母中的 $\Delta R_1/R_1$ 项而得到的理想值。实际值按式（2-10）计算为

$$U_o' = -\frac{n\dfrac{\Delta R_1}{R_1}}{\left(1+n+\dfrac{\Delta R_1}{R_1}\right)(1+n)}U \tag{2-13}$$

非线性误差为

$$\gamma_u = \frac{U_o - U_o'}{U_o} = \frac{\dfrac{\Delta R_1}{R_1}}{1+n+\dfrac{\Delta R_1}{R_1}} \tag{2-14}$$

如果是四等臂电桥，$R_1 = R_2 = R_3 = R_4$，则

$$\gamma_u = \frac{\dfrac{\Delta R_1}{2R_1}}{1+\dfrac{\Delta R_1}{2R_1}} \tag{2-15}$$

将式（2-15）中 $1/(1+\Delta R_1/2R_1)$ 按幂级数展开，且当 $(\Delta R_1/2R_1) \ll 1$ 时，可得到

$$\gamma_u \approx \frac{\Delta R_1}{2R_1} = \frac{1}{2}K\varepsilon_x \tag{2-16}$$

由式（2-16）可知，电桥的非线性误差与应变片灵敏度系数 K 和应变片承受的应变 ε_x 成正比。当这一误差不能满足要求时，必须予以消除。

（2）消除非线性误差的方法　消除非线性误差常用的方法是采用差动电桥，如图 2-5b 所示的半差动电桥。在试件上安装两个工作应变片，一片受拉，一片受压，它们的阻值变化大小相等、符号相反，接入电桥相邻臂，跨在电源两端。电桥输出电压 U_o 为

$$U_o = U\left(\frac{R_1+\Delta R_1}{R_1+\Delta R_1+R_2-\Delta R_2} - \frac{R_3}{R_3+R_4}\right) \tag{2-17}$$

设初始时 $R_1 = R_2 = R_3 = R_4$，$\Delta R_1 = \Delta R_2$，则

$$U_o = \frac{U}{2}\frac{\Delta R_1}{R_1} \tag{2-18}$$

可见，这时输出电压 U_o 与 $\Delta R_1/R_1$ 呈严格的线性关系，没有非线性误差，而且电桥灵敏度比单臂时提高一倍，还具有温度误差补偿作用。

为了能提高电桥灵敏度或能进行温度补偿，通常可在桥臂中安置多个应变片。电桥也可采用四等臂电桥，如图 2-5c 所示的全差动电桥。在试件上粘贴 4 个工作应变片，两个受拉，两个受压，将两个变形符号相同的应变片接在电桥的相对臂上，符号不同的接在相邻臂上。

设初始 $R_1 = R_2 = R_3 = R_4$，若忽略高阶微小量，可得

$$U_o = U \frac{\Delta R_1}{R_1} \tag{2-19}$$

在实际应用中，除了应变 ε 能导致应变片电阻变化外，温度变化也会导致应变片电阻变化，给测量带来误差，因此有必要对桥路进行温度补偿。补偿措施有多种，通常采用的温度补偿方法是电桥电路补偿法。图 2-6 所示为最常用且效果较好的电桥补偿方法。图 2-6b 所示受到压应变作用，图 2-6c 所示受到拉应变作用，图中，R_1 为工作应变片，R_B 为补偿应变片，测量时，可将 R_B 贴在被测试件的下面，分别接入电桥电路相邻的两个桥臂中。由于在外力 F 的作用下，ΔR_{Bt} 与 ΔR_{1t} 的变化值大小相等、符号相反，电桥的输出电压增加一倍。此时，R_B 既起到了温度补偿作用，又提高了灵敏度，同时也可以补偿非线性误差。根据电桥理论可知，其输出电压 U_o 与温度变化无关。当工作应变片感受应变时，电桥将产生相应输出电压。

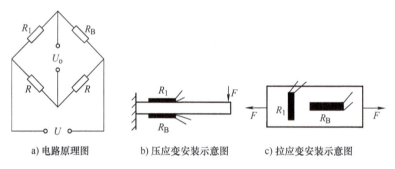

a) 电路原理图　　b) 压应变安装示意图　　c) 拉应变安装示意图

图 2-6　电桥补偿法

例 2-1　利用全桥电路测量桥梁的上、下表面应变。

在图 2-7 所示的上、下表面相同型号应变片 R_1、R_2、R_3、R_4 中，R_1、R_3 贴于上表面，R_2、R_4 贴在对称于中心层的下表面，因此 R_1、R_3 与 R_2、R_4 感受到的应变绝对值相等、符号相反。R_1、R_2、R_3、R_4 仿图 2-5c 接线，当试件受力且同时有温度变化时，因 $\Delta R_{2\varepsilon} = \Delta R_{4\varepsilon} = -\Delta R_{1\varepsilon} = -\Delta R_{3\varepsilon}$，且 $\Delta R_{1t} = \Delta R_{2t} = \Delta R_{3t} = \Delta R_{4t}$，因而应变片 $R_1 \sim R_4$ 产生的电阻增量合并为 4 倍的 ΔR_ε，ΔR_t 则相互抵消，所以有

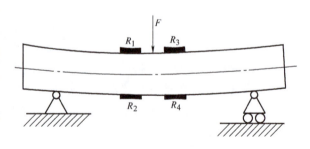

图 2-7　全桥测量示意图

$$
\begin{aligned}
U_o &= \frac{U}{4}\left(\frac{\Delta R_{1\varepsilon} + \Delta R_{1t}}{R_1} - \frac{\Delta R_{2\varepsilon} + \Delta R_{2t}}{R_2} + \frac{\Delta R_{3\varepsilon} + \Delta R_{3t}}{R_3} - \frac{\Delta R_{4\varepsilon} + \Delta R_{4t}}{R_4} \right) \\
&= U \frac{\Delta R_{1\varepsilon}}{R_1}
\end{aligned} \tag{2-20}
$$

计算结果与温度引起的电阻变化量 ΔR_t 无关，因此全桥差动电路不仅能实现温度自补偿，提高稳定性，且使电桥的输出为单臂半桥测量时的 4 倍，同样双臂半桥也能达到温度自补偿的目的。

2.1.4　应用

1. 应变片的应用特点　以应变片为传感器件，用于测量应变、应力、弯曲力矩、扭矩等物理量，具有如下优点：

1）测量应变的灵敏度和准确度高，性能稳定、可靠，分辨率高，可测 $1 \sim 2\mu\varepsilon$，误差小于 1%。

2）测量范围广，既可测量弹性变形，也可测量塑性变形。变形范围可从数个微应变至数千个微应变。

3）应变片尺寸小、质量小、结构简单、使用方便、响应速度快。测量时，对被测件的工作状态和应力分布影响较小。既可用于静态测量，又可用于动态测量。

4）频率响应特性好，一般电阻应变片响应时间为 $10^{-7} \sim 10^{-11}$ s，若能在弹性元件设计上采取措施，则电阻应变片式传感器可测几十千赫甚至上百千赫的动态过程。

5）性能稳定，价格低。

6）环境适应性强，可在高温、低温、高压、高速、水下、强烈振动、强磁场、核辐射及化学腐蚀等各种恶劣环境条件下使用。

7）容易实现多点同步测量、远距离测量和遥测，且与数据处理装置配合，容易实现测量过程和数据处理过程自动化。

电阻应变片也存在着以下缺点：

1）在大应变状态下具有较大的非线性，半导体应变片的非线性更为显著。

2）应变片输出信号较微弱，故其抗干扰能力较差，因此对信号连接导线要严格屏蔽。

3）虽然应变片尺寸较小，但测出的仍是应变片敏感栅范围内的平均应变，不能完全显示应力场中应力梯度的变化。

4）应变片的温度系数较大。

尽管应变片存在着一些缺点，但通过采取一定补偿措施可减小其影响，因此它仍是非电量电测技术中应用广泛且有效的敏感元件，其应用领域仍在不断扩展。

应变式力传感器使用过程中的注意事项：①一定要考虑环境因素、适用范围和准确度要求；②一般工作在满量程的 $30\% \sim 70\%$；③在使用过程中，最大载荷不能超过满量程的 120%；④传感器和仪表应定期进行标定，以确保使用准确度；⑤电桥电压要稳定，温漂、时效性要小，否则会引起测量误差。

2. 应变片的选用原则　根据试件的材质及受力状态、测量准确度要求和环境条件等来选择适当的应变片。

（1）敏感元件材质的选择　由于康铜的灵敏系数稳定，在弹性范围和塑性范围内都保持不变，且电阻温度系数小，因而用得最多。但康铜在 300℃ 时电阻温度系数急剧变化，故一般用于 200℃ 以下的测量中。在高中温测量中，常用镍铬合金、镍铬铝合金及铂钨合金等作为敏感元件材料。在制作体积小、输出大的传感器时，敏感元件宜采用半导体材料。

（2）基底材料的选用　由于纸基能够满足大部分使用要求，且易于粘贴，故在 70℃ 以下的常温测量中使用较普遍。有一种浸含酚醛树脂或聚酯树脂的纸基可提高其耐热和防潮性能，使用温度可达 180℃。用酚醛、聚酯、环氧和聚酰亚胺等有机材料制成的基底可用于环境温度较高、湿度较大和测量时间长的应变测量和传感器上。高温测量时多用金属、石棉、玻璃纤维布等作基底。

（3）栅长的选择 由于应变片测出的应变值实际上是该应变片粘贴区域内应变的平均值，故当试件应变梯度较大或用于传感器上时，应选择栅长小的应变片，使测出的应变接近测点的真实值。在测量瞬态或高频动应变时，也因其频率响应较好而尽量选择栅长小的应变片。而在测量材质不均匀（如木材、混凝土等）的试件时，则须使用栅长大的应变片，以反映应变的平均水平。

（4）电阻值的选择 应变片的原始电阻值虽有 60Ω、90Ω、120Ω、200Ω、300Ω、500Ω、1000Ω 等，但因应变仪电桥的桥臂电阻都是按 120Ω 设计的，故无特殊要求时须选用 120Ω 阻值的应变片，否则要对测量结果进行修正。对于不须配用应变仪的测量电路，可根据需要选择应变片的电阻值。

（5）灵敏系数的选择 由于动态应变仪多是按 $K=2$ 设计的，所以一般的动态测量宜选用 $K=2$ 的应变片；否则要对测量结果进行修正。静态应变仪多设有灵敏系数调节装置，允许使用 $K\neq2$ 的应变片，在可调范围内无须对测量结果进行修正。在其他条件一定的情况下，应变片的 K 值越大，输出也越大，有时可省去测量系统中的放大单元，直接接入指示记录仪表。故在制作传感器时，往往选用 K 值大的应变片，以简化测量系统。

2.1.4.1 应变式力传感器

被测物理量为荷重或力的应变式传感器，又称为应变式力传感器，其主要用途是作为各种电子秤与材料试验机的测力元件，也可用于发动机的推力测试元件或水坝坝体承载状况的监视元件。

对这种传感器弹性元件的基本要求：具有较高的灵敏度和稳定性；力的作用点稍许变化或存在侧向力时，对传感器的输出影响小；粘贴应变片的地方应尽量平直或曲率半径尽量大；所选结构最好能有相同的正、负应变区等。

图 2-8 所示为圆柱式力传感器，应变片粘贴在外壁应力分布均匀的中间部分，对称地粘贴多片，电桥连接时，尽量考虑减小载荷偏心和弯矩影响。贴片在圆柱面上的展开位置如图 2-8a 所示，电桥连接如图 2-8b 所示。R_1、R_3 串接，R_2、R_4 串接，并置于相对桥臂，以减小弯曲力矩影响。横向贴片实现温度补偿。

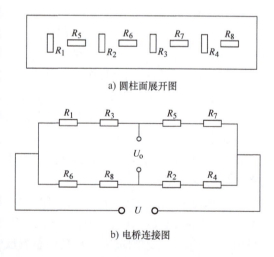

a) 圆柱面展开图

b) 电桥连接图

图 2-8 圆柱式力传感器

2.1.4.2 应变式压力传感器

应变式压力传感器主要用于液体、气体动态和静态压力的测量，如内燃机管道和动力设备管道的进气口、出气口气体压力或液体压力的测量，以及发动机喷口的压力、枪管和炮管内部压力的测量。这类传感器主要采用平膜式、筒式或组合式弹性元件。

图 2-9 所示为平膜式弹性元件，当承受压力 F 时，其应变变化如图 2-9a 所示，图中径向和切向应变 ε_r 和 ε_t 的表达式分别为

$$\varepsilon_{\mathrm{r}} = \frac{3F}{8h^2E} \ (1-\mu^2) \ (R^2 - 3x^2) \tag{2-21}$$

$$\varepsilon_{\mathrm{t}} = \frac{3F}{8h^2E} \ (1-\mu^2) \ (R^2 - x^2) \tag{2-22}$$

式中，F 是膜片上均匀分布的压力，单位为 N；R、h 分别是膜片的半径和厚度，单位为 mm；x 是距圆心的径向距离，单位为 mm。

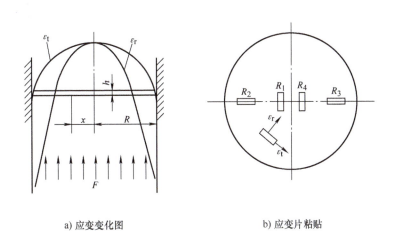

a) 应变变化图　　　　　　　　b) 应变片粘贴

图 2-9　平膜式弹性元件

由图 2-9 可知，平膜式弹性元件承受压力 F 时，其应变变化曲线的特点：当 $x = 0$ 时，$\varepsilon_{\mathrm{rmax}} = \varepsilon_{\mathrm{tmax}}$；当 $x = R$ 时，$\varepsilon_{\mathrm{t}} = 0$，$\varepsilon_{\mathrm{r}} = -2\varepsilon_{\mathrm{rmax}}$。

根据以上特点，一般在平膜片的圆心处沿切向贴 R_1、R_4 两个应变片，在边缘处沿径向贴 R_2、R_3 两个应变片，如图 2-9b 所示，且要求 R_2、R_3 和 R_1、R_4 产生的应变大小相等，极性相反，以便接成差动全桥测量电路。

2.1.4.3　应变式加速度传感器

图 2-10 所示为应变式加速度传感器原理图。传感器由质量块、应变片、弹性悬臂梁和基座组成。测量时，将其固定于被测物上。当被测物做水平加速度运动时，由于质量块的惯性（$F = ma$）使悬臂梁发生弯曲变形，通过应变片检测出悬臂梁的应变量。当振动频率小于传感器的固有振动频率时，悬臂梁的应变量与加速度成正比。

应变式加速度传感器的缺点是频率范围有限，一般不适合于高频及冲击、宽带随机振动等测量。

2.1.4.4　电阻应变仪

在前面的内容中，电桥可将应变片的电阻相对变化量转换成某种相应的电压或电流信号，其幅值与应变近似呈线性关系。但这种信号输出波形并不是所要求复现的试件应变变化波形，而只是一种调幅波形，并且信号小。为了精确复现试件应变波形，应将电桥输出信号进行放大和处理。将这些电子部件组成一台应变测量仪器，称为电阻应变仪，其基本组成及各处波形如图 2-11a、b 所示。

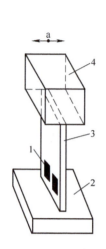

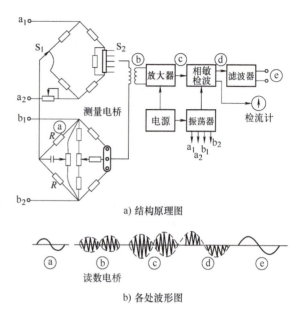

a) 结构原理图

b) 各处波形图

图 2-10　应变式加速度传感器原理图
1—应变片　2—基座　3—弹性悬臂梁　4—质量块

图 2-11　电阻应变仪的组成及波形

随着电子技术的不断发展，智能化应变仪应运而生，其功能和性能日趋完善。能做到定时、定点自动切换，测量数据可自动修正、存储、显示和打印记录。若配上适当的接口，还可以与电子计算机连接，将测量数据传送给计算机。

2.1.4.5　电阻应变片式传感器在自动称重中的应用

图 2-12 所示为高速公路路口收费站汽车衡电子称重系统结构组成。

图 2-12　汽车衡电子称重系统结构组成

该汽车衡称重系统自动称重收费装置主要由承载器、称重显示仪表、称重传感器、连接件、限位装置及接线盒等零部件组成，还可以选配打印机、大屏幕显示器、计算机等外部设备。

装置包括现场承重系统和显示系统，其中承重系统主要由四组电阻应变片构成，电阻应变片受重力引起形变，金属应变片形变引起电阻值变化。

工作原理：当被称重物或载重汽车置于承载器台面上时，在重力作用下，通过承载器将重力传递至称重传感器，使称重传感器弹性体产生变形，贴附于弹性体上的应变计桥路失去平衡，输出与重量数值成正比例的电信号。经线性放大器将信号放大，再经 A/D 转换为数字信号，由仪表的微处理机（CPU）对重量信号进行处理后直接显示重量数据。

2.2　电位器式传感器

电位器是一种将机械位移（线位移或角位移）转换为与其成一定函数关系的电阻或电压的机电传感元器件。

2.2.1　工作原理及特点

电位器由电阻、电刷等元器件组成，如图 2-13 所示。

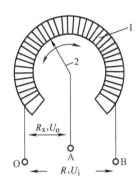

图 2-13　电位器的结构
原理图

1—电阻元件　2—电刷

电刷相对于电阻元件的运动可以是直线运动、转动和螺旋运动，因而可以将直线位移、转角等机械量转换成电阻变化。这些位移或转角的数量级较之应变片测量的应变量级要大得多。特定结构的电位器还可以将机械位移和转角转换成与它呈一定函数关系的电阻或电压输出。

电位器结构简单、输出信号大、性能稳定且容易实现任意函数。缺点是要求输入能量大，电刷与电阻元件容易磨损。

电位器电阻元件通常有绕线电阻、薄膜电阻和导电塑料电阻等。

2.2.2　结构及测量转换电路

电位器式传感器的结构如图 2-14 所示。滑动触头用镀铑耐磨合金弹性细丝制成，触头

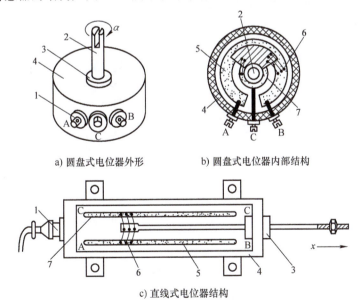

a) 圆盘式电位器外形　　　　b) 圆盘式电位器内部结构

c) 直线式电位器结构

图 2-14　电位器式传感器的结构简图

1—接线端子　2—转轴　3—微型轴承　4—外壳　5—导电塑料
6—滑动触头　7—滑动触头电压引出轨道（铜质）

与导电塑料之间的压力小于1mN，因此摩擦力非常小，起动转矩小于1mN·m，不易磨损。圆盘式电位器的轴上装有微型精密轴承，可360°旋转，与普通电位器有较大差别。直线式电位器的滑杆两端各套有一个微型直线轴承，信号用"航空插头"引出，具有较高的可靠性，并起屏蔽及抗干扰作用。

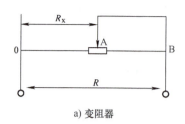

a) 变阻器

图2-15所示为直滑式电位器式传感器测量电路，它的作用：作变阻器和分压器。作变阻器用时，$R_x = R_{0A}$，当电刷在电阻元件上滑动时，引起R_{0A}变化。作分压器用时，$U_o = (R_{0A}/R_{0B}) U_i$，当电刷在电阻元件上滑动时，$U_o$在$0 \sim U_i$之间变化，故称为分压器。而从电位角度看，A点对参考点0的电位随电刷位置的变化而变化，这就是电位器名称的由来。

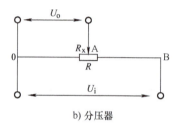

b) 分压器

对圆盘式电位器来说，U_o与滑动臂的旋转角度成正比

图2-15　电位器使用时的电路图

$$U_o = \frac{\alpha}{360}U_i \tag{2-23}$$

2.2.3　电位器式电阻传感器应用举例

电位器的移动或电刷的转动可直接或通过机械传动装置间接和被测对象相连，以测量机械位移或转角。电位器还可以和弹性敏感元件（如膜片、膜盒、波登管等）相连接，弹性元件位移通过传动机构推动电刷，输出相应的电压信号，可以组成压力、液位、高度等各种传感器。图2-16所示为电位器式压力传感器。其中，图2-16a为YCD-150型压力传感器，图2-16b是电位器式压力传感器。

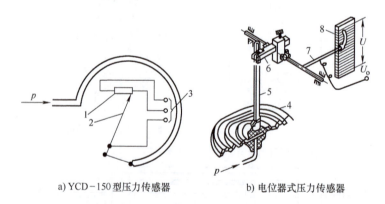

a) YCD-150型压力传感器　　　　b) 电位器式压力传感器

图2-16　电位器式压力传感器

1—电位器　2，7—电刷　3—接线端子　4—膜盒　5—连杆
6—曲柄　8—电阻元件

图2-17是电位器式加速度传感器。传感器壳体承受图示方向的加速度a时，惯性敏感质量块便产生相对于壳体的位移，并带动电刷在电阻元件上滑动，输出正比于加速度a的电压。

电位器式传感器结构简单、价格低廉、性能稳定，对环境条件要求不高，输出信号大。但由于存在摩擦和分辨率有限等问题，一般精度不够高，动态响应较差，适合于测量变化较缓慢的物理量。

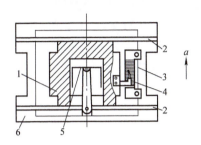

图 2-17　电位器式加速度传感器

1—惯性敏感质量块　2—片弹簧　3—电阻元件　4—电刷　5—活塞阻尼器　6—壳体

2.3　测温热电阻式传感器

用于测量温度的传感器很多，常用的有测温热电阻、测温热电偶、PN 结测温集成电路、红外辐射温度计等。本节简要介绍测温热电阻式传感器（简称热电阻传感器）。

热电阻传感器主要用于测量温度及与温度有关的参量。在工业上，它被广泛用来测量 $-200 \sim 960℃$ 范围内的温度。热电阻按性质的不同，可分为金属热电阻和半导体热电阻两类，后者又称为热敏电阻，它的灵敏度比前者高十倍以上。

2.3.1　热电阻的工作原理

物质的电阻随温度变化而变化的物理现象称为热电阻效应。图 2-18 所示为金属的热电阻 – 温度特性曲线。由图可知，金属的电阻随温度的升高而增加，即电阻温度系数为正值。在金属中，载流子为自由电子，当温度升高时，虽然自由电子数目基本不变（当温度变化范围不是很大时），但每个自由电子的动能将增加，因而在一定的电场作用下，要使这些杂乱无章的电子做定向运动就会遇到更大的阻力，导致金属电阻值随温度的升高而增加。实验

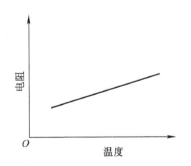

图 2-18　金属的热电阻 – 温度特性曲线

证明，大多数金属在温度每升高 1℃ 时其电阻值要增加 0.4%～0.6%，根据热电阻效应原理制成的传感器称为**热电阻传感器**。

热电阻传感器是把由温度变化所引起导体电阻值的变化，通过测量电路转换成电压（mV）信号，然后送至显示仪表以显示或记录被测的温度。热电阻的测量电路通常采用不平衡电桥，热电阻在工业测量桥路中的接法常采用两线制和三线制两种，如图 2-19、图 2-20 所示。此外，也有采用四线制的。为了消除和减小引线电阻的影响，常采用三线制连接法。当进行精密测温时，则应采用四线制接法。

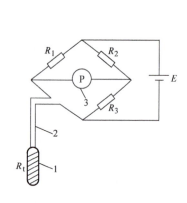

图 2-19　热电阻两线测量桥路
1—电阻体　2—引出线　3—显示仪表

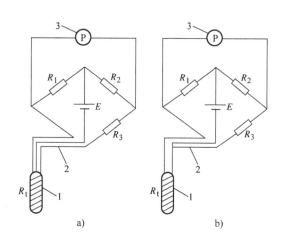

图 2-20　热电阻三线测量桥路
1—电阻体　2—引出线　3—显示仪表

2.3.2　热电阻材料及结构

1. 热电阻材料　热电阻是由电阻体（温度测量敏感元件 – 感温元件）、引出线、绝缘套管和接线盒等部件组成。其中，电阻体是热电阻的主要部件。

根据对检测设备的稳定性、灵敏度、线性度和单值性等性能要求，制作热电阻的电阻体材料应具有如下特点：①电阻温度系数大，以便提高热电阻的灵敏度，保持测试系数单值性，且最好为定值，以便得到电阻 – 温度线性特性；②电阻率 ρ 尽可能大，以便在相同灵敏度下减小电阻体尺寸；③在热电阻的使用范围内，材料的化学、物理性能保持稳定；④材料的提纯、可延、自制等工艺性好。根据上述特点，较为广泛应用的热电阻材料有铂、铜、镍、铁和铑铁合金等，而常用的是铂、铜，表 2-4 列出了这两种热电阻的主要技术性能。

表 2-4　热电阻的主要技术性能

材　　料	铂（WZP）	铜（WZC）
使用温度范围/℃	−200～960	−50～150
电阻率/（Ω·m×10⁻⁶）	0.0981～0.106	0.017
0～100℃间电阻温度系数 α（平均值）/（1/℃）	0.00385	0.00428

（续）

材　料	铂（WZP）	铜（WZC）
化学稳定性	在氧化性介质中较稳定，不能在还原性介质中使用，尤其在高温情况下	超过100℃易氧化
特性	特性近于线性，性能稳定，精度高	线性较好、价格低廉
应用	适于较高温度的测量，可作为标准测温装置	适于测量低温、无水分、无腐蚀性介质的温度

2. 热电阻的结构　金属热电阻按其结构类型的不同，可分为普通型、铠装型、薄膜型等。铂、铜热电阻的结构及特点见表 2-5，外形结构如图 2-21 所示。为了避免电感分量，电阻丝常采用双线并绕，制成无感电阻。

表 2-5　热电阻的结构及特点

材料	结构示意图	特　点
铂热电阻	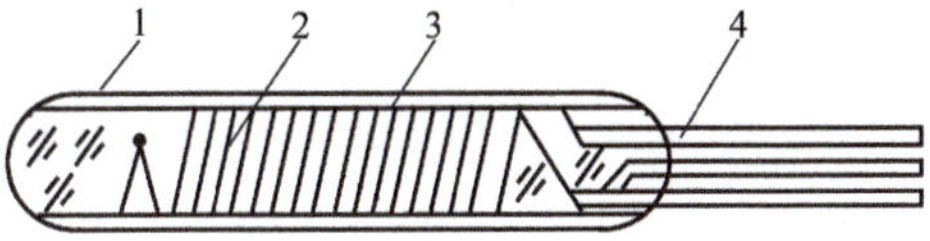 玻璃骨架铂热电阻感温元件 1—玻璃外壳　2—铂丝　3—骨架　4—引出线	体积小、可以小型化。缺点是抗振性能差、易碎
	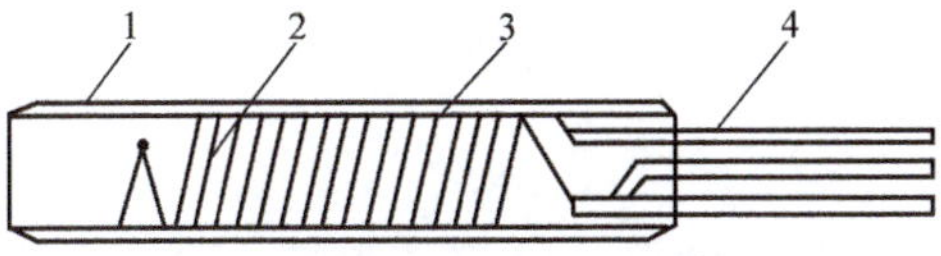 陶瓷骨架铂热电阻感温元件 1—釉　2—铂丝　3—陶瓷骨架　4—引出线	体积小、可以小型化、抗振性能较玻璃骨架好、温度测量上限可达900℃
	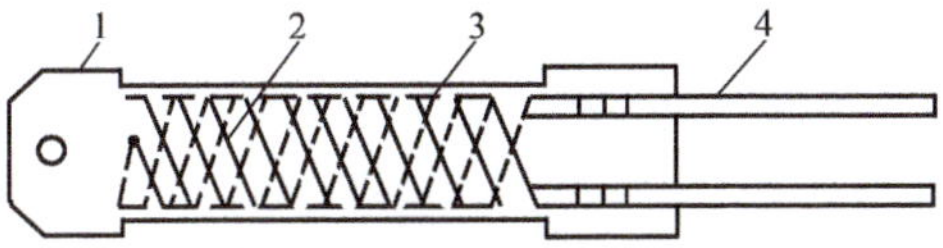 云母骨架铂热电阻感温元件 1—云母绝缘件　2—铂丝　3—云母骨架　4—引出线	抗振性能好、时间常数小
铜热电阻	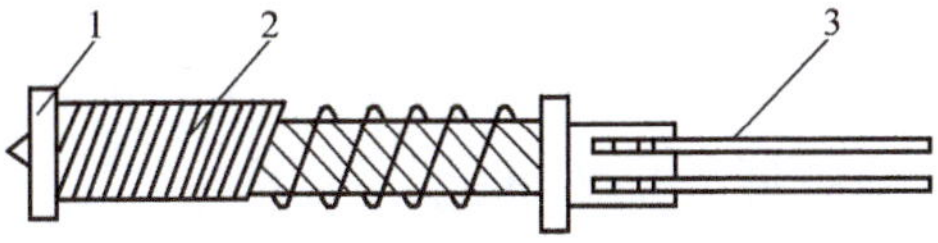 铜热电阻感温元件 1—骨架　2—漆包铜线　3—引出线	结构简单、价格低廉

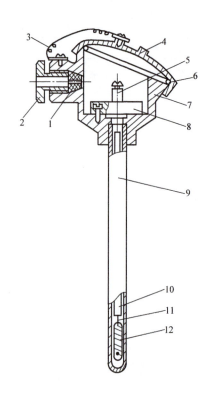

图 2-21　普通工业用热电阻基型产品的结构

1—出线孔密封圈　2—出线孔螺母　3—链条　4—盖　5—接线柱　6—盖的密封圈　7—接线盒
8—接线座　9—保护管　10—绝缘管　11—引出线　12—感温元件

2.3.3　常用热电阻

1. 铂热电阻　铂材料的优点：物理、化学性能极为稳定，尤其是耐氧化能力很强，并且在很宽的温度范围内（1200℃以下）均可保持上述特性；易于提纯，复制性好，有良好的工艺性，可以制成极细的铂丝或极薄的铂箔；电阻率较高。缺点：电阻温度系数较小、在还原介质中工作时易被沾污变脆、价格较高。

铂热电阻的阻值与温度间的关系近似呈线性，其特性方程为

当 $-200℃ \leqslant t \leqslant 0℃$ 时：

$$R_t = R_0 \left[1 + At + Bt^2 + C(t - 100)t^3 \right] \tag{2-24}$$

当 $0℃ \leqslant t \leqslant 850℃$ 时：

$$R_t = R_0 (1 + At + Bt^2) \tag{2-25}$$

式中，R_t 是温度为 $t℃$ 时铂热电阻的阻值，单位为 Ω；R_0 是温度为 0℃ 时铂热电阻的阻值，单位为 Ω；A、B、C 是温度系数，它们的数值分别为 $A = 3.90802 \times 10^{-3}(1/℃)$、$B = -5.802 \times 10^{-7}(1/℃^2)$、$C = -4.27350 \times 10^{-12}(1/℃^4)$。

我国铂热电阻的使用温度范围有 $-200 \sim 650℃$ 和 $-200 \sim 850℃$ 两种，它们的测温误差分别为 $\Delta t = \pm(0.15 + 0.002|t|)$ 和 $\Delta t = \pm(0.3 + 0.005|t|)$。

2. 铜热电阻　铂金属贵重，因此在一些测量准确度要求不高且温度较低的场合，普遍

地采用铜热电阻来测量 $-50 \sim 150℃$ 的温度。铜热电阻有如下特点。

1）在上述使用温度范围内，阻值与温度几乎呈线性关系，即可近似表示为

$$R_t = R_0(1 + \alpha t)　\tag{2-26}$$

式中，α 是电阻温度系数，$\alpha = (4.25 \sim 4.28) \times 10^{-3}/℃$。

2）电阻温度系数比铂高，电阻率则比铂低。

3）容易提纯，加工性能好，可拉成细丝，价格便宜。

4）易氧化，不宜在腐蚀性介质或高温下工作。

鉴于上述特点，在介质温度不高、腐蚀性不强、测温元件体积不受限制的条件下，大都采用铜热电阻。在允许使用的温度范围（$-50 \sim 150℃$）内，其对应的误差为 $\Delta t = \pm(0.3 + 6 \times 10^{-3}|t|)$。

目前我国全面施行"1990 国际温标"。按照 ITS—1990 标准，国内统一设计的工业用铂热电阻在 0℃时的阻值 R_0 有 25Ω、100Ω 两种，分度号分别用 Pt25、Pt100 表示；铜热电阻在 0℃时的阻值 R_0 有 50Ω、100Ω 两种，分度号分别用 Cu50、Cu100 表示。

2.3.4 热电阻的应用——热电阻式流量计

热电阻式流量计是根据物理学中关于介质内部热传导现象制成的。如果将温度为 t_n 的热电阻放入温度为 t_c 的介质内，设热电阻与介质相接触的表面面积为 A，则热电阻耗散的热量 Q 可表示为

$$Q = KA(t_n - t_c)　\tag{2-27}$$

式中，K 是热传导系数或称为传热系数。

实验证明，K 与介质的密度、黏度、平均流速等参数有关。当其他参数为定值时，K 仅与介质的平均流速 $\overline{V}$ 成正比，即

$$Q \propto \overline{V}　\tag{2-28}$$

式（2-28）说明，通过测量热电阻耗散的热量 Q 即可测得介质的平均流速或流量。

图 2-22 所示为热电阻式流量计的电路原理图。由图可知，它采用两个铂热电阻探头 R_{t1} 和 R_{t2} 分别接在电桥的两个相邻桥臂上。R_{t1} 放在被测介质的流通管道的中心，它所耗散的热量与被测介质的平均流速成正比。R_{t2} 放在温度与被测介质相同、但不受介质流速影响的连通室中。当被测介质处于静止状态时，将电桥调到平衡状态，检流计 P 指零；当介质以平均流速流动时，由于介质流动要带走热量，因而 R_{t1}

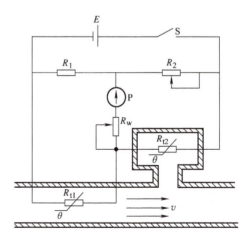

图 2-22　热电阻式流量计的电路原理图

的温度下降，引起其阻值下降，电桥失去平衡，检流计 P 有相应指示。可以将检流计 P 按平均流速或流量标定，这样就构成了直读式热电阻流速表或流量计。

2.4 其他电阻式传感器

本节将介绍热敏电阻、湿敏电阻和气敏电阻式传感器的基本概念及应用。

2.4.1 热敏电阻式传感器

热敏电阻是利用电阻值随着温度变化的特点制成的一种热敏元件。按其温度系数的不同可分为负温度系数热敏电阻（NTC）和正温度系数热敏电阻（PTC）两大类。正温度系数热敏电阻是指电阻的变化趋势与温度的变化趋势相同；反之则是负温度系数热敏电阻。

2.4.1.1 热敏电阻的工作原理及形状结构

半导体中参加导电的是载流子，由于半导体中载流子的数目比金属中自由电子的数目少得多，所以它的电阻率大。随着温度的升高，半导体中更多的价电子受热激发跃迁到较高能级而产生新的电子－空穴对，因而参加导电的载流子数目增加了，半导体的电阻率也就降低了（电导率增加）。因为载流子数目随温度上升按指数规律增加，所以半导体的电阻率也随温度上升按指数规律下降。热敏电阻正是利用半导体这种载流子数随温度变化而变化的特性制成的一种温度敏感元件。当温度变化1℃时，某些半导体热敏电阻的阻值变化将达到3%～6%。在一定条件下，根据测量热敏电阻阻值的变化得到温度的变化。

热敏电阻的特性曲线如图2-23所示。负温度系数热敏电阻有较均匀的感温特性，可以用于一定范围内的温度检测和温度补偿。负温度系数热敏电阻一般采用电阻负温度系数很大的固体多晶半导体氧化物的混合物制成。改变混合物的成分和配比，就可以获得测温范围、阻值及温度系数不同的负温度系数热敏电阻。

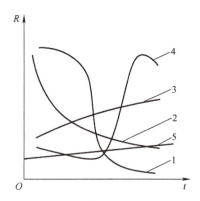

图2-23 热敏电阻的特性曲线
1—突变型NTC 2—负指数型NTC
3—线性型PTC 4—突变型PTC 5—铂热电阻

根据使用要求可将热敏电阻封装加工成各种形状和型式的探头，如圆片形、柱形、球形及铠装型、薄膜型和厚膜型等，如图2-24所示。

2.4.1.2 热敏电阻的应用

热敏电阻具有尺寸小、响应速度快、灵敏度高等优点，因而在很多领域得到广泛应用。

1. 热敏电阻测温 图2-25所示是热敏电阻体温计原理图。利用其原理还可以实现其他测温、控温电路。作为测量温度的热敏电阻，一般要结构简单、价格低廉。外面没有保护层的热敏电阻只能应用于干燥的环境。密封的热敏电阻不怕湿气的侵蚀，可使用在较恶劣的环境中。

用热敏电阻测温度时，必须先调零，再调满度，最后再验证分度盘中其他各点的温差是否在允许范围内，这一过程称为标定。在图2-25中，具体做法是：将绝缘的热敏电阻放入32℃（表头的零位）的温水中，待热量平衡后，调节RP_1，使指针指在32℃上，再加热水，用更高一级的温度计监测水温，使其上升到45℃。待热量平衡后，调节RP_2，使指针指在

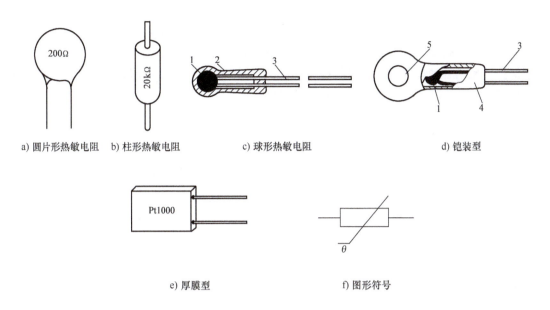

a) 圆片形热敏电阻　　b) 柱形热敏电阻　　　c) 球形热敏电阻　　　　　　d) 铠装型

e) 厚膜型　　　　　　　　　　　f) 图形符号

图 2-24　热敏电阻的外形、结构及符号

1—热敏电阻　2—玻璃外壳　3—引出线　4—纯铜外壳　5—传热安装孔

45℃上。再加入冷水，逐渐降温，检查 32～45℃范围内分度的准确性。如果不准确，可重新标度或在连接微机的情况下用软件修正。

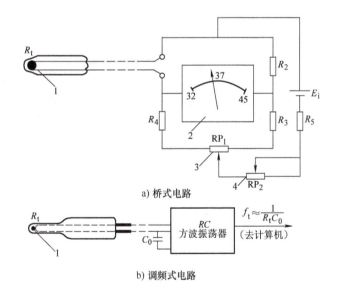

a) 桥式电路

$$f_t \approx \frac{1}{R_t C_0}$$

b) 调频式电路

图 2-25　热敏电阻体温计原理图

1—热敏电阻　2—指针式显示器　3—调零电位器　4—调满度电位器

2. 热敏电阻用于温度补偿　热敏电阻可在一定的温度范围内对某些元器件进行温度补偿。例如，动圈式仪表表头中的动圈由铜线绕制而成。温度升高，电阻增大，引起温度误差。对此，可以在动圈回路中将负温度系数热敏电阻与锰铜丝电阻并联后再与被补偿元器件

串联，从而抵消由于温度变化所产生的误差。

3. 过热保护 过热保护分为直接保护和间接保护。对于小电流场合，可把热敏电阻直接串入负载中，防止过热损坏以保护元器件。对于大电流场合，可用于继电器、晶体管电路等的保护。无论哪种情况，热敏电阻都与被保护元器件紧密结合在一起，从而使二者之间充分进行热交换，一旦过热，热敏电阻则起到保护作用。图 2-26 所示为几种过热保护实例。

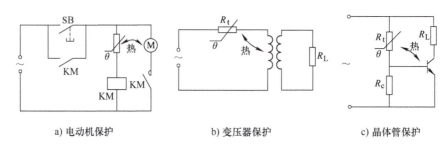

a) 电动机保护　　　　　b) 变压器保护　　　　　c) 晶体管保护

图 2-26　几种过热保护实例

2.4.2　湿敏电阻式传感器

湿度的测量比较困难，因为水蒸气中各种物质的物理、化学过程很复杂。将湿度变成电信号的传感器有红外线湿度计、微波湿度计、超声波湿度计、石英晶体振动式湿度计、湿敏电容湿度计和湿敏电阻湿度计等。在目前的湿度传感器中，多数还是湿敏电阻式传感器，其中的敏感元件是湿敏电阻。

2.4.2.1　湿敏电阻的结构和工作原理

湿敏电阻是一种阻值随环境相对湿度的变化而变化的敏感元件。它主要由感湿层（湿敏层）、电极和具有一定机械强度的绝缘基片组成，如图 2-27 所示。

感湿层在吸收了环境中的水分后引起两电极间电阻值的变化，这样就能直接将相对湿度的变化转换成电阻值的变化。利用此特性，可以制作成电阻湿度计来测量湿度的变化情况，或制成湿度控制器等测湿仪表和传感器。它们和常用的毛发湿度计、干湿球湿度计相比，具有使用方便、精度高、响应快、测量范围广及湿度系数小等优点。湿敏电阻有

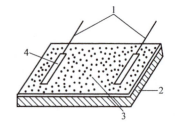

图 2-27　湿敏电阻结构示意图
1—引线　2—基片　3—感湿层
4—电极

多种形式，常用的有金属氧化物陶瓷湿敏电阻、金属氧化物膜型湿敏电阻、高分子材料湿敏电阻等。其中，金属氧化物陶瓷湿度传感器是当今湿度传感器的发展方向。如 $ZnCr_4O_4$ 陶瓷湿度传感器，其结构图如图 2-28 所示。湿敏电阻传感器的测量转换电路框图如图 2-29所示。

2.4.2.2　湿敏电阻式传感器的应用

如图 2-28 所示，感湿体是多孔陶瓷，它是由 P 型半导体陶瓷（$MgCr_2O_4 - TiO_2$）制成，电极是将糊状氧化钌（RuO_2）涂布在陶瓷感湿体的两侧，待干燥后烧结而成，陶瓷感湿体和电极组成了此传感器的湿敏元件。为了减小测量误差，要求传感器每次在测量湿度之前要去污。因此，在湿敏元件四周绕上加热电阻丝，将其表面加热到450℃的高温烧掉污垢。电

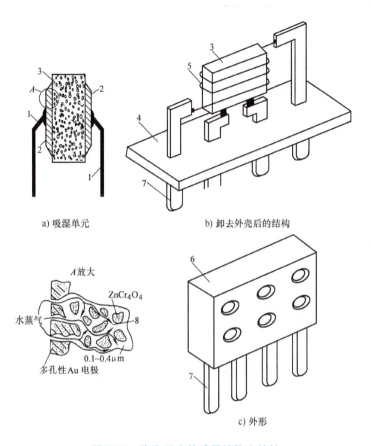

a) 吸湿单元　　　　　b) 卸去外壳后的结构

c) 外形

图 2-28　陶瓷湿度传感器结构和特性

1—引线　2—多孔性电极　3—多孔陶瓷　4—底座　5—镍铬加热丝　6—外壳　7—引脚　8—气孔

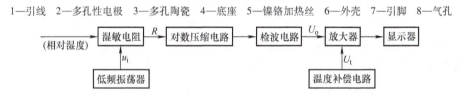

图 2-29　湿敏电阻传感器测量转换电路框图

极引线一般采用铂－铱合金。

　　图 2-28 所示陶瓷湿度传感器是一种多功能气体－温度传感器，其湿敏元件的电阻值既随所处环境相对湿度的增加而减小，又随周围空气中还原性气体含量的增加而变大。因此，该传感器既可用于气体含量的测量，又可用于相对湿度的测量。

　　图 2-30 所示为多功能气体－湿度传感器相对湿度与电阻值之间的关系曲线。由图可知，当相对湿度从 0% ~ 100% 变化时，传感器的电阻值很快减小。实验证明，当周围环境温度低于 150℃时，以上关系不仅有很高的准确度，而且周围环境中其他气体的浓度发生变化时，引起

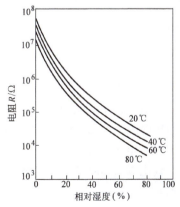

图 2-30　相对湿度与电阻值关系曲线

电阻值的变化很小，即这时敏感元件的电阻值仅与相对湿度成单值关系，因而可实现湿度测量。

目前，多功能气体–湿度传感器应用于烹调设备、印刷机、烘箱等控制系统中。

2.4.3 气敏电阻式传感器

用气敏元件组成的气敏电阻式传感器（以下简称气敏电阻）在工业上主要用于天然气、煤气、石油化工等部门易燃、易爆、有毒和有害气体的监测、预报和自动控制；在防治公害方面用于监测污染气体；在家庭中用于煤气、火灾的报警等。

2.4.3.1 气敏电阻的工作原理与特性

使用气敏电阻传感器可以把某种气体的成分、浓度等参数转换成电阻变化量，再转换为电流、电压的信号。

气敏电阻的材料是金属氧化物，是通过化学计量比的偏离和杂质缺陷制成的。金属氧化物半导体分为 N 型半导体（如 SnO_2、Fe_2O_3 等）和 P 型半导体（如 CoO、PbO 等）。为了提高某种气敏元件对某些气体成分的选择性和灵敏度，合成这些材料时，还掺入了催化剂，如钯（Pd）、铂（Pt）等。

金属氧化物在常温下是绝缘体，制成半导体后则显示气敏特性，其机理是比较复杂的。这种气敏元件接触气体时，由于表面吸附气体，其电阻率发生明显的变化。这种对气体的吸附可分为物理吸附和化学吸附。在常温下主要是物理吸附，是气体与气敏材料表面上分子的吸附，它们之间没有电子交换，不形成化学键，这种结合力是范德瓦尔斯力。若气敏元件的温度升高，化学吸附增加，在某一温度时达到最大值。化学吸附是气体与气敏材料表面建立离子吸附，它们之间有电子交换，存在化学键力。若气敏元件的温度再升高，由于解吸作用，两种吸附同时减小。例如，用氧化锡（SnO_2）制成的气敏元件在常温下吸附某种气体后，其电导率变化不大，表明此时是物理吸附。若保持该种气体浓度不变，该元件的电导率随元件本身温度的升高而增大，尤其在 $100 \sim 300℃$ 范围内电导率变化很大，表明此温度范围内化学吸附作用增大。

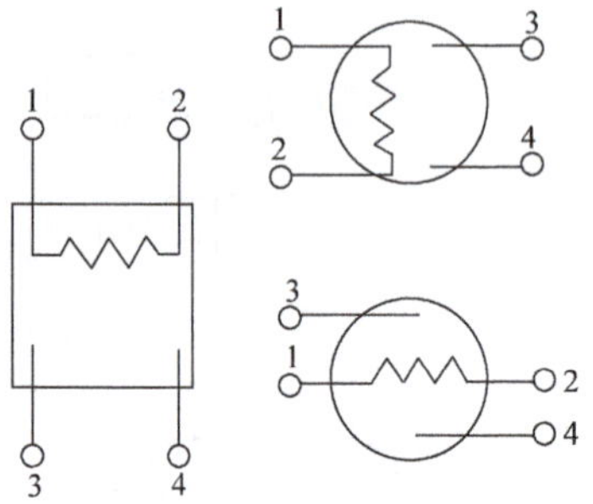

气敏元件工作时需要本身温度比环境温度高很多。为此，气敏元件在结构上要有加热器，通常用电阻丝加热，如图 2-31 所示。

图 2-31 气敏元件两对电极

1、2—加热电极

3、4—气敏电阻的一对电极

气敏元件的测量电路如图 2-32 所示。图中，E_H 为加热电源，E_C 为测量电源。电路中，气敏电阻值的变化引起电路中电流的变化，输出电压（信号电压）由电阻 R_0 上得出。

氧化锡（SnO_2）、氧化锌（ZnO）材料气敏元件输出电压与温度的关系曲线如图 2-33 所示。

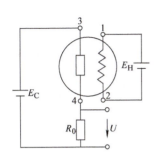

图 2-32　气敏元件的测量电路

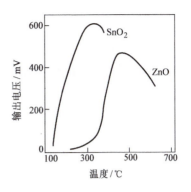

图 2-33　输出电压与温度关系

2.4.3.2　气敏电阻式传感器的应用

1. 还原性气体传感器　所谓还原性气体，就是在化学反应中能发出电子且化学价升高的气体，多数属于可燃性气体，如石油蒸气、酒精蒸气和煤气等。测量还原性气体的气敏电阻一般用 SnO_2、ZnO 等金属氧化物粉料添加少量催化剂铂、激活剂及其他添加剂，按一定比例烧结成半导体器件。图 2-34 所示为 MQN 型气敏电阻的结构及测量电路。

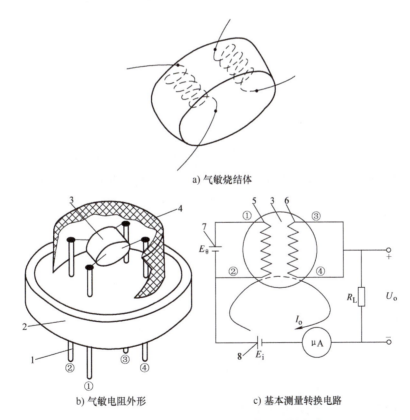

a) 气敏烧结体

b) 气敏电阻外形　　　　c) 基本测量转换电路

图 2-34　MQN 型气敏电阻的结构及测量电路

1—引脚　2—塑料底座　3—烧结体　4—不锈钢网罩
5—加热电极　6—工作电极　7—加热回路电源　8—测量回路电源

气敏半导体的灵敏度较高，在被测气体浓度较低时有较大的电阻变化，而当被测气体浓度较大时，其电阻率的变化则逐渐趋缓，有较大的非线性。这种特性较适用于气体的微量检漏、浓度检测或超限报警。控制烧结体的化学成分及加热温度可以改变它对不同气体的选择性。如制成煤气报警器，还可制成酒精检测仪以防酒后驾车等。气敏电阻传感器已广泛应用于各种领域。

2. **二氧化钛气敏传感器** 半导体材料二氧化钛（TiO_2）属于 N 型半导体，对氧气十分敏感，其阻值取决于周围环境的氧气浓度。当周围氧气浓度较大时，氧原子进入 TiO_2 晶格，改变半导体的电阻率，使其电阻值增大；反之，当氧气浓度下降时，氧原子析出，电阻值减小。

图 2-35 所示是用于汽车或燃烧炉排放气体中的 TiO_2 氧浓度传感器结构图及测量转换电路。二氧化钛气敏电阻与补偿热敏电阻同处于陶瓷绝缘体的末端。当氧气含量减小时，R_{TiO_2} 的阻值减小，U_o 增大。

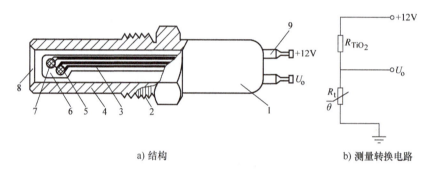

a) 结构   b) 测量转换电路

图 2-35 TiO_2 氧浓度传感器结构及测量转换电路

1—外壳（接地） 2—安装螺栓 3—搭铁线 4—保护管 5—补偿电阻
6—陶瓷片 7—TiO_2 气敏电路 8—进气口 9—引脚端子

在图 2-35b 中，与 TiO_2 气敏电阻串联的热敏电阻 R_t 起温度补偿作用。当环境温度升高时，TiO_2 气敏电阻的阻值会逐渐减小，只要 R_t 也以同样的比例减小，根据分压比定律，U_o 不受温度影响，因此减小了测量误差。事实上，R_t 与 TiO_2 气敏电阻是用相同材料制成的，只不过 R_t 用陶瓷密封起来，以免与燃烧尾气直接接触。

TiO_2 气敏电阻必须在上百度的高温下才能工作。汽车之类的燃烧器刚起动时，排气管的温度较低，TiO_2 气敏电阻无法工作，所以还必须在 TiO_2 气敏电阻外面套一个加热电阻丝（图中未画出），进行预热以激活 TiO_2 气敏电阻。

3. **气体报警器** 该类仪器是对泄漏气体达到危险限值时自动进行报警的仪器。图 2-36 所示为一种简单家用报警器电路。气敏元件采用测试回路高电压的直热式气敏元件 TGS 109。当室内可燃性气体增加时，气敏元件因接触到可燃性气体而降低阻值，这样流回回路的电流就增加，直接驱动蜂鸣器鸣响进行报警。

设计报警时，应注意选择开始报警浓

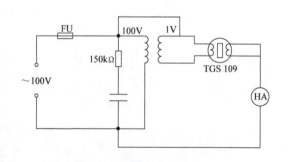

图 2-36 家用气体报警器电路

度，既不要选得过高也不要选得过低。选高了，灵敏度低，容易造成漏报，达不到报警的目的；选低了，灵敏度过高，容易造成误报。一般情况下，对于甲烷、丙烷、丁烷等气体，都选择在爆炸下限的1/10。考虑到温度、湿度和电源电压的影响，家庭用报警器开始报警浓度应有一定的范围，出厂前按标准条件调整好，以确保环境条件变化时不发生误报和漏报。

使用气体报警器可根据使用气体种类的不同分别安放在易检测气体泄漏的地方，如丙烷、丁烷气体报警器应安放于气源附近地板上方20cm以内；甲烷和一氧化碳报警器应安放于气源上方靠近天棚处。这样就可以随时检测气体是否漏气，一旦泄漏的气体达到一定浓度，便自动产生报警信号进行报警。

复习思考题

1. 说明电阻应变片的组成、规格及分类。

2. 什么是应变效应？利用应变效应解释金属电阻应变片的工作原理。

3. 试述应变片温度误差的概念、原因和补偿方法。

4. 为什么应变片式传感器大多采用不平衡电桥作为测量电路？该电桥为什么又都采用半桥和全桥两种方式？

5. 拟在等截面的悬臂梁上粘贴四个完全相同的电阻应变片组成差动全桥电路。试问：

1）四个应变片应怎样粘贴在悬臂梁上？

2）画出相应的电桥电路图。

6. 试述电位器的基本概念、组成部分、主要作用和优缺点。

7. 什么是热电阻效应？试述金属热电阻效应的特点和形成的原因。

8. 阐述热电阻式传感器的概念、功能及分类。

9. 用热电阻式传感器进行测量时，经常采用哪种测量线路？热电阻与测量线路有几种连接方式？通常采用哪几种连接方式？为什么？

10. 半导体和金属的电阻率与温度关系有何差别？原因是什么？

11. 试述气敏元件的工作原理。

12. 试述气敏元件按制造工艺的分类及常用元件。

13. 气敏传感器的主要用途是什么？

14. 什么是湿敏电阻？请说明湿敏电阻的组成、原理和特点。

🔊 延伸阅读

▶ 了解"太极一号"引力参考传感器

"太极一号"成功发射和第一阶段在轨测试任务顺利完成，迈出了中国空间引力波探测的第一步，在探索浩瀚宇宙征程中，为人类文明进步贡献了"中国智慧"。作为"太极一号"上最重要的核心测量设备之一——引力参考传感器，其测量准确度达到地球重力加速度的百亿分之一量级，相当于一只蚂蚁推"太极一号"产生的加速度。

引力参考传感器可以监测到卫星平台受到的最微小的"扰动"，比如来自太阳光照的微弱压力、来自太空里极其稀薄气体的阻力，甚至是来自地球对卫星的反向辐照压力，相当于去遥远太空触摸宇宙律动的"脉搏"，倾听"时光的涟漪"。

据悉，该项技术也是未来空间引力波探测、超高精度惯性导航、全球气候及重力环境研究等重大和前沿空间科学研究和工程应用领域的关键技术。

相关短视频请参看随赠的教学辅助资源。

第3章　电感式传感器及其应用

　　电感式传感器是利用电磁感应原理将被测非电量转换成线圈电感量变化的一种装置。利用电感式传感器能对位移及与位移有关的工件尺寸、压力、振动等参数进行测量。

　　电感式传感器具有结构简单、工作可靠、测量准确度高、分辨率高和输出功率较大等一系列优点，因此在工业测量技术中得到了广泛的应用。其主要缺点是灵敏度、线性度和测量范围相互制约；传感器频率响应较慢，不宜快速动态测量；对传感器线圈供电电源的频率和振幅稳定度均要求较高。

　　电感式传感器种类很多。当采用自感原理时，将被测量的变化转换成自感 L 的变化，自感 L 接入转换电路，便可以转换成电信号输出，称为自感式传感器；当采用互感原理时，常做成差动变压器形式，一次绕组要用固定电源励磁，它与两个二次绕组间互感 M 的变化，可使二次绕组产生电压信号输出，称为差动变压器式传感器。此外，还有利用电涡流效应实现的电涡流式传感器等。

　　企业案例引入　某轴承公司生产一批圆柱滚动体。按照需求方的要求，一个轴承中的滚柱直径必须均匀，偏差范围为 $\pm 3\mu m$，并与轴承的内外公差匹配，否则将导致设备运行噪声和振动超标。该公司对车间生产的滚柱直径进行自动测量和分选，具体要求如下：滚柱的标准直径为 10.000mm，允许公差范围为 $\pm 3\mu m$，超出公差范围均予以剔除（落入废料箱中）。在公差范围内，滚柱的直径从 9.997～10.003mm 分为 A～G 级，共 7 个等级，分别落入对应的 7 个料箱中。

　　该案例自动测量和分选装置里一个重要的传感器便是电感式传感器。本章将要学习电感式传感器的结构组成、工作原理、测量电路及其应用。

　　◇◆ **本章学习的重点：** 自感式传感器、差动变压器式传感器和电涡流式传感器的结构、工作原理、测量电路及其应用。

　　◇◆ **本章学习的难点：** 各类电感式传感器的工作原理、测量电路及其应用。

3.1　自感式传感器

　　自感式传感器是将被测量的变化转换为自感变化的传感器。

3.1.1　工作原理

　　当一个线圈中的电流 I 变化时，该电流所产生的磁通 Φ 也随之变化，因而线圈本身产生感应电动势，这种现象称为自感。

　　若线圈的匝数为 N，则线圈匝数 N 与磁通 Φ 的乘积为 Ψ，即 $\Psi = N\Phi$，Ψ 称为全磁通或磁链。磁链 Ψ 与线圈中的电流 I 成正比，并且比值为常数，将此比值称为自感 L 或电感，其值为

$$L = \frac{\Psi}{I} = \frac{N\Phi}{I} \qquad (3\text{-}1)$$

图 3-1 所示为自感式传感器的原理图。它由线圈、铁心和衔铁三部分组成。铁心和衔铁由导磁材料制成。线圈套在铁心上，在铁心和衔铁之间有一个空气隙，空气隙的厚度为 δ。传感器的运动部分和衔铁相连。当外力作用在传感器的运动部分时，衔铁产生位移，使空气隙 δ 发生变化，磁路磁阻 R_m 发生变化，从而引起线圈电感 L 发生变化。线圈电感 L 的变化与空气隙 δ 的变化相对应。这样，通过测出线圈电感量的变化就能判断空气隙变化的大小，即能确定衔铁的位移大小和方向。

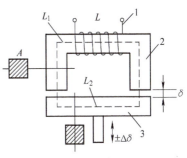

图 3-1　自感式传感器原理图
1—线圈　2—铁心　3—衔铁

设磁路的总磁阻为 R_m，则由磁路的欧姆定律可得磁通 Φ 为

$$\Phi = \frac{NI}{R_m} \qquad (3\text{-}2)$$

由图 3-1 可知，磁路的总磁阻 R_m 是由铁心磁阻 R_f 和空气隙磁阻 R_δ 组成的，即有

$$R_m = R_f + R_\delta = \sum_{i=1}^{n} \frac{l_i}{\mu_i A_i} + \frac{2\delta}{\mu_0 A} \qquad (3\text{-}3)$$

式中，l_i 为铁心各段的长度，单位为 m；μ_i 为铁心各段的磁导率，单位为 H/m；A_i 为铁心各段的截面积，单位为 m^2；δ 为空气隙的长度，单位为 m；μ_0 为空气隙的磁导率，$\mu_0 = 4\pi \times 10^{-7}$（H/m）；$A$ 为空气隙的有效截面积，单位为 m^2。

因为一般导磁体的磁阻远小于空气隙的磁阻，计算时可忽略不计，则式（3-3）可表示为

$$R_m \approx \frac{2\delta}{\mu_0 A} \qquad (3\text{-}4)$$

将式（3-2）、式（3-4）代入式（3-1），可得

$$L \approx \frac{N^2 \mu_0 A}{2\delta} \qquad (3\text{-}5)$$

在传感器铁心的结构和材料确定之后，线圈匝数 N、空气的磁导率 μ_0 为常数，所以自感 L 是空气隙厚度 δ 和空气隙截面积 A 的函数，即 $L = f(\delta, A)$。如果保持 A 不变，则 L 为 δ 的单值函数，可构成变隙式传感器，如图 3-2a 所示；如果保持 δ 不变，则 L 为 A 的单值函数，可构成变截面式（又称变面积式）传感器，如图 3-2b 所示；如果在线圈中放入圆柱型铁心，如图 3-2c 所示，也是一个可变电感，使衔铁上下位移，自感量也将相应变化，便构成螺线管式电感传感器。

3.1.1.1　变隙式电感传感器

如图 3-2a 所示，传感器工作时，衔铁与被测体连接。当被测体按图中方向产生 $\pm\Delta\delta$ 的位移时，衔铁与其同步移动，引起磁路中气隙的磁阻发生相应变化，从而引起线圈的电感变化。因此，只要测出自感量的变化，就能确定衔铁（即被测体）位移量的大小和方向。这就是闭合磁路变隙式电感传感器的工作原理。

式（3-5）中，在线圈匝数 N 确定后，若保持气隙有效截面积 A 为常数，则 $L = f(\delta)$，它的特性曲线如图 3-3a 所示，输入与输出呈非线性关系，灵敏度 K_1 为

$$K_1 = \frac{\mathrm{d}L}{\mathrm{d}\delta} \approx -\frac{N^2\mu_0 A}{2\delta^2} \tag{3-6}$$

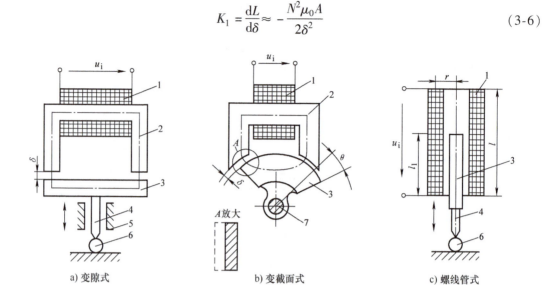

a) 变隙式　　　　　　b) 变截面式　　　　　　c) 螺线管式

图 3-2　自感式传感器结构形式图

1—线圈　2—铁心　3—衔铁　4—测杆　5—导轨　6—工件　7—转轴

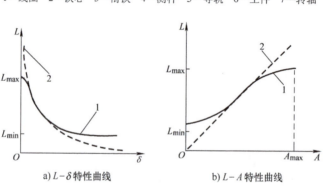

a) $L-\delta$ 特性曲线　　　　　　b) $L-A$ 特性曲线

图 3-3　电感式传感器的输出特性

1—实际输出特性　2—理想输出特性

在式（3-6）中，K_1 与变量 δ 有关，因而 K_1 不是一常数，δ 越小，灵敏度 K_1 越高。为了保证一定的线性度，变隙式电感传感器仅能工作在很小一段的区域，因而只能用于微小位移的测量。

3.1.1.2　变截面式电感传感器

图 3-2b 所示为变截面式电感传感器结构图。在式（3-5）中，N 确定后，若保持气隙长度 δ 为常值 δ_0，则 $L=f(A)$，它的特性曲线如图 3-3b 所示。理想状态下，输入与输出呈线性关系。但由于存在漏感等原因，它的特性并非是线性的，而且它的线性区较小，灵敏度较低。灵敏度 K_2 为

$$K_2 = \frac{\mathrm{d}L}{\mathrm{d}A} \approx \frac{N^2\mu_0}{2\delta_0} \tag{3-7}$$

3.1.1.3　螺线管式电感传感器

单线圈螺线管式电感传感器的结构如图 3-2c 所示。它是在螺线管线圈中放入衔铁构成

的。其工作原理是：衔铁在外力作用下上下运动，使得线圈的电感量发生变化。这种传感器的精确理论分析比较复杂，对它的近似分析如下。

假设在线圈内的磁场强度是均匀的，螺线管全长为 l，半径为 r，当衔铁插入线圈内时，插入部分的磁阻下降，所以磁感应强度增大，从而使电感值增加。因而当衔铁随被测体移动时，线圈电感量发生变化，即电感量与衔铁插入深度有关。

对于长螺线管（$l \gg r$），当衔铁工作在螺线管的中部时，可认为线圈内的磁场强度是均匀的。此时，线圈的电感量与衔铁插入深度大致成正比。但由于线圈内磁场强度沿轴向分布并不均匀，因而它的输出特性呈非线性。

这种传感器结构简单、制作容易，但灵敏度稍低，且衔铁在螺线管中间时才有可能呈线性关系。此传感器适合于位移较大场合的测量。

以上三种类型传感器的特性比较如下：

1）变隙式电感传感器的优点是灵敏度高，且灵敏度随气隙的增大而减小。缺点是非线性误差大。为了减小非线性误差，量程必须有一定限制而且较小，一般为气隙的 1/5 以下。衔铁在运动方向上受到铁心的限制，自由行程小。这种传感器制造装配比较困难，因此应用在逐渐减少。

2）变截面式电感传感器的灵敏度比变隙式电感传感器低，但理论灵敏度为一常数，因而具有较好的线性度，量程也较大，自由行程可按需要安排。其制造装配也较方便，因而使用比较广泛。

3）螺线管式电感传感器的灵敏度比变截面式电感传感器更低，但量程大，线性度也较好，同时还具备自由行程可任意安排、制造装配方便等优点。在批量生产中，螺线管的互换性要比变截面式好，特性大体一致。但由于螺线管式电感传感器的线圈形状对线性度及稳定度有较大影响，要求在设计制造时注意线圈骨架的形状和尺寸稳定不变，线圈绕制要均匀一致。其应用比较广泛。

3.1.1.4　差动式电感传感器

使用电感式传感器时，当励磁线圈通以交流电流时，衔铁始终承受电磁吸力，会引起振动及附加误差，而且非线性误差较大；同时，外界干扰（如电源电压频率的变化、温度的变化）会使输出产生误差，这些是以上三种电感传感器难以解决的问题。因而在实际工作中常采用差动式，这样既可以提高传感器的灵敏度，又可以减小测量误差。

图 3-4 所示为差动式电感传感器，两个完全相同的单个线圈（即材料性能、几何尺寸、电气参数等完全相同）共用一活动衔铁便构成了差动式传感器。

在图 3-4a 所示的变隙式差动传感器中，测量时，衔铁随被测量移动而偏离

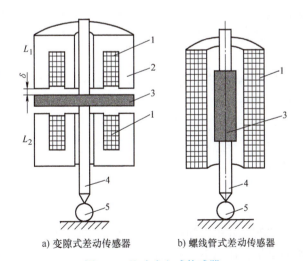

a) 变隙式差动传感器　　b) 螺线管式差动传感器

图 3-4　差动式电感传感器

1—差动线圈　2—铁心　3—衔铁　4—测杆　5—工件

中间位置，两个磁回路中的磁阻发生大小相等、符号相反的变化，即一个线圈的电感量增加，另一个线圈的电感量减小，形成差动形式。

假设当衔铁向上移动 $\Delta\delta$，则两个线圈的总电感变化量为

$$\Delta L = L_1 - L_2 = \frac{\mu_0 N^2 A}{2(\delta_0 - \Delta\delta)} - \frac{\mu_0 N^2 A}{2(\delta_0 + \Delta\delta)} = \frac{\mu_0 N^2 A}{2}\frac{2\Delta\delta}{\delta_0^2 - \Delta\delta^2} \tag{3-8}$$

式中，L_1 是上线圈的电感量，单位为 H；L_2 是下线圈的电感量，单位为 H；δ_0 是衔铁与铁心初始空气隙的厚度，单位为 m。

由于 $\Delta\delta \ll \delta_0$，因而可以略去分母中的 $\Delta\delta^2$ 项，有

$$\Delta L \approx 2\frac{N^2 \mu_0 A}{2\delta_0^2}\Delta\delta \tag{3-9}$$

灵敏度为

$$K = \frac{\Delta L}{\Delta\delta} = 2\frac{\mu_0 N^2 A}{2\delta_0^2} = 2\frac{L_0}{\delta_0} \tag{3-10}$$

式中，L_0 是衔铁处于差动线圈中间位置的初始电感量，$L_0 = \frac{\mu_0 N^2 A}{2\delta_0}$。

由此可以得出如下结论：①差动式电感传感器比单线圈式电感传感器的灵敏度高一倍；②差动式电感传感器的线性度明显得到了改善；③对于外界的影响，差动式电感传感器也基本上可以相互抵消，衔铁承受的电磁吸力也较小，从而可减小测量误差。

3.1.2 自感式电感传感器的转换电路

自感式传感器实现了把被测量的变化转换为电感的变化。为了测出电感量的变化，同时也为了将电感变化送入下级电路进行放大和处理，就要用转换电路把电感变化转换成电压（或电流）的变化，因而转换电路有调幅、调频、调相电路。在自感式传感器中，用得较多的是调幅电路，调频、调相电路用得较少。

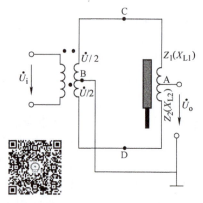

图 3-5 变压器电桥电路

1. 调幅电路 调幅电路的一种主要形式是交流电桥。图 3-5 所示为变压器电桥电路。相邻两工作臂 Z_1、Z_2 是差动式电感传感器的两个线圈阻抗。另两臂为变压器的二次绕组。假定 B 点为参考电位，且传感器线圈为高品质因数值，则线圈的直流电阻远小于其感抗，可以推导出输出电压为

$$\dot{U}_o = \dot{U}_{AD} - \dot{U}_{DB} = \frac{Z_2}{Z_1 + Z_2}\dot{U} - \frac{\dot{U}}{2} = \frac{\dot{U}}{2}\frac{Z_2 - Z_1}{Z_2 + Z_1} \tag{3-11}$$

当衔铁处于中间位置时，由于线圈完全对称，设此时 $L_1 = L_2 = L_0$，$Z_1 = Z_2 = Z_0$，电桥桥路平衡，输出电压 $U_o = 0$。

当衔铁下移时，下线圈感抗增加，即 $Z_2 = Z_0 + \Delta Z$，而上线圈感抗减小，即 $Z_1 = Z_0 -$

ΔZ，此时输出电压为

$$\dot{U}_{\mathrm{o}} = \frac{\Delta Z}{2 Z_0} \dot{U} \tag{3-12}$$

同理，当衔铁上移时，输出电压为

$$\dot{U}_{\mathrm{o}} = -\frac{\Delta Z}{2 Z_0} \dot{U} \tag{3-13}$$

由式（3-12）和式（3-13）可得出自感式电感传感器的输出电压为

$$\dot{U}_{\mathrm{o}} = \pm \frac{\Delta Z}{2 Z_0} \dot{U} \tag{3-14}$$

因为电感线圈的品质因数 $\left(\dfrac{\omega l}{\gamma}\right)$ 很高，因而电感线圈的直流电阻可以忽略，所以有

$$\dot{U}_{\mathrm{o}} \approx \pm \frac{\mathrm{j}\omega\Delta L}{2\mathrm{j}\omega L_0} \dot{U} = \pm \frac{\dot{U}}{2 L_0}\Delta L \tag{3-15}$$

在图 3-5 所示电桥电路中，当衔铁处于差动电感的中间位置附近时，可以发现，无论怎样调节衔铁的位置，均无法使测量转换电路输出为零，总有一个很小的输出电压存在，此电压称为零点残余电压。零点残余电压的存在会造成测量系统在最关键的零点附近存在一小段不灵敏区，它一方面限制系统的分辨率，另一方面造成输出电压 U_{o} 与位移间的非线性。造成零点残余电压的原因：①两电感线圈等效参数不完全对称；②存在寄生参数，如线圈的寄生电容等；③电源电压含有高次谐波；④励磁电流太大，使磁路的磁化曲线存在非线性区等。减小零点残余电压的方法：①提高电感线圈等效参数的对称性；②尽量采用正弦波作为激励源；③正确选择磁路材料，同时适当减小线圈的励磁电流；④在线圈上并联阻容移相网络；⑤采用相敏检波电路。

由式（3-15）可得，衔铁上下移动相同距离时，输出电压大小相等，但方向相反，即相差 180°。由于输出电压是交流信号，用示波器观看波形是无法判断位移方向的。为了判别衔铁的移动方向，必须判别信号的相位，需要在后续电路中配置相敏检波电路来解决。图 3-6 所示为带相敏整流的交流电桥电路。它的工作原理和过程如下。

在图 3-6 中，Z_1、Z_2 为电感式传感器的两个线圈，作为交流电桥相邻的两个桥臂；Z_3、Z_4 为两个相同的阻抗，作为电桥的另两个相邻桥臂。$VD_1 \sim VD_4$ 四只二极管构成了相敏整流器，输入交流电压加在 A、B 两点间，输出电压自 C、D 两点间取出；指示电表 V 为零刻度居中的直流电压表或直流数字电压表。

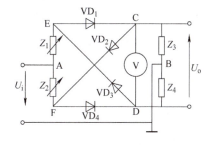

图 3-6　带相敏整流的交流电桥

1）当衔铁处于平衡位置时，$Z_1 = Z_2 = Z$，C 点电位等于 D 点电位，输出电压 $U_{\mathrm{o}} = 0$。

2）当衔铁上移，使上线圈阻抗增大，即 $Z_1 = Z + \Delta Z$，下线圈阻抗减少，$Z_2 = Z - \Delta Z$。

在输入交流电压的正半周，A 点电位高于 B 点电位，则二极管 VD_1、VD_4 导通，VD_2、VD_3 截止。C 点电位由于 Z_1 的增大而比平衡时的电位降低；D 点的电位由于 Z_2 的减小而比平衡时的电位升高。所以，D 点的电位高于 C 点的电位，此时直流电压表正向偏转。

进入交流电压的负半周时，A 点电位低于 B 点电位，则二极管 VD_2、VD_3 导通，VD_1、

VD_4 截止。C 点电位由于 Z_2 的减小而比平衡时的电位降低（更负）；D 点的电位由于 Z_1 的增大而增高。所以，仍然是 D 点的电位高于 C 点的电位，直流电压表正向偏转。

这就是说，只要衔铁上移，不论输入电压是正半周还是负半周，电压表总是正向偏转，即输出电压为正。

3）当衔铁下移时，同理可以分析得到，电压表总是反向偏转，输出电压总是为负。

由此可见，采用带相敏整流的电桥电路，输出信号能反映位移的大小和方向。

图 3-7 所示为不同检波方式的输出特性曲线。

2. 调频电路　调频电路的基本原理是传感器中电感 L 的变化将引起输出电压频率 f 的变化。一般是把传感器电感 L 和一个固定的电容 C 接入同一振荡回路中，如图 3-8a 所示。图中 G 表示振荡回路，其振荡频率 $f = \dfrac{1}{2\pi\sqrt{LC}}$，当 L 变化时，振荡频率随之变化，根据 f 的大小即可测出被测量的值。

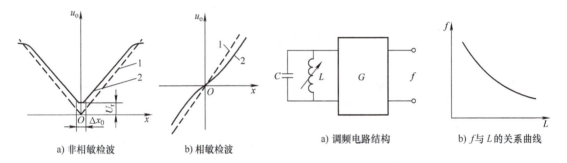

a) 非相敏检波　　　　b) 相敏检波

图 3-7　不同检波方式的输出特性曲线
1—理想特性曲线　2—实际特性曲线

a) 调频电路结构　　　b) f 与 L 的关系曲线

图 3-8　调频电路

当 L 有微小变化 ΔL 时，频率变化 Δf 为

$$\Delta f = -\frac{1}{4\pi}(LC)^{-\frac{3}{2}}C\Delta L = -\frac{f}{2}\frac{\Delta L}{L} \tag{3-16}$$

图 3-8b 表示出 f 与 L 的关系曲线，它们具有严重的非线性关系。调频电路只有在 f 较大的情况下才能达到较高的精度。

3. 调相电路　调相电路的基本原理是传感器电感 L 的变化将引起输出电压相位 φ 的变化，图 3-9a 所示是一个相位电桥，一臂为传感器 L，另一臂为固定电阻 R。设计时，使电感线圈具有高品质因数。忽略其损耗电阻，则电感线圈与固定电阻上的压降（$\dot{U}_L$ 与 $\dot{U}_R$）两个相量是互相垂直的，如图 3-9b 所示。当电感 L 变化时，输出电压 $\dot{U}_o$ 的幅值不变，相位 φ 角随之变化。φ 与 L 的关系为

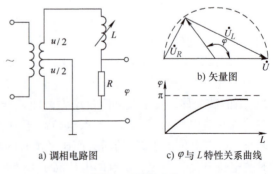

a) 调相电路图

b) 矢量图

c) φ 与 L 特性关系曲线

图 3-9　调相电路

$$\varphi = 2\arctan\frac{\omega L}{R} \tag{3-17}$$

式中，ω 是电源角频率，单位为 rad/s。

在这种情况下，当 L 有了微小变化 ΔL 后，输出电压的相位变化 $\Delta\varphi$ 为

$$\Delta\varphi = \frac{2\left(\dfrac{\omega L}{R}\right)}{1 + \left(\dfrac{\omega L}{R}\right)^2}\frac{\Delta L}{L} \tag{3-18}$$

图 3-9c 表示出了 φ 与 L 的特性关系曲线。

3.1.3　应用

在工程检测中，经常使用电感式传感器来测量位移、尺寸、振动、力、压力、转矩、应变、流量和比重等非电量。

1. **电动测微仪的电感式传感器的应用与配用电路**　它是用于测量微小位移变化的仪器，其主要优点为重复性好、精度高、灵敏度高以及输出信号便于处理等。该仪器主要由传感器和测量电路两部分组成。

电动测微仪的传感器采用图 3-10a 所示的轴向式电感传感器。图中，测端 10 通过螺纹连接在测杆 8 上，测杆可在滚珠导轨 7 上做轴向移动。测杆的上端固定着磁心 3，当测杆随被测体一起移动时，带动磁心在差动电感传感器的线圈 4 中移动，线圈置于固定磁筒 2 中，磁心与固定磁筒都必须用铁氧体做成。两个电感线圈的线端 H、G 和公共端 A 用导线 1 引出，以便接入测量电路。传感器的测量力由弹簧 5 产生，防转销 6 用来限制测杆转动，以提高示值的重复性。密封套 9 用来防止灰尘进入测量头内。测量头外径有 ϕ8mm 和 ϕ15mm 两个夹持部分，以适应不同的安装要求。使用时，将测微头与被测体相连。当被测体移动时，带动测微头、测杆和磁心一起移动，从而使差动式电感传感器的两阻抗值 Z_1 和 Z_2 发生大小相等、极性相反的变化，再经测量电路，即可用指零电压表指示被测位移的大小与方向。

电动测微仪的测量电路既可以采用图 3-10b 所示的变压器式交流电桥，也可以采用图 3-10c 所示的带相敏整流的交流电桥，测微仪采用变压器式交流电桥作为测量电路时，将图 3-10a 中的 A、G、H 分别与图 3-10b 中的 A、O、C 相连，组成图 3-10b 所示的电路原理图。测微仪采用带相敏整流的交流电桥为测量电路时，将图 3-10a 中的 A、G、H 分别与图3-10c 中的 A、E、F 相连，即组成图 3-10c 所示的电路原理图。

2. **滚柱直径分选装置的应用**　根据前文引入的企业案例要求，由于被测滚柱的公差变化范围只有 $\pm 3\mu m$，传感器所需要的行程较短，但是要求灵敏度高，故选用图 3-10a 所示的电感式测微仪，其主要用于测量微小位移的变化，主要优点为重复性好，准确度高，灵敏度高以及输出信号便于处理等。

滚柱分选装置的工作原理示意图如图 3-11 所示。上万只滚柱放入图中上端的"振动料斗"中，在电磁振动力的作用下自动排成队伍，从落料管中下落到气缸的推杆右端。气缸的活塞在高压气体的推动下将滚柱快速推至电感测微仪测标下方的挡板位置。此时，通过测微仪对滚柱的直径进行测量，测量完成后，在计算机的控制下，一方面通过电磁铁控制器将挡板按下，同时控制电磁阀推动活塞向右，从而推动已经测量完成的滚柱落入相应的料斗中。按照设计要求，共有 10 个料斗，分别是 $-3\mu m$、$-2\mu m$、$-1\mu m$、$0\mu m$、$+1\mu m$、

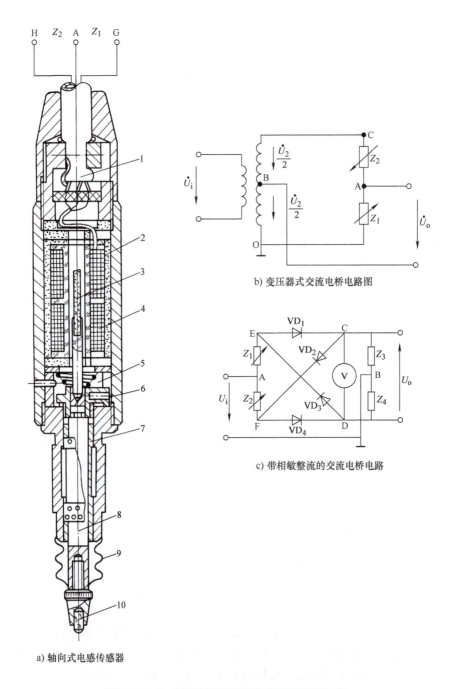

a) 轴向式电感传感器

b) 变压器式交流电桥电路图

c) 带相敏整流的交流电桥电路

图 3-10 电动测微仪所用的传感器和测量电路

1—导线 2—固定磁筒 3—磁心 4—线圈 5—弹簧 6—防转销

7—滚珠导轨 8—测杆 9—密封套 10—测端

$+2\mu m$、$+3\mu m$，以及"偏大""偏小""废品箱"（图中未画出），它们的翻板分别由 10 个交流电磁铁控制。当计算机计算出测量结果的误差值后，对应的翻板电磁铁驱动电路导通，翻板打开。上述整个过程就完成了对轴承滚柱直径的检测和分选。

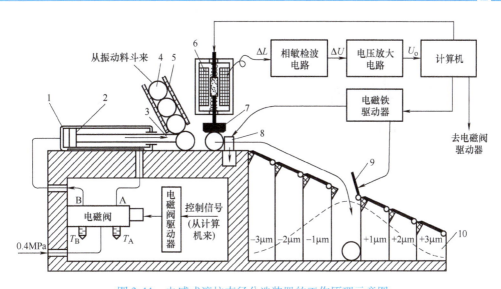

图 3-11　电感式滚柱直径分选装置的工作原理示意图

1—气缸　2—活塞　3—推杆　4—被测滚柱　5—落料管　6—电感测微仪
7—钨钢测头　8—限位挡板　9—电磁翻板　10—容器（料斗）

3.2　差动变压器式传感器

把被测的非电量变化转换为线圈互感变化的传感器称为互感式传感器。因这种传感器是根据变压器的基本原理制成的，并且其二次绕组都采用差动形式连接，所以又称为差动变压器式传感器，简称差动变压器。差动变压器的结构形式与自感式传感器类似，也可分为变气隙型、变截面型和螺线管三种。在非电量的测量中，应用最多的是螺线管式差动变压器。

3.2.1　工作原理

图 3-12 所示为螺线管式差动变压器的结构示意图。由图可知，它主要由绕组、衔铁和导磁外壳等组成。绕组包括一、二次绕组和骨架等部分。图 3-13 所示为理想的螺线管式差动变压器的原理图。将两匝数相等的二次绕组的同名端反向串联，在忽略铁损、导磁体磁阻和绕组分布电容的理想条件下，当一次绕组 N_1 加励磁电压 $\dot U_i$ 时，则在两个二次绕组 N_{21} 和 N_{22} 中就会产生感应电动势 $\dot E_{21}$ 和 $\dot E_{22}$ （二次开路时即为 $\dot U_{21}$、$\dot U_{22}$）。若工艺上保证变压器结构完全对称，则当衔铁处于初始平衡位置时，必然会使两二次绕组磁回路的磁阻相等，磁通相同，互感系数 $M_1 = M_2 = M_0$，

$$\dot E_{21} = -\mathrm j\omega M_1 \dot I_1, \ \dot E_{22} = -\mathrm j\omega M_2 \dot I_1 \tag{3-19}$$

根据电磁感应原理，将有 $\dot E_{21} = \dot E_{22}$。由于两个二次绕组反向串联，有

$$\dot U_o = \dot E_{21} - \dot E_{22} = -\mathrm j\omega\ (M_1 - M_2)\ \dot I_1 = \mathrm j\omega\ (M_2 - M_1)\ \dot I_1 = 0$$

即差动变压器的输出电压为零。

式中，ω 是激励电源角频率，单位为 rad/s；M_1、M_2 分别是一次绕组 N_1 与二次绕组 N_{21}、N_{22} 间的互感量，单位为 H；$\dot I_1$ 是一次绕组的激励电流，单位为 A。

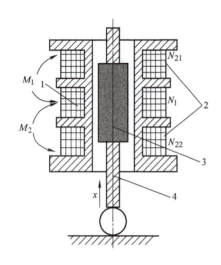 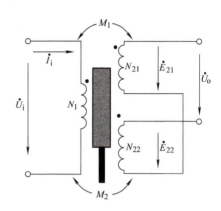

图 3-12　螺线管式差动变压器结构示意图　　　　图 3-13　理想螺线管式差动变压器原理图

1——次绕组　2—二次绕组　3—衔铁　4—测杆

当衔铁向二次绕组 N_{21} 方向（向上）移动时，由于磁阻的影响，N_{21} 中的磁通将大于 N_{22} 中的磁通，即 $M_1 = M_0 + \Delta M$、$M_2 = M_0 - \Delta M$，从而有 $M_1 > M_2$，因而必然会使 $\dot{E}_{21}$ 增加，$\dot{E}_{22}$ 减小。因为 $\dot{U}_o = \dot{E}_{21} - \dot{E}_{22}$，所以 $\dot{U}_o = \dot{E}_{21} - \dot{E}_{22} = -2j\omega\Delta M \dot{I}_1$；同理，当衔铁向二次绕组 N_{22} 方向（向下）移动时，可得 $\dot{U}_o = 2j\omega\Delta M \dot{I}_1$。由上可得

$$\dot{U}_o = \dot{E}_{21} - \dot{E}_{22} = \pm 2j\omega\Delta M \dot{I}_1 \tag{3-20}$$

式中的正负号表示输出电压与励磁电压同相或者反相。

可见，当衔铁在中间平衡位置时，输出 $\dot{U}_o = 0$；当衔铁移动时，$\dot{U}_o$ 随着衔铁位移的变大而增加，即通过检测 $\dot{U}_o$ 的变化可以判断衔铁位移的变化。

3.2.2　主要性能

1. 灵敏度　差动变压器的灵敏度是指衔铁移动单位位移时所产生的输出电压变化，即输出电压 U_o 与输入位移变化量 ΔX 之比，用 K_E 表示：

$$K_E = \frac{U_o}{\Delta X} \tag{3-21}$$

影响灵敏度的主要因素有激励电源电压和频率。$K_E - f$ 关系曲线如图 3-14 所示，$K_E - U_i$ 关系曲线如图 3-15 所示。

此外，影响灵敏度的因素还有差动变压器一、二次绕组的匝数比、衔铁直径与长度、材料质量、环境温度及负载电阻等。

提高灵敏度可以采取以下措施：适当提高励磁电压，提高线圈品质因数值，增大衔铁直径，选取导磁性能好、铁损小及涡流损耗小的导磁材料制作衔铁与导磁外壳等。

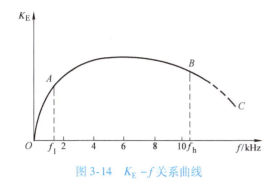

图 3-14　$K_E - f$ 关系曲线

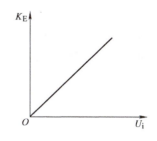

图 3-15　$K_E - U_i$ 关系曲线

2. 线性度　图 3-16 所示为螺线管式差动变压器的输入、输出特性曲线。理想差动变压器的输出电压应与衔铁位移呈线性关系。但实际上有很多因素影响着差动变压器的线性度，如骨架形状和尺寸的准确性，线圈的排列（影响磁场分布和寄生电容），铁心的尺寸与材质（影响磁阻、衔铁端部效应和散漏磁通），励磁频率和负载状态等。实验证明，影响螺线管式差动变压器线性度的主要因素是两个二次绕组的结构（端部和外层结构）。为使差动变压器具有较好的线性度，一般取测量范围为线圈骨架长度的 1/10 ~ 1/4，励磁频率采用中频（400Hz ~ 10kHz），并配置相敏检波式测量电路。以上方法均可改善差动变压器的线性度。

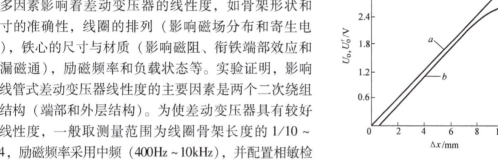

图 3-16　螺线管式差动变压器的
输入、输出特性曲线
a—理论特性　b—实际特性

3. 零点残余电压　由于差动变压器的两组线圈反向串联，从理论上讲，当差动变压器的衔铁处于平衡位置时，由于两电感线圈阻抗相等，电桥应该处于平衡状态，输出电压为零。但在实际情况中研究零点附近的特性时，发现在平衡位置即所谓零点的输出信号电压并不为零，而存在一个很小的电压值，这个电压即为零点残余电压。

如果零点残余电压过大，会使灵敏度下降，非线性误差增大，严重的甚至会导致放大器末级趋于饱和，致使仪器电路不能正常工作，甚至不再反映被测量的变化。

因此，零点残余电压的大小是判别传感器质量的主要标志之一。在制造传感器时，对它要有所约束，不能超过允许范围。

产生零点残余电压的原因，总的来说，是两电感线圈的等效参数不对称，例如，线圈的电气参数及导磁体的几何尺寸不对称、线圈的分布电容不对称等。其次是电源电压中含有高次谐波，传感器工作在磁化曲线的非线性段。

消除零点残余电压的最有效方法是在放大电路前加相敏整流器。这样不仅能使输出电压反映铁心移动的方向，而且可以使零点残余电压减小到忽略不计的程度。

3.2.3　测量电路

差动变压器的转换电路一般采用反串联电路和桥路两种。反串联电路就是直接把两个二次绕组反向串接，如图 3-13 所示。在这种情况下，空载输出电压等于两个二次绕组感应电

动势之差，即

$$\dot{U}_o = \dot{E}_{21} - \dot{E}_{22} \tag{3-22}$$

桥路如图 3-17 所示。其中，R_1、R_2 是桥臂电阻，RP 是调零用的电位器。暂不考虑电位器 RP，并设 $R_1 = R_2$，则输出电压为

$$\dot{U}_o = \frac{\dot{E}_{21} - (-\dot{E}_{22})}{R_1 + R_2} R_2 - \dot{E}_{22} = \frac{1}{2}(\dot{E}_{21} - \dot{E}_{22})$$

$$\tag{3-23}$$

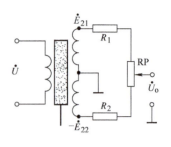

图 3-17　差动变压器
使用的桥路

可见，这种电路的灵敏度为前一种的 1/2，其优点是利用 RP 可进行电调零，不再需要另配调零电路。但差动变压器的输出电压是交流分量，它与衔铁的位移成正比，在用交流电压表测量输出电压时，存在零点残余电压输出无法克服以及衔铁的移动方向无法判别等问题。为此，常采用差动相敏检波电路和差动整流电路来解决。

1. 差动相敏检波电路 图 3-18 所示为差动相敏检波电路原理图。图中四个特性相同的二极管 $VD_1 \sim VD_4$ 串接成一个回路，四个节点分别接到两个变压器 A 和 B 的二次绕组上。变压器 A 的输入为放大后的差动变压器的输出信号；变压器 B 的输入信号为 $\dot{U}_R$，称为检波器的参考信号，它和差动变压器的激励电压共用一个电源。通过适当的移相电路可保证 $\dot{U}_R$ 与 $\dot{U}_o$ 频率相同、相位相同（或相反）。$\dot{U}_R$ 是作为辨别极性的参考标准（参考物），为了克服零点残余电压，要求 $\dot{U}_R$ 的幅值应大于二极管导通电压的若干倍。R_L 为连接在两个变压器二次绕组中点之间的负载电阻。

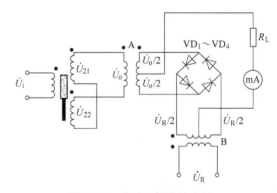

图 3-18　差动相敏检波电路

经相敏检波电路，当衔铁在零点以上移动时，无论载波在正半周还是负半周，在负载电阻 R_L 上得到的电压信号始终为正的信号；当衔铁在零点以下移动时，负载电阻 R_L 上得到的电压始终为负的信号。即正位移输出正电压，负位移输出负电压。电压值的大小表明位移的大小，电压的正负表明位移的方向。因此，原来呈 V 字形的输出特性曲线就变成了过零点的一条直线，从而克服了零点残余电压的影响。

2. 差动整流电路 差动整流电路也能克服零点残余电压的影响。差动整流电路是最常用的差动变压器转换电路，如图 3-19a 所示。这种电路是把差动变压器两个二次绕组的电压分别整流，然后将它们的差值作为输出。这样，二次电压的相位和零点残余电压都不必考虑。在图 3-19a 中，二次电压分别经两个普通桥式电路整流变成直流电压 U_{a0}（图 3-19b）、U_{b0}（图 3-19c）。因 U_{a0}、U_{b0} 是反向串联，所以 $U_{ab} = U_{a0} - U_{b0}$，称之为差动整流电压，如图 3-19d 所示。由于整流后的电压是直流电，不存在相位不平衡的问题。只要电压的绝对值相等，差动整流电路就不会产生零点残余电压。图中，C_3、C_4、R_3、R_4 组成低通滤波电路，

要求时间常数 τ 必须大于 $\dot{U}_i$ 周期的 10 倍以上。集成运放 A 与 R_{21}、R_{22}、R_f、R_{23} 组成差动减法放大器，用于克服 a、b 两点对地的共模电压，RP 是微调电路的平衡电位器。

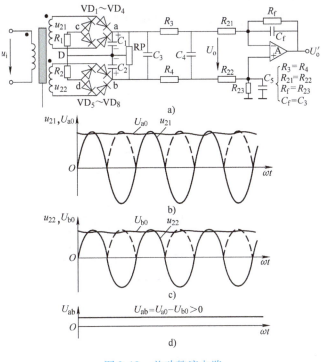

图 3-19　差动整流电路

3.2.4　应用

差动变压器不仅可以直接用于位移测量，而且可以测量与位移有关的任何机械量，如振动、加速度、应变、压力、张力、比重和厚度等。

1. 位移的测量　图 3-20 所示是一个方形结构的差动变压器式位移传感器，可用于多种场合中测量微小位移。其工作原理：测头 1 通过轴套 3 和测杆 5 相连，衔铁 7 固定在测杆 5 上。绕组架 8 上绕有三组绕组，中间是一次绕组，两端是二次绕组，它们都通过导线 10 与测量电路相连。初始状态下，调节传感器使其输出为 0。当测头有一位移 x 时，衔铁也随之产生位移 x，引起传感器的输出变化，其大小反映了位移 x 的大小。绕组和骨架放在磁筒 6 内，磁筒的作用是增加灵敏度和防止外磁场干扰，圆片弹簧 4 对测杆起导向作用，弹簧 9 用来产生一定的测力，使测头始终保持与被测物体表面接触的状态，防尘罩 2 的作用是防止灰尘进入测杆。

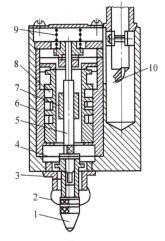

图 3-20　方形结构的差动变压器式位移传感器

1—测头　2—防尘罩　3—轴套
4—圆片弹簧　5—测杆　6—磁筒
7—衔铁　8—绕组架　9—弹簧　10—导线

2. 振动的测量　图 3-21a 所示为测量振动的原理框图。图中加速度传感器的结构如图 3-21b 所示，它由悬臂梁 1 和差动变压器 2 构成。悬臂梁起支承与动平衡作用。测量时，将悬臂梁底座及差动变压器的绕组架固定，而将衔铁的 A 端与被测振动体相连。当被测体带动衔铁以 $\Delta x(t)$ 振动时，差动变压器的输出电压随之发生变化。

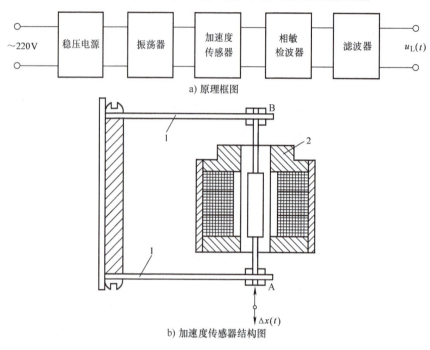

图 3-21　振动测量原理图
1—悬臂梁　2—差动变压器

3. 压力的测量　图 3-22 所示为差动压力变压器的结构及电路。它用于测量各种生产流程中液体、水蒸气及气体压力等。由图 3-22a 可知，当无压力（即 $p_1 = 0$）时，连接在膜盒中心的衔铁位于差动变压器的初始平衡位置，即保证传感器的输出电压为零。当被测压力 p_1 由接头 1 输入到膜盒 2 中，膜盒的自由端面（图示上端面）便产生一个与 p_1 成正比的位移，且带动衔铁 6 沿垂直方向移动，此时，差动压力变压器有正比于被测压力的电压输出。此压力变压器的电气原理框图如图 3-22b 所示，压力变压器将传感器与信号处理电路组合在一个壳体中，输出信号可以是电压，也可以是电流。由于电流信号不易受干扰，且便于远距离传输（可以不考虑线路压降），所以在使用中多采用电流输出型。

3.3　电涡流式传感器

基于法拉第电磁感应现象，将块状金属导体置于变化着的磁场中或在磁场中做切割磁力线运动时，导体内将产生呈涡旋状的感应电流，此电流称为电涡流。以上现象称为电涡流效应。要形成涡流必须具备：①交变磁场；②导电体处于交变磁场中。

根据电涡流效应制成的传感器称为电涡流式传感器。按照电涡流在导体内的贯穿情况，传感器分为高频反射式与低频透射式两大类。本节仅对高频反射式电涡流传感器进行分析。

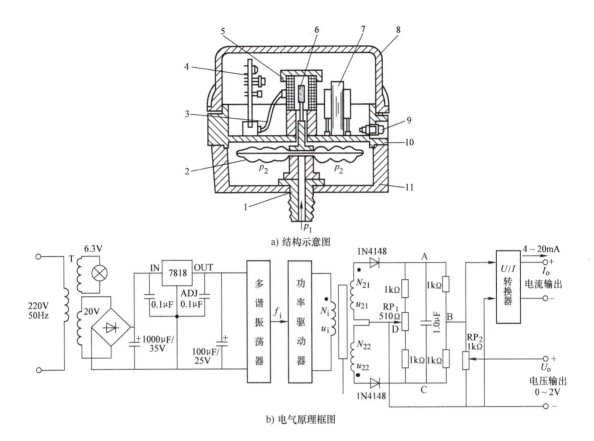

a) 结构示意图

b) 电气原理框图

图 3-22 差动压力变压器的结构及电气原理框图

1—压力输入接头 2—波纹膜盒 3—电缆 4—印制电路板 5—差动线圈
6—衔铁 7—电源变压器 8—罩壳 9—指示灯 10—密封隔板 11—安装底座

3.3.1 电涡流式传感器的基本结构与工作原理

3.3.1.1 电涡流式传感器的基本结构

电涡流式传感器主要由线圈和框架组成。根据线圈在框架上的安置方法，传感器的结构可分为两种形式：一种是单独绕成一只无框架的扁平圆形线圈，用胶水将此线圈粘接于框架的顶部，如图 3-23 所示的 CZF3 型电涡流式传感器；另一种是在框架的接近端面处开一条细

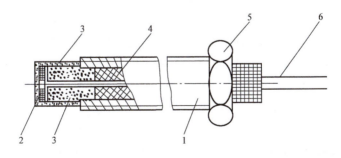

图 3-23 CZF3 型电涡流式传感器

1—壳体 2—线圈 3—保护套 4—填料 5—螺母 6—电缆

槽，用导线在槽中绕成一只线圈，如图 3-24 所示的 CZF1 型电涡流式传感器，它的部分数据列于表 3-1 中。

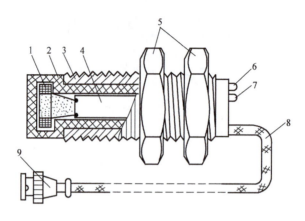

图 3-24   CZF1 型电涡流式传感器

1—电涡流线圈   2—前端壳体（塑料）   3—位置调节螺纹（钢）   4—信号处理电路
5—夹持螺母   6—电源指示灯   7—阈值指示灯   8—输出屏蔽电缆线   9—电缆插头

表 3-1   CZF1 系列电涡流传感器性能的部分数据

型　　号	线性范围/μm	线圈外径/mm	分辨率/μm	线性误差（%）	使用温度/℃
CZF1 – 100	1000	φ7	1		
CZF1 – 300	3000	φ15	3	<3	–15 ~ +80
CZF1 – 500	5000	φ28	5		

电涡流式传感器的主体是励磁线圈，若是细而长的线圈，其灵敏度高、线性范围小；若是扁平的线圈，其灵敏度低，线性范围大。

需要指出的是，由于电涡流式传感器是利用传感器线圈与被测导体之间的电磁耦合进行工作的，因而作为传感器的线圈装置仅仅是"实际传感器"的一半，而另一半是被测导体。所以，被测导体的材料物理性质、尺寸和形状都与传感器的特性密切相关。

3.3.1.2   电涡流式传感器的工作原理

图 3-25 所示为电涡流式传感器的工作原理示意图。如果把一个励磁线圈置于金属导体附近，当向线圈中通以正弦交变电源 u_i 时，线圈周围空间必然产生正弦交变磁场 H_1，置于此磁场中的金属导体中感应出电涡流 i_2，i_2 又产生新的交变磁场 H_2。根据楞次定律，H_2 将反抗原磁场 H_1，导致传感器线圈的等效阻抗发生变化。金属导体的电阻率 ρ、磁导率 μ、线圈与金属导体的距离 x 及线圈励磁电流的角频率 ω 等参数，都将通过涡流效应和磁效应与线圈阻抗产生联系。因此，线圈等效阻抗 Z 的函数关系式为

$$Z = f(\rho, \mu, x, \omega) \tag{3-24}$$

若能保持其中大部分参数恒定不变，只改变其中一个参数，便能形成传感器线圈阻抗 Z 与此参数的单值函数。再通过传感器的配用电路测出阻抗 Z 的变化量，即可实现对该参数的非电量测量，这就是电涡流式传感器的基本工作原理。

若把导体形象地看作一个短路线圈，其关系可用图 3-26 所示电路来等效。

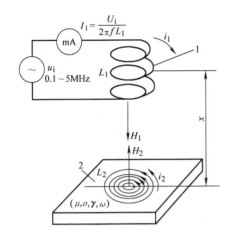

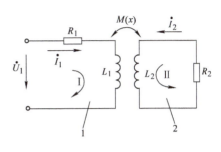

图 3-25 电涡流式传感器工作原理示意图

1—电涡流线圈 2—被测金属导体

图 3-26 电涡流式传感器等效电路

1—传感器线圈 2—电涡流短路环

线圈与金属导体之间可以定义一个互感系数 M，它将随着间距 x 的减小而增大。根据基尔霍夫第二定律，可列出回路Ⅰ、Ⅱ的电压平衡方程式，即

$$R_1 \dot{I}_1 + \mathrm{j}\omega L_1 \dot{I}_1 - \mathrm{j}\omega M \dot{I}_2 = \dot{U}_1 \tag{3-25}$$

$$-\mathrm{j}\omega M \dot{I}_1 + R_2 \dot{I}_2 + \mathrm{j}\omega L_2 \dot{I}_2 = 0 \tag{3-26}$$

式中，ω 是线圈励磁电流角频率，单位为 rad/s。

由此可得传感器线圈受到电涡流影响后的等效阻抗 Z 的表达式，即

$$Z = \frac{\dot{U}_1}{\dot{I}_1} = \left[R_1 + \frac{\omega^2 M^2}{Z_2^2} R_2 \right] + \mathrm{j}\omega \left[L_1 - \frac{\omega^2 M^2}{Z_2^2} L_2 \right] \tag{3-27}$$

$$= R + \mathrm{j}\omega L = Z_1 + \Delta Z_1$$

式中，Z_2 是短路环阻抗值，单位为 Ω；R 是线圈受电涡流影响后的等效电阻，单位为 Ω；L 是线圈受电涡流影响后的等效电感，单位为 H；Z_1 是线圈不受电涡流影响时的原有复数阻抗，单位为 Ω；ΔZ_1 是线圈受电涡流影响后的复数阻抗增量，单位为 Ω。

由图 3-26 及式（3-27）不难得到以下参量的表达式，即

$$Z_2 = \sqrt{R_2^2 + \omega^2 L_2^2} \tag{3-28}$$

$$R = R_1 + \frac{\omega^2 M^2}{Z_2^2} R_2 \tag{3-29}$$

$$L = L_1 - \frac{\omega^2 M^2}{Z_2^2} L_2 \tag{3-30}$$

$$Z_1 = R_1 + \mathrm{j}\omega L_1 \tag{3-31}$$

$$\Delta Z_1 = \frac{\omega^2 M^2 R_2}{Z_2^2} - \mathrm{j}\omega \frac{\omega^2 M^2 L_2}{Z_2^2} \tag{3-32}$$

当距离 x 减小时，互感量 M 增大，由式（3-27）可知，等效电感 L 减小，等效电阻 R 增大。从理论和实测中都能证明，此时流过线圈的电流 i_1 是增大的。这是因为线圈感抗 X_L 的变化比 R 的变化大得多。

由于线圈的品质因数 $Q\left(Q = \dfrac{X_L}{R} = \dfrac{\omega L}{R}\right)$ 与等效电感成正比，与等效电阻（高频时的等效电阻比直流电阻大得多）成反比，所以当电涡流增大时，Q 下降很多。

3.3.2 转换电路

由电涡流式传感器的工作原理可知，被测参数变化可以转换成传感器线圈的品质因数 Q、等效阻抗 Z 和等效电感 L 的变化。转换电路的任务是把这些参数转换为电压或电流输出。利用 Z 的转换电路一般采用桥路，它属于调幅电路；利用 L 的转换电路一般采用谐振电路。根据输出是电压幅值还是电压频率，谐振电路可分为调幅与调频两种。

1. 桥路　如图 3-27 所示，Z_1 和 Z_2 为线圈阻抗，它们可以是差动式传感器的两个线圈阻抗，也可以一个是传感器线圈，另一个是平衡用的固定线圈。它们与电容 C_1、C_2，电阻 R_1、R_2 组成电桥的四个臂。电源由振荡器供给，振荡频率根据涡流式传感器的需要选择。电桥的输出反应线圈阻抗的变化，即把线圈阻抗变化转换成电压幅值的变化。

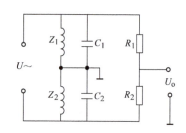

图 3-27　涡流式传感器电桥

2. 谐振调幅电路　该电路的主要特征是把传感器线圈的等效电感 L 和一个固定电容组成并联谐振回路，由频率稳定的振荡器（石英晶体振荡器）提供高频率激励信号，如图 3-28 所示。

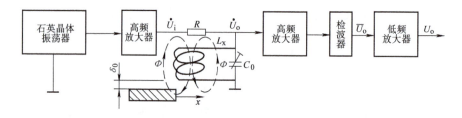

图 3-28　高频调幅式测量转换电路

在没有金属导体的情况下，使电路的 LC 谐振回路的谐振频率 $f_0 = 1/2\pi\sqrt{LC}$ 等于激励振荡器的振荡频率（如 1MHz），这时 LC 回路呈现最大阻抗，输出电压的幅值也是最大。当传感器线圈接近被测金属导体时，线圈的等效电感发生变化，谐振回路的谐振频率和等效阻抗也跟着发生变化，致使回路失谐而偏离激励频率，谐振峰将向左或右移动，如图 3-29a 所示。若被测体为非磁性材料，线圈的等效电感减小，回路的谐振频率提高，谐振峰向右偏离激励频率，如图中 f_1、f_2 所示。若被测材料为软磁材料，线圈的等效电感增大，回路的谐振频率降低，谐振峰向左偏离激励频率，如图中 f_3、f_4 所示。

以非磁性材料为例，可得输出电压幅值与位移 x 的关系如图 3-29b 所示。这个特性曲线是非线性的，在一定范围（$x_1 \sim x_2$）内是线性的。使用时，传感器应安装在线性段中间 x_0 表示的间距处，这是比较理想的安装位置。

调幅电路部分输出电压 $\dot{U}_{o}$ 经高频放大器、检波和低频放大器后，输出的直流电压反映了被测物的位移量。

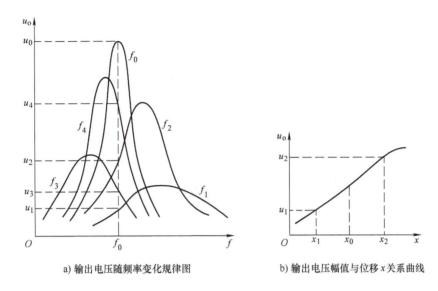

a) 输出电压随频率变化规律图　　　　b) 输出电压幅值与位移 x 关系曲线

图 3-29　调幅电路的特性曲线

调幅法的缺点：①输出电压 $\dot{U}_o$ 与位移 x 不是线性关系，必须用千分尺逐点标定，并用计算机线性化后才能用数码管显示出位移量；②电压放大器的放大倍数漂移会影响测量准确度，必须采用温度补偿措施。

3. 调频电路　图 3-30a 所示为调频法测量转换电路的原理框图。传感器线圈接在 LC 振荡器中作为电感使用，与微调电容 C_0 构成 LC 振荡器，以振荡器的频率 f 作为输出量。当电涡流线圈与被测体的距离 x 发生改变时，电涡流线圈的电感量 L 也随之改变，引起 LC 振荡器输出频率发生改变，也可直接将此频率信号送到计算机的计数、定时器，测量出频率。当

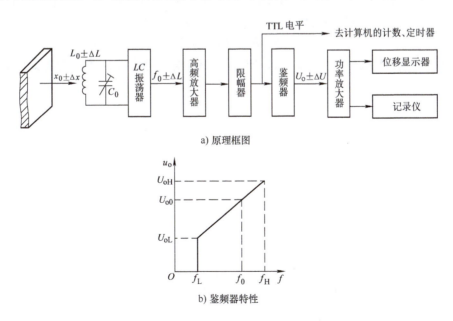

a) 原理框图

b) 鉴频器特性

图 3-30　调频法测量转换电路原理框图和鉴频器特性图

用模拟仪表进行显示或记录时，必须使用鉴频器，将 Δf 转换为电压 ΔU_{o}，鉴频器的特性如图3-30b 所示。

调频电路与调幅电路的不同之处：调幅电路的供电电源频率是固定的，谐振回路的振荡是强迫振荡，输出是电压幅值；调频电路的振荡是自由振荡，频率随被测参数的变化而变化，输出是电压频率。

3.3.3 应用

电涡流传感器的特点是结构简单，易于进行非接触性的连续测量，灵敏度较高，适用性强，因此得到了广泛的应用。它的变换量可以是位移 x，也可以是被测材料的性质 (ρ 或 μ)，其应用大致有以下四个方面：①利用位移 x 作为变换量，可以做成测量位移、厚度、振幅、振摆、转速等传感器，也可做成接近开关、计数器等；②利用材料电阻率 ρ 作为变换量，可以做成测量温度、材质判别等传感器；③利用磁导率 μ 作为变换量，可以做成测量应力、硬度等传感器；④利用变换量 x、ρ、μ 等的综合影响，可做成探伤装置等。电涡流式传感器多应用于定性测量，是因为在应用测量时有许多不确定因素，一个或几个因素的微小变化就可影响测量结果。定量测量时，必须采用逐点标定、计算机线性纠正法。下面举例进行简介。

1. **厚度的测量** 涡流传感器可对金属板厚度或非金属板的镀层厚度进行非接触式测量，如图 3-31a 所示。传感器与定位面的距离 H 固定，当金属板或镀层厚度发生变化时，传感器与金属板间的距离改变，从而引起输出电压的变化。这种方法也可以测量金属板的镀层厚度，条件是两种材料的物理性质应有显著差别。

某些情况下，由于定位不稳，金属板会上下波动，这将影响测量准确度，因此常采用差动法进行测量，如图 3-31b 所示。在被测板材的两侧各装一个传感器，它们之间的距离 H 固定，它们与被测板材表面分别相距 x_1 和 x_2，则厚度为

$$h = H - (x_1 + x_2) \tag{3-33}$$

当两个传感器分别测得 x_1 和 x_2 后，即可获得被测值。图 3-31c 所示为测试系统。

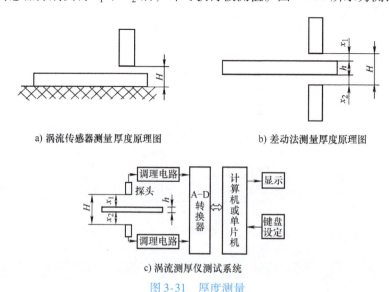

a) 涡流传感器测量厚度原理图   b) 差动法测量厚度原理图

c) 涡流测厚仪测试系统

图 3-31　厚度测量

2. 转速的测量　如图 3-32 所示，在旋转体上装上一个齿轮状（或带槽）零件，旁边安装一个涡流传感器，当旋转体转动时，涡流传感器将输出周期信号，经放大、整形后，可用频率计指示出频率值 f，该值与转速有关，从而可得转速 n（r/min）为

$$n = \frac{60f}{z} \tag{3-34}$$

式中，z 是旋转体的齿数。

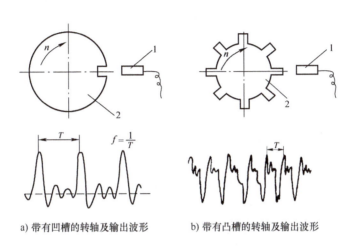

a) 带有凹槽的转轴及输出波形　　　b) 带有凸槽的转轴及输出波形

图 3-32　转速测量
1—传感器　2—被测体

用同样的方法可将涡流传感器安装在产品输送线上对产品进行计数。

3. 温度的测量　用涡流传感器测量温度是利用导体电阻率随温度变化的性质。一般情况下，导体的电阻率与温度的关系是较复杂的，然而在小的温度范围内可以用下式表示：

$$\rho = \rho_0 [1 + \alpha(t - t_0)] \tag{3-35}$$

式中，ρ 是温度为 t 时的电阻率，单位为 $\Omega \cdot m$；ρ_0 是温度为 t_0 时的电阻率，单位为 $\Omega \cdot m$；α 是温度系数，单位为 $\mathrm{^\circ C^{-1}}$。

因此，若能测量出导体电阻率的变化，就可以求得导体的温度变化。

测量导体温度的原理图如图 3-33a 所示。测量时，要设法保持传感器与导体间的距离 H 固定，导体的磁导率也要一定，只让传感器的输出随被测导体的电阻率变化而变化。

由于磁性材料（如冷延钢板）的温度系数大，从而决定了它的温度灵敏度高，而非磁性材料（如铝、铜）的温度系数小，温度灵敏度低，因而这种方法主要适用于磁性材料的温度测量。

当要测量介质的温度时，只要在

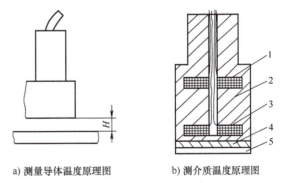

a) 测量导体温度原理图　　b) 测介质温度原理图

图 3-33　温度测量
1—补偿线圈　2—线圈架　3—测量线圈
4—电介质热绝缘衬垫　5—温度敏感元件

前面结构的基础上添加温度敏感元件即可,如图3-33b所示。这里温度敏感元件5选用高温度系数的材料组成,它是传感器的一部分,与电介质热绝缘衬垫4一起粘贴在线圈架2的端部。在线圈架内除了测量线圈3外,还放入了补偿线圈1。

工作时,把传感器端部放在被测介质中,介质可以是气态的也可以是液态的,温度敏感元件由于周围温度的变化而引起自身电阻率变化,从而导致线圈等效阻抗发生变化。

涡流测温的最大优点是能够快速测量。其他温度计往往有热惯性问题,时间常数为几秒甚至更长,而用厚度为0.0015mm的铅板作为热敏元件所组成的涡流式温度计的热惯性仅为0.001s。

4. 生产工件加工定位　在机加工自动线上,可以使用接近开关进行工件的加工定位,如图3-34a所示。当传送机构将待加工的金属工件运送到靠近减速接近开关的位置时,该接近开关发出减速信号,传送机构减速以提高定位精度。当金属工件到达定位接近开关位置时,定位接近开关发出动作信号,使传送机构停止运行。加工刀具就可对工件进行加工了。

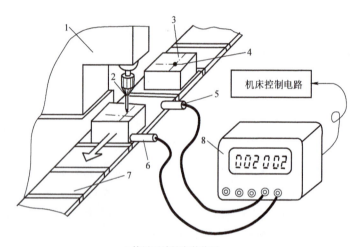

a) 接近开关的安装位置

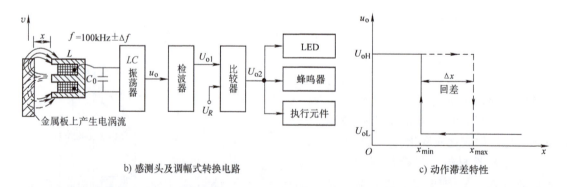

b) 感测头及调幅式转换电路　　　　c) 动作滞差特性

图3-34　工件的定位

1—加工机床　2—刀具　3—工件(导电体)　4—加工位置　5—减速接近开关
6—定位接近开关　7—传送机构　8—位置控制—计数器
U_{oH}—高电平输出电压　U_{oL}—低电平输出电压

定位准确度主要取决于接近开关的性能指标，如"重复定位精度""动作滞差"等。可调整定位接近开关 6 的左右位置，使每一只工件均准确地停在加工位置。从图 3-34b 可知该接近开关的工作原理。当金属体靠近电涡流线圈时，随着金属表面电涡流的增大，电涡流线圈的品质因数 Q 值越来越低，其输出电压也越来越低（甚至有可能停振，使 $U_{o1}=0$）。将 U_{o1} 与基准电压 U_R 做比较，当 $U_{o1} < U_R$ 时，比较器翻转，输出高电平，报警器（LED）报警闪亮，执行元件动作（传送机构电动机停转）。该应用是利用振荡幅度的变化，属于调幅法转换。

5. 电涡流式通道安全检查门　图 3-35 所示为安全检测门的原理图。安检门的内部设有发射线圈和接收线圈，当有金属物体通过时，交变磁场就会在该金属导体表面产生电涡流，在接收线圈中感应出电压，计算机根据感应电压的大小、相位判定金属物体的大小。

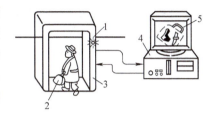

图 3-35　安全检测门原理图
1—指示灯　2—隐蔽的金属物体　3—内藏式
电涡流线圈　4—X 光及装了探测器的
处理系统　5—液晶彩显

由于个人携带的常用品，如皮带扣、钥匙链、眼镜架、戒指等也会引起误报警，因此计算机还要进行复杂的逻辑判断。目前多在安检门的侧面安装一台"软 X 光"扫描仪，可以确认商品和其他物质。

复习思考题

1. 试说明变隙式差动传感器的主要组成、工作原理和基本特性。
2. 为什么螺线管式电感传感器比变隙式传感器有更大的测位移范围？
3. 电感式传感器测量电路的主要任务是什么？变压器式电桥和带相敏整流的交流电桥，哪个能更好地完成这一任务？为什么？
4. 为什么螺线管差动变压器比变隙式差动传感器的测量范围大？
5. 何谓零点残余电压？请说明该电压的产生原因及消除方法。
6. 差动变压器的测量电路有几种类型？试述它们的组成和基本原理。为什么这类电路可以消除零点残余电压？
7. 什么是电涡流效应？请概述电涡流式传感器的基本结构与工作原理。

延伸阅读

▶ 工匠精神：匠心筑梦、匠艺强国

该短视频资料解读了工匠精神：执着专注，精益求精，一丝不苟，追求卓越。有着深厚历史沉淀的工匠精神正激励着中华儿女在新征程上创造新的辉煌。习近平总书记也曾经多次提出"推动中国制造向中国创造转变、中国速度向中国质量转变、中国产品向中国品牌转变"。作为制造行业背景下的工科学生，应该厚植工匠精神。新中国成立以来，一代代的工匠不断涌现，变的是时代的进步与科技的发展，不变的是工匠们踏实肯干、勤奋钻研和持之以恒的精神。高水平的传感器研制，离不开新理念、新姿态、新一代的能工巧匠。职业院校的学生是工匠精神的传承者，自身要练就高超的技术技能，结合所学学科理论知识，对标生产技术标准、生产流程和应用规则，精细执着追求产品高品质，匠艺强国有我。

相关短视频请参看随赠的教学辅助资源。

第4章 电容式传感器及其应用

电容式传感器是以各种类型的电容器作为传感组件的一种传感器。在实际应用中，通过电容传感组件将被测物理量的变化转换为电容量的变化，再经转换电路将电容量的变化转换为电压、电流或频率信号后输出。近年来，随着电子技术的迅速发展，特别是集成电路技术的发展，使得电容式传感器在精密测量位移、振动、角度和压力等诸多方面得到了广泛应用。

☙ 企业案例引入 图 4-1 所示为某燃煤发电厂利用电容式液位计测量己二酸混合容器内液位高度的系统装置。

图 4-1 己二酸混合容器的电容式液位计

本章将要学习电容式传感器的工作原理、结构组成、测量电路及其应用。

◇◆ **本章学习的重点：**电容式传感器的工作原理、结构形式、测量电路及应用。

◇◆ **本章学习的难点：**电容式传感器采取相应改善措施减少采集信号的误差及各类电容式传感器的应用。

4.1 电容式传感器的工作原理及结构形式

由物理学可知，对于两平行板组成的平行板电容器，如果不考虑边缘效应，其电容量 C 为

$$C = \frac{\varepsilon A}{d} \qquad (4-1)$$

式中，ε 是两极板间介质的介电常数，$\varepsilon = \varepsilon_0 \varepsilon_r$（$\varepsilon_r$ 为极板间介质的相对介电常数；ε_0 为真空中的介电常数，$\varepsilon_0 = 8.854 \times 10^{-12}$ F/m）；A 是两极板相互对应的面积，单位为 m^2；d 是两极板间的距离，单位为 m。

由式（4-1）可知，在 ε、A、d 三个参量中，改变其中任意一个量均可使电容量 C 发生改变，也就是说，电容量 C 是 ε、A、d 的函数，这就是电容式传感器的工作原理。根据这个原理，在应用上一般可做成三种基本类型的电容式传感器。

4.1.1　变面积（A）式电容传感器

这种传感器的工作原理如图 4-2 所示。

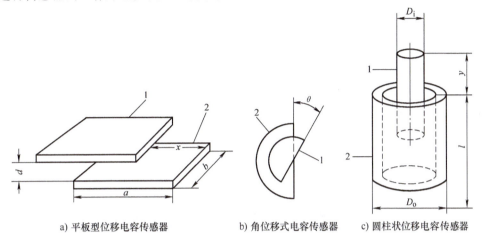

a) 平板型位移电容传感器　　b) 角位移式电容传感器　　c) 圆柱状位移电容传感器

图 4-2　变面积式电容传感器元件结构原理图

1—动极板　2—定极板

图 4-2a 所示为平板型位移电容传感器。设两极板相对应面积为 A，当动极板移动 x 后，A 值发生变化，电容量 C_x 也随之改变。

$$C_x = \frac{\varepsilon b \, (a-x)}{d} = C_0 \left(1 - \frac{x}{a}\right) \tag{4-2}$$

式中，C_0 是初始电容值，$C_0 = \dfrac{\varepsilon ba}{d}$。

此传感器的灵敏度 K 可用下式求得：

$$K = \frac{\mathrm{d}C_x}{\mathrm{d}x} = -\frac{\varepsilon b}{d} \tag{4-3}$$

由式（4-3）可知，增加极板长度 b，减小两板间距 d 都可以提高传感器的灵敏度。但 d 太小时，容易引起短路。

图 4-2b 为角位移式电容传感器。当动极板有一角位移 θ 时，两极板的相对应面积 A 发生改变，导致两极板间的电容量发生变化。

当 $\theta = 0$ 时：
$$C_0 = \frac{\varepsilon A_0}{d}$$

当 $\theta \neq 0$ 时：
$$C_\theta = \frac{\varepsilon A_0 \left(1 - \dfrac{\theta}{\pi}\right)}{d} = C_0 \left(1 - \frac{\theta}{\pi}\right) \tag{4-4}$$

由式（4-4）可知，这种形式的传感器，电容 C_θ 与角位移 θ 呈线性关系。其灵敏度为

$$K = \frac{\mathrm{d}C_\theta}{\mathrm{d}\theta} = -\frac{\varepsilon A_0}{\pi d} \tag{4-5}$$

在实际使用中，可增加动极板和定极板的对数，使多片同轴动极板在等间隔排列的定极板间隙中转动，以提高灵敏度。

图 4-2c 为圆柱状位移电容传感器，设内外电极长度为 l，起始电容量为 C_0，动极板向上移动 y 后，电容量变为 C_y，则

$$C_y \approx C_0 - \frac{y}{l} C_0 \tag{4-6}$$

其灵敏度为

$$K = \frac{\mathrm{d}C_y}{\mathrm{d}y} = -\frac{C_0}{l} \tag{4-7}$$

由以上分析可知，变面积式电容传感器的输出是线性的，灵敏度 K 为一常数。改变相对应面积的电容传感器还可以做成其他形式，这类传感器多用来检测位移、尺寸等参量。

4.1.2 变极距（d）式电容传感器

变极距式电容传感器的结构原理如图 4-3a 所示。图中极板 1 是固定不动的，称为定极板，极板 2 为可动的，称为动极板。由式（4-1）可知，C 与 d 的关系为一双曲线，如图 4-3b 所示。当动极板 2 受到被测物体的作用产生位移时，两极板之间的距离 d 也随之发生，从而使电容量发生变化。

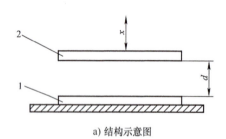
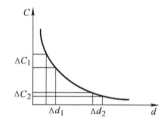

a) 结构示意图　　　　　　　　　　b) 电容量与极板距离的关系（C–d 特性曲线）

图 4-3　变极距式电容传感器

1—定极板　2—动极板

设动极板 2 未动时即传感器的初始电容量为 $C_0\left(C_0 = \dfrac{\varepsilon A}{d_0}\right)$。当动极板 2 移动 x 后，其电容值 C_x 为

$$C_x = \frac{\varepsilon A}{d_0 - x} = \frac{C_0}{1 - \dfrac{x}{d_0}} = C_0\left(1 + \frac{x}{d_0 - x}\right) \tag{4-8}$$

式中，d_0 是两极板距离初始值，单位为 m。

由式（4-8）可知，电容量 C_x 与 x 不是线性关系，其灵敏度也不是常数。

当 $x \ll d_0$ 时，即位移 x 远小于极板初始距离 d_0 时，式（4-8）可写为

$$C_x \approx C_0\left(1 + \frac{x}{d_0}\right) \tag{4-9}$$

此时，C_x 与 x 为近似线性关系，但量程缩小很多。变极距式电容传感器的灵敏度为

$$K = \frac{\mathrm{d}C}{\mathrm{d}x} \approx \frac{C_0}{d_0} = \frac{\varepsilon A}{d_0^2} \tag{4-10}$$

由式（4-10）可知，当 d_0 较小时，该种类型的传感器灵敏度较高，微小的位移即可产生较大的电容变化量。一般变极距式电容传感器的起始电容在 20～300pF 之间，极板距离在 25～200μm 的范围内，测量的最大位移应该小于两极板间距的 1/10。该类传感器只适于微米数量级的位移测量。

为了减少变极距式电容传感器的边缘效应，一般应在电容器的边缘设置保护环，又称为屏蔽电极。保护环与动极板同电位，它的作用是将动极板与定极板间的边缘效应移到保护环与定极板的边缘，使得电容传感器中的电场分布均匀，减小测量误差。

4.1.3　变介电常数（ε）式电容传感器

因为各种介质的介电常数不同（见表 4-1），所以在电容器两极板间加不同介电常数的介质时，电容器的电容量也会随之变化。利用这种原理做成的传感器在检测容器中液面高度、片状材料厚度等方面得到普遍应用。

表 4-1　电介质材料的相对介电常数

材 料 名 称	相对介电常数 ε_r	材 料 名 称	相对介电常数 ε_r
真空	1.00000	硫黄	3.4
干燥空气	1.00004	石英玻璃	3.7
其他气体	1～1.2	聚氯乙烯	4.0
液态空气	1.5	石英	4.5
液态二氧化碳	1.59	陶瓷	5.3～7.5
液氮	2.0	盐	6
纸	2.0	三氧化二铝	8.5
石油	2.2	乙醇	20～25
聚乙烯	2.3	乙二醇	35～40
沥青	2.7	丙三醇	47
砂糖	3.0	水	80

图 4-4 所示为电容液位计原理图。在被测介质中放入两个同心圆柱状极板 1 和 2。设容器内被测介质的介电常数为 ε_1，上面气体的介电常数为 ε_2，当容器内液面变化时，两极板间的电容就会发生变化，总的电容等于气体介质间的电容量和液体介质间的电容量之和。

气体介质间的电容量 C_1 为

$$C_1 = \frac{2\pi (h - h_1) \varepsilon_2}{\ln \frac{R}{r}} \quad (4\text{-}11)$$

液体介质间的电容量 C_2 为

$$C_2 = \frac{2\pi h_1 \varepsilon_1}{\ln \frac{R}{r}} \quad (4\text{-}12)$$

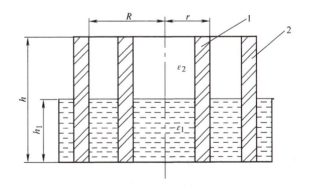

图 4-4　电容液位计原理图

1，2—同心圆柱状极板

因此总电容 C 为

$$C = C_1 + C_2 = \frac{2\pi h \varepsilon_2}{\ln \dfrac{R}{r}} + \frac{2\pi h_1 (\varepsilon_1 - \varepsilon_2)}{\ln \dfrac{R}{r}} \tag{4-13}$$

式中，h 是电容器极板高度，单位为 m；h_1 是液面高度，单位为 m；r、R 是两同心圆柱形电极内、外半径，单位为 m；ε_1 是被测液体的介电常数，单位为 F/m；ε_2 是容器中气体介质的介电常数，单位为 F/m。

若令 $\dfrac{2\pi h \varepsilon_2}{\ln \dfrac{R}{r}} = D$，$\dfrac{2\pi (\varepsilon_1 - \varepsilon_2)}{\ln \dfrac{R}{r}} = B$，则式（4-13）可写为 $C = D + B h_1$

由此可见，输出电容 C 与液面高度 h_1 呈线形关系，其灵敏度为

$$K = \frac{\mathrm{d}C}{\mathrm{d}h_1} = \frac{2\pi (\varepsilon_1 - \varepsilon_2)}{\ln \dfrac{R}{r}} \tag{4-14}$$

图 4-5a（用于测量厚度）和图 4-5b（用于测量位移）为另外两种变介电常数的电容传感器原理图。

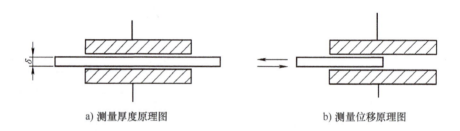

a) 测量厚度原理图　　　　　　　　　b) 测量位移原理图

图 4-5　变介电常数式电容传感器

图 4-5a 中电容量与介质参数之间的关系为

$$C = \frac{A}{\dfrac{d - \delta}{\varepsilon_0} + \dfrac{\delta}{\varepsilon_1}} \tag{4-15}$$

式中，d 是两固定极板间的距离，单位为 m；ε_0 是间隙内空气的介电常数，单位为 F/m；δ 是被测物的厚度，单位为 m；ε_1 是被测物的介电常数，单位为 F/m。

图 4-5b 中电容量与介质参数之间的关系为

$$C = \frac{ba}{\dfrac{\delta}{\varepsilon_0} + \dfrac{\delta_1}{\varepsilon_1}} + \frac{b(l - a)}{\dfrac{\delta + \delta_1}{\varepsilon_0}} \tag{4-16}$$

式中，l、b 是固定极板的长度和宽度，单位为 m；a 是被测物体进入两极板中的长度，单位为 m；δ、ε_0 分别是被测物体和一固定极板间的间距及空气的介电常数，单位分别为 m 和 F/m；δ_1、ε_1 分别是被测物体的厚度和介电常数，单位分别为 m 和 F/m。

4.1.4　差动电容传感器

在实际应用中，为了提高传感器的灵敏度，减小非线性，常常把传感器做成差动形式，如图 4-6 所示。图 4-6a 是改变极板间距离的差动电容传感器原理图。中间的极板为动极板，上下两块为定极板。当动极板向上移动 x 距离后，一边的间隙变为 $d-x$，而另一边则变为 $d+x$。电容 C_1 和 C_2 差动变化，即其中一个电容量增加，而另一个电容量相应减小。将 C_1、C_2 差接后，能使灵敏度提高一倍。图 4-6b、c 是改变极板间相对应面积的差动电容器原理图。在图 4-6c 中，上、下两个圆筒是定极板，中间的是动极板，当动极板向上移动时，与上极板的相对应面积增加，而与下极板的相对应面积减少，两者变化的数值相等，反之亦然。图 4-6b 的原理与之相似。

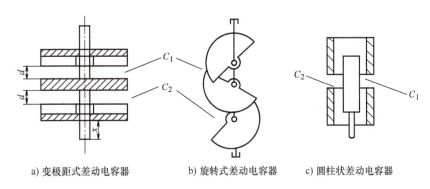

　　　a) 变极距式差动电容器　　　　b) 旋转式差动电容器　　　　c) 圆柱状差动电容器

图 4-6　变面积式差动电容传感器结构原理图

4.2　电容式传感器的测量转换电路

电容式传感器把被测物理量转换为电容变化量后，为了使其变化量能传输、放大、运算、显示和记录等，必须采用转换电路将其转换为电压、电流或频率信号。电容式传感器的转换电路种类很多，下面介绍几种常用转换电路。

4.2.1　电桥电路

将电容式传感器接入交流电桥作为电桥的一个或两个相邻臂，另外两臂可以是电阻、电容或电感，也可以是变压器的两个二次线圈。图 4-7a 为单臂接法的桥式测量电路，高频电源经变压器接到电容桥的一条对角线上，电容 $C_1 \sim C_3$、C_x 构成电桥的四臂，C_x 为电容式传感器。当交流电桥平衡时，有

$$\frac{C_1}{C_2} = \frac{C_x}{C_3}, \quad \dot{U}_o = 0$$

当改变 C_x 时，$U_o \neq 0$，有输出电压。在图 4-7b 所示电路中，接有差动电容传感器，其空载输出电压可用下式表示：

$$\dot{U}_o = \frac{C_{x1} - C_{x2}}{C_{x1} + C_{x2}} \dot{U} = \frac{(C_0 \pm \Delta C) - (C_0 \mp \Delta C)}{(C_0 \pm \Delta C) + (C_0 \mp \Delta C)} \dot{U} = \pm \frac{\Delta C}{C_0} \dot{U} \tag{4-17}$$

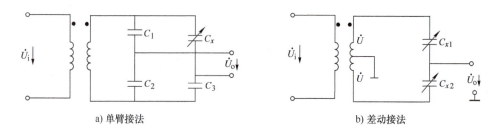

a) 单臂接法   b) 差动接法

图4-7 电容式传感器的桥式测量电路

式中，C_0 是传感器的初始电容值，单位为 F；ΔC 是电容传感器的电容变化值，单位为 F。

应该指出：由于电桥输出电压与电源电压成比例，因此要求电源电压波动极小，需要采用稳幅、稳频等措施。在准确度要求很高的场合（如飞机油量表），可采用自动平衡电桥，传感器必须工作在平衡位置附近，否则电桥非线性将增大。在实际应用中，接有电容式传感器的交流电桥输出阻抗很高（一般达几兆欧至几十兆欧），输出电压幅值又小，所以必须后接高输入阻抗放大器将信号放大才能测量。

电桥电路的输出是调幅波，其载波频率为电桥电源频率，其幅值与被测量成比例，因此电桥电路也称为调幅电路或振幅调制电路。由电桥电路组成的系统原理框图如图4-8所示。

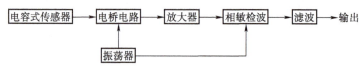

图4-8 电桥电路系统原理框图

4.2.2 调频电路

将电容式传感器接入高频振荡器的 LC 谐振回路中，作为回路的一部分，或作为晶体振荡器中石英晶体的负载电容，当被测量变化使传感器电容改变时，振荡器的振荡频率随之改变，即振荡器频率受传感器电容所调制，因此称为调频电路。

调频振荡器的频率可由下式决定：

$$f = \frac{1}{2\pi \sqrt{LC}} \tag{4-18}$$

式中，L 是振荡回路的电感，单位为 H；C 是振荡回路的总电容，单位为 F。

C 是传感器电容、谐振回路中的微调电容和传感器电缆分布电容三者之和。调频电路的原理框图如图4-9所示。

调频电路的灵敏度高，频率输出易于得到数字输出而不需要进行 A/D 转换，能获得高电平的直流信号（伏特数量级），且这种电路抗干扰能力强，可以发送、接收，实现遥测遥控。但调频电路的频率受温度和电缆电容影响较大，须采取稳频措施，电路较复杂，频率稳定度不高，而且调频电路输出非线性较大，须采用线性化电路进行补偿。

4.2.3 差动脉宽调制电路

差动脉宽调制电路也称为脉冲宽度调制电路。利用对传感器电容的充放电，电路输出脉

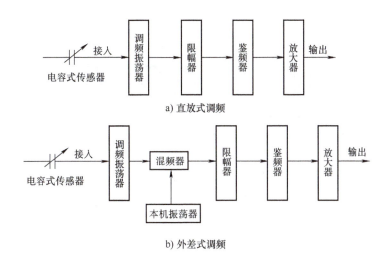

a) 直放式调频

b) 外差式调频

图 4-9　调频电路系统原理框图

冲的宽度随电容式传感器电容量的变化而变化，再通过低通滤波器就能得到对应被测量变化的直流信号。

　　脉冲宽度调制电路如图 4-10 所示。它由比较器 A_1、A_2、双稳态触发器及电容充放电回路组成。C_1、C_2 为差动电容式传感器，当双稳态触发器 Q 端输出为高电平时，A 点通过 R_1 对 C_1 充电，而 $\overline{Q}$ 端输出为低电平，电容 C_2 通过二极管 VD_2 迅速放电，G 点被钳制在低电平，直至 F 点电位高于参考电压 U_i 时，比较器 A_1 产生一脉冲，触发双稳态触发器翻转，A 点为低电位，B 点为高电位。此时，电容 C_1 经二极管 VD_1 迅速放电，F 点被钳制在低电平，同时，B 点为高电位，通过 R_2 向 C_2 充电。当 G 点电位充至 U_i 时，比较器 A_2 产生一脉冲，使触发器再次翻转，A 点成为高电位，B 点成为低电位，继而重复上述过程。如此周而复始，在双稳态触发器的两输出端各自产生一个宽度受 C_1、C_2 调制的脉冲波形。当 $C_1 = C_2$ 时，电路 A、B 两点电压波形如图 4-11a 所示，A、B 两点间的平均电压为零。当 $C_1 \neq C_2$ 时，如 $C_1 > C_2$，则 C_1、C_2 充放电时间常数就发生改变，A、B 两点电压波形如图4-11b所示，经低通滤波器后，获得的输出电压平均值（如图 4-11b 中虚线所示）为

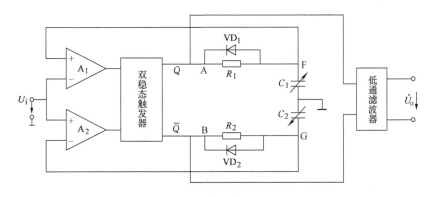

图 4-10　脉冲宽度调制电路

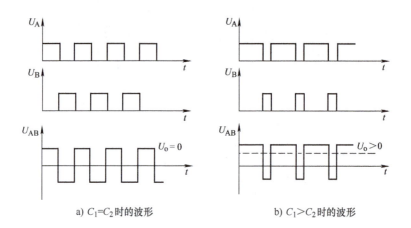

a) $C_1=C_2$ 时的波形　　　　　　b) $C_1>C_2$ 时的波形

图 4-11　电压波形图

$$U_o = \frac{t_1 - t_2}{t_1 + t_2}U_1 \tag{4-19}$$

式中，U_1 是触发器输出的高电平，单位为 V；t_1 是电容 C_1 的充电时间，单位为 s；t_2 是电容 C_2 的充电时间，单位为 s。经过计算可得

$$t_1 = R_1 C_1 \ln \frac{U_1}{U_1 - U_i} \tag{4-20}$$

$$t_2 = R_2 C_2 \ln \frac{U_1}{U_1 - U_i} \tag{4-21}$$

设 $R_1 = R_2 = R$，则有

$$U_o = \frac{C_1 - C_2}{C_1 + C_2}U_1 \tag{4-22}$$

由式（4-19）可知，差动电容的变化使充电时间 t_1、t_2 不相等，从而使双稳态触发器输出端的矩形脉宽不同，经低通滤波器后有直流电压输出。

脉冲宽度调制电路具有如下特点：无论是对于变面积式还是变极距式电容传感器，均能获得线性输出；双稳态输出信号一般为 100～1MHz 的矩形波，所以直流输出只须经滤波器滤波后引出即可；电路采用直流电源，虽然要求直流电源的电压稳定度较高，但较其他测量电路中要求高稳定度的稳频、稳幅的交流电源易于实现。

4.2.4　运算放大器式电路

将电容式传感器接入开环放大倍数为 A 的运算放大电路中，作为电路的反馈组件，如图 4-12 所示。

图中 U 是交流电源电压，C 是固定电容，C_x 是传感器电容，U_o 是输出电压。由理想运算放大器的工作原理可得

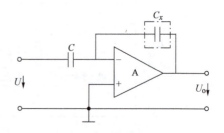

图 4-12　运算放大器电路原理图

$$U_o = -\frac{\dfrac{1}{j\omega C_x}}{\dfrac{1}{j\omega C}}U = -\frac{C}{C_x}U$$

将 $C_x = \dfrac{\varepsilon A}{d}$ 代入可得

$$U_o = -\frac{UC}{\varepsilon A}d \qquad\qquad (4\text{-}23)$$

式中，"－"表示输出电压 U_o 的相位与 U 相反。

式（4-23）说明 U_o 与 d 是线性关系，它表明运算放大器式电路能克服变极距式 C－d 的非线性，但要求开环放大倍数和输入阻抗足够大。为了保证仪器的精度，还要求电源的电压幅值和固定电容的容量稳定。

4.2.5　二极管 T 型网络

二极管 T 型网络如图 4-13 所示。E 为提供高频对称方波的电源，当电源为正半周时，二极管 VD_2 导通，于是电容 C_1 充电。在电源负半周，二极管 VD_2 截止，而电容 C_1 经电阻 R_1、负载电阻 R_L（电表、记录仪等）、电阻 R_2 和二极管 VD_1 放电，此时，流过 R_L 的电流为 i_1。在负半周内，VD_1 导通，于是电容 C_2 充电。在下一个半周中，C_2 通过电阻 R_2、R_L、R_1 和二极管 VD_2 放电，此时，流过 R_L 的电流为 i_2。如果二极管 VD_1 和

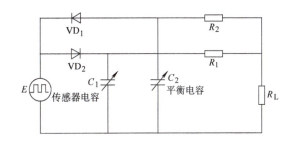

图 4-13　二极管 T 型网络

VD_2 具有相同的特性，且 $C_1 = C_2$、$R_1 = R_2$，则电流 i_1 和 i_2 大小相等、方向相反，即流过 R_L 的平均电流为零。C_1 或 C_2 的任何变化都将引起 i_1 和 i_2 的不等，因此，在 R_L 上必定有电流 I_o 输出。

该电路具有以下特点：

1）电源、传感器电容、平衡电容及输出电路都接地。

2）工作电平很高，二极管 VD_1 和 VD_2 都工作在特性曲线的线性范围内。

3）输出电压高。

4）输出阻抗为 R_1 或 R_2（1～100kΩ），且实际上与电容 C_1 和 C_2 无关。适当选择电阻 R_1 和 R_2，则输出电流就可用毫安表或微安表直接测量。

5）输出信号的上升时间取决于负载电阻，因此上升沿时间很短，可用来测量高速机械运动。

4.2.6　转换电路的使用注意事项

电容式传感器在大多数情况下可以等效成一个纯电容，如图 4-14a 所示。但当供电电源频率较低或在高温高湿环境下使用时，电容式传感器电极间的等效漏电阻就不能忽略，这时电容式传感器可等效成图 4-14b 所示电路。图中 C 是传感器电容（包括应尽量消除和减小的

寄生电容），R_p 为电极间等效电阻，它包括电极绝缘支架的介质损耗和极间介质损耗。随着供电电源频率的增高，传感器容抗减小，R_p 的影响也就减弱。当电源频率高至几兆赫兹时，R_p 可以忽略，但电流的趋肤效应使导体电阻增加，必须考虑传输线（一般为电缆）的电感和电阻，这时电容传感器可等效为图 4-14c 所示电路。图中 L 为传输线电感和电容器本身电感之和，R_p 包括传输线电阻、极板电阻和金属支架电阻。等效电路有其谐振频率，通常为几十兆赫。供电电源频率必须低于谐振频率，一般为谐振频率的 $1/3\sim1/2$，传感器才能正常工作。由此可见，当改变供电电源频率（即转换电路工作频率）或更换传感器至转换电路的引线电缆时，会对整个电路造成影响，此时必须对整个测量电路重新标定。测量时，应与标定时所处的条件相同，即电缆长度不能改变，传感器供电电源频率不能改变。

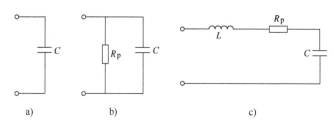

图 4-14 电容式传感器的等效电路

4.3 电容式传感器的应用

4.3.1 电容式传感器的优缺点

电容式传感器具有如下优点：

1. 结构简单，适应性强，能在恶劣的环境条件下工作 电容式传感器的结构简单，易于制造，易于保证高的精度。一般用金属做电极，无机材料做绝缘支架，可以做得非常小巧，以实现某些特殊测量。由于电容式传感器通常不使用有机材料或磁性材料，因此能在高温、低温及强辐射、强磁场等恶劣环境下工作，适应能力强。

2. 本身发热影响小，温度稳定性好 电容式传感器的电容值一般与电极材料无关，仅取决于电极的几何尺寸，使用真空、空气或其他材料作绝缘介质时，介质损耗很小，因此电容式传感器本身发热问题可以忽略不计。

3. 需要的作用能量小 由于带电极板间的静电吸引力很小，因此只需较小的作用力，就可得到较大的电容变化量，所以电容式传感器特别适于解决输入能量低的信号的测量问题。

4. 可获得较大的相对变化量 电容式传感器的相对变化量只受线性和其他实际条件的限制，当使用高线性电路时，电容式传感器的相对变化量可达 100% 或更大，因此具有较高的信噪比。

5. 动态响应快 电容式传感器的动片质量轻、输入能量低、固有频率高、载波频率高，因而动态响应快，可用于测量高速变化的参数（如测量振动、瞬时压力等）。

6. 可实现非接触式测量，具有平均效应 当被测物体不能受力、高速运动、表面不连续或表面不允许划伤等不允许采用直接接触测量时，电容式传感器可以完成测量任务。例如，测量回转轴的振动偏心率、小型滚珠轴承的径向间隙等。当采用非接触式测量时，电容式传感器具有平均效应，可以减小工件表面粗糙度等对测量的影响。

电容式传感器具有如下缺点：

1. 输出阻抗高，负载能力差　电容式传感器的容量受其电极几何尺寸等限制不易做得很大，一般为几十到几百微法，因此电容式传感器的输出阻抗高。尤其当采用音频范围内的交流电源时，输出阻抗更高，因而负载能力差，易受外界干扰影响而产生工作不稳定现象，因而必须采取必要的措施以保证电路正常工作。

2. 输出特性非线性　变极距式电容式传感器的输出特性是非线性的，即电容量和极板间的距离是非线性关系，虽然用差动式结构可以得到改善，但由于存在寄生电容和不可避免的不一致性，也不可能完全消除输出特性的非线性。

3. 寄生电容的影响　电容式传感器的初始电容量小，而连接传感器和转换电路的引线电容、电子线路的杂散电容以及传感器内极板与周围导体构成的所谓"寄生电容"却较大，这些电容的存在降低了传感器的灵敏度及转换效率，而且由于这些电容常常是随机变化的，将使仪器的工作很不稳定，影响测量准确度，所以需要采用相应屏蔽措施来保证测量电路正常工作。

4.3.2　电容式传感器的设计改善措施

电容式传感器所具有的高灵敏度、高精度等独特优点是与其正确设计、选材及精细的加工工艺分不开的。

1. 消除和减小边缘效应　边缘效应不仅使电容式传感器的灵敏度降低，而且在测量中会产生非线性误差，应尽量减小或消除。适当减小电容式传感器的极板间距，可以减小边缘效应的影响，但电容易被击穿且测量范围将受到限制。一方面，可采取将电极做得很薄，使之远小于极板间距，以减小边缘效应的影响；另一方面，可在结构上增加等位保护环来消除边缘效应，如图 4-15 所示。

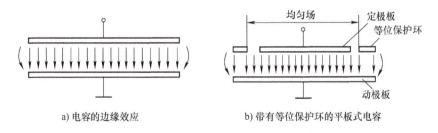

a) 电容的边缘效应　　　　b) 带有等位保护环的平板式电容

图 4-15　等位保护环消除电容边缘效应原理图

2. 保证绝缘材料的绝缘性能　温度、湿度等环境的变化是影响传感器中绝缘材料性能的主要因素。传感器的电极表面不便清洗，应加以密封，以防尘、防潮。尽量采用空气、云母等介电常数的温度系数几乎为零的电介质作为电容式传感器的电介质。传感器内所有的零件应先进行清洗、烘干后再装配。传感器要密封，以防止水分侵入内部而引起电容值变化和绝缘性能下降。壳体的刚性要好，以免安装时变形，传感器电极的支架要有一定的机械强度和稳定的性能，应选用温度系数小、稳定性好，并具有高绝缘性能的材料，如石英、云母、人造宝石及各种陶瓷等。

3. 减小或消除寄生电容的影响　寄生电容可能比传感器的电容大几倍甚至几十倍，影响着传感器的灵敏度和输出特性，严重时会淹没传感器的有效信号，使传感器无法正常工作。因此，减小或消除寄生电容的影响是设计电容式传感器的关键。通常可采用如下方法。

（1）增加电容初始值　增加电容初始值可以减小寄生电容的影响。采用减小电容式传感器极板之间的距离，增大相对应面积来增加初始电容值。

（2）集成法　将传感器与电子电路的前置级装在一个壳体内，省去传感器至前置级的电缆，这样，寄生电容将大为减小且固定不变，可使仪器工作稳定。但因电子元器件的存在，这种传感器不能在高温或环境恶劣的地方使用。也可利用集成工艺把传感器和调理电路集成于同一芯片，构成集成电容式传感器。

（3）采用驱动电缆技术　驱动电缆技术又称为双层屏蔽等位传输技术，它实际上是一种等电位屏蔽法。如图 4-16 所示，在电容式传感器与测量电路前置级间的引线采用双层屏蔽电缆，其内屏蔽层与信号传输线（即电缆芯线）通过增益为 1 的驱动放大器做成等电位，从而消除芯线对内屏蔽层的容性漏电，克服了寄生电容的影响，而内外屏蔽层之间的电容是 1:1 放大器的负载。

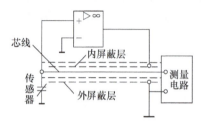

图 4-16　驱动电缆技术原理图

（4）整体屏蔽法　屏蔽技术就是利用金属材料对电磁波具有较好的吸收和反射能力实现抗干扰的。根据电磁干扰的特点选择良好的低电阻导电材料或导磁材料，构成合适的屏蔽体。

如图 4-17 所示，整体屏蔽法是把图中整个电桥（包含电源电缆等）一起屏蔽起来。这种方法的设计关键点在于接地点的合理设置。采用把接地点设置于两个平衡电阻 R_1、R_2 之间，与整体屏蔽体共地，这样，传感器公用极板与屏蔽体之间的寄生电容 C_1 与测量放大器的输入阻抗并联，从而把 C_1 视作放大器的输入电容；由于放大器的输入阻抗具有极大值，C_1 的并联也不希望存在，但

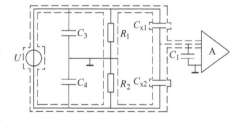

图 4-17　整体屏蔽法示意图

它只是影响传感器的灵敏度，对其他性能无影响；另外两个寄生电容 C_3、C_4 分别并联在两桥臂 R_1、R_2 上，这样就会影响到电桥的初始平衡和整体的灵敏度，但是并不会影响到电桥的正常工作；因此，寄生参数对传感器电容的影响基本上可以消除掉。整体屏蔽法是解决电容式传感器寄生电容问题的很好的方法，其缺点是使结构变得比较复杂。

4.3.3　应用实例

由于电容式传感器具有结构简单、灵敏度高、无反作用力、动态响应快等特点，因此广泛应用于各种测量中。如可用来测量直线位移、角位移、振动振幅，尤其适合测量高频振动、精密轴系回转精度、加速度等机械量，还可用来测量压力、液位、成分含量（如油、粮食中的含水量）、非金属材料的涂层、油膜等的厚度，测量电解质的湿度、密度、厚度

等，在自动检测和控制系统中也常常用来作为位置信号发生器。

1. 电容式应变计　电容式应变计的原理结构如图 4-18 所示，在被测量的两个固定点装两个薄而低的拱弧，方形电极固定在弧的中央，两个拱弧的曲率略有差别。安装时注意两个极板应保持平行，且平行安装应变计的平面。这种拱弧具有一定的放大作用，当两固定点受压时，变换电容值将减小（极间距增大）。很明显，电容极板相互距离的改变量与应变之间并非是线性关系，这可抵消一部分变换电容本身的非线性。

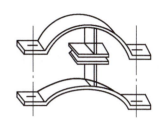

图 4-18　电容式应变计

2. 电容测厚仪　电容测厚仪是用来测量金属带材在轧制过程中的厚度的传感器。它的变换器就是电容式厚度传感器，其工作原理如图 4-19 所示。在被测带材的上下两侧各设置一块面积相等、与带材距离相同的极板，这样，极板与带材就形成两个电容器（带材也作为一个极板）。把两块极板用导线连起来就成为一个极板，而带材则成为电容器的另一极板，其总电容 $C = C_1 + C_2$。金属带材在轧制过程中不断向前送进，如果带材厚度发生变化，将引起它与上下两个极板间距的变化，即引起电容量的变化。如果总电容量 C 作为交流电桥的一个臂，电容的变化将引起电桥的不平衡输出，经过放大、检波、滤波，最后在仪表上显示出带材的厚度。这种测厚仪的优点是带材的振动不影响测量准确度。

3. 电容式荷重传感器　图 4-20 所示为电容式荷重传感器的结构示意图。它是在镍铬钼钢块上加工出一排尺寸相等且等距离的圆孔，在圆孔内壁上粘有带绝缘支架的平板式电容器，然后将每个圆孔内的电容并联，当钢块端面承受重量 F 时，圆孔将产生形变，从而使每个电容器的极板间距变小，电容量增大。电容量的增值正比于被测载荷 F。这种传感器的主要的优点是受接触面的影响小，因此测量准确度较高。另外，电容器放于钢块的孔内也提高了抗干扰能力。电容式荷重传感器在重量检测、表面状态检测及自动检测和控制系统中得到了广泛应用。

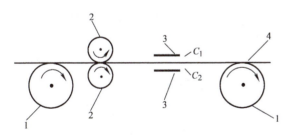

图 4-19　电容测厚仪原理图
1—传动轮　2—轧辊　3—电容极板　4—金属带材

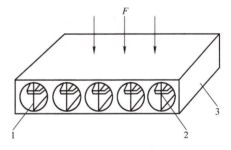

图 4-20　电容式荷重传感器结构示意图
1—绝缘支架　2—电容极板　3—镍铬钼钢块

4. 湿度传感器　湿度传感器主要用来测量环境的相对湿度。传感器的感湿组件是高分子薄膜式湿敏电容，其结构如图 4-21 所示。它的两个上电极是梳状金属电极，下电极是一网状多孔金属电极，上下电极间是亲水性高分子介质膜。两个梳状上电极、高分子薄膜和下电极构成两个串联的电容器，如图 4-21c 所示。当环境相对湿度改变时，高分子薄膜通过网状下电极吸收或放出水分，使高分子薄膜的介电常数发生变化，从而导致电容量变化。

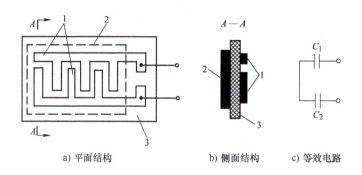

a) 平面结构　　　b) 侧面结构　　　c) 等效电路

图 4-21　湿敏电容器结构示意图

1—两个上电极　2—下电极　3—介质膜

5. 电容式压力传感器　图 4-22 所示是典型的差动电容式压力传感器。它是由一个膜片动电极和两个在凹形玻璃上电镀成的固定电极组成的差动电容器。当被测压力或压力差作用于膜片并使之产生位移时，两个电容器的电容量一个增大、一个减小。该电容值的变化经测量电路转换成与压力或压力差相对应的电流或电压的变化。

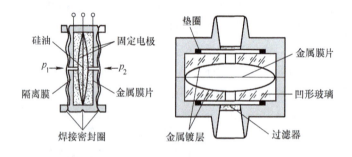

图 4-22　差动电容式压力传感器结构图

6. 电容式位移传感器　图 4-23 所示为一种圆筒式变面积型电容式位移传感器。它采用差动式结构，其固定电极与外壳绝缘，活动电极与测杆相连并彼此绝缘。

测量时，活动电极随被测物发生轴向移动，从而改变活动电极与两固定电极之间的有效覆盖面积，使电容发生变化，电容的变化量与位移成正比。开槽弹簧片为传感器的导向与支承，无机械摩擦，灵敏度高，但行程小，主要用于接触式测量。

电容式传感器还可以用于测量振动位移，测量转轴的回转精度和轴心动态偏摆等，属于动态非接触式测量，如图 4-24 所示。在图 4-24a 中，

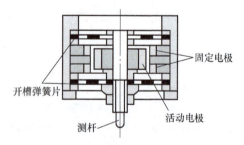

图 4-23　差动电容式位移传感器结构图

电容式传感器和被测物体分别构成电容的两个电极，当被测物发生振动时，电容两极板之间的距离发生变化，从而改变电容器的大小，再经测量电路实现测量。在图 4-24b 所示电容式传感器中，在旋转轴外侧相互垂直的位置放置两个电容极板，作为定极板，被测旋转轴作为

电容传感器的动极板。测量时，首先调整好电容极板与被测旋转轴之间的初始间距，当轴旋转时，因轴承间隙等原因产生径向位移和摆动时，定极板和动极板之间的距离发生变化，传感器的电容量也相应地发生变化，再经过测量转换电路即可测得轴的回转精度和轴心的偏摆。

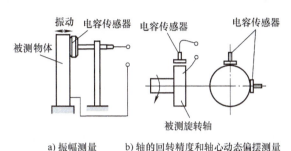

a) 振幅测量　　　b) 轴的回转精度和轴心动态偏摆测量

图 4-24　电容式传感器在振动位移测量中的应用

7. 电容式液位计高度测量　图 4-1 所示某燃煤发电厂己二酸混合容器中，电容式液位传感器由半径为 20mm 和 4mm 的两个同心圆柱体组成，并与储存罐等高，从而构成电容式液位计，同心圆柱状极板灌入高为 h 的己二酸液体，两极板间构成电容式传感器。己二酸的液面在电容式传感器两同心同柱状电极间变化时，引起极间不同介电常数介质的高度发生变化，导致总电容的大小发生变化。如图 4-25 所示，当液位升高时，两电极间总的介电常数值随之加大，因而电容量增大；反之，当液位下降时，总介电常数值减小，电容量也减小。

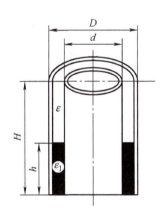

图 4-25　电容式液位计检测液面高度原理图

复习思考题

1. 电容式传感器一般有哪几种类型？各有何特点？
2. 差动电容式传感器的构造与普通电容式传感器的构造有何区别？它有哪些优点？
3. 电容式传感器的转换电路有哪几种类型？有何优缺点？
4. 电容式传感器有哪些优缺点？
5. 电容式传感器的转换电路在使用过程中有哪些注意事项？
6. 简述电容测厚仪、湿度传感器的工作原理。

延伸阅读

▶ "活体指纹识别"新技术，提高安防新利器

活体指纹是将电容指纹传感器、光学检测传感器集成到一片芯片中，配合独创软件算法，通过指纹、血液及心率信号来验证用户指纹信息，从而区别于传统指纹识别的一项全新技术。

活体指纹识别能够深入人体皮肤真皮层进行指纹鉴别，自动适应干湿、粗糙及划伤手指的指纹，并在截取指纹图像时同步感应手指的温度、湿度等指标，多维的数据提高了指纹识别的可靠性。如使用凝胶、胶带或者橡皮泥制作的2D/3D"指纹膜"假指纹时，因其不会被监测到活体血液流动、活体皮肤的电信号变化，所以指纹膜也会失效，无法通过活体指纹的技术检测，从而大大提高了安全性。

相关短视频请参看随赠的教学辅助资源。

第5章　热电偶传感器及其应用

热电偶传感器简称热电偶，是一种能将温度信号转换成电动势的装置。它是众多测温传感器中已经形成系列化、标准化的一种，目前在工业生产和科学研究中已经得到广泛的应用。

企业案例引入　图5-1所示为转化炉温度的测量，用热电偶测量小氮肥厂中转化炉的温度，如果此时冷端温度为60℃在没有采取冷端温度补偿的情况下，显示仪表指示值为800℃，那么，该测量显示的结果是转化炉的实际温度吗？为什么会出现这样的情况？该如何解决？若冷端温度再次发生变化又该如何处理？

图5-1　转化炉温度的测量

要解决该类问题，会运用到热电偶传感器。本章将要学习热电偶传感器的基本工作原理、结构和特性，冷端温度补偿的方法，热电偶的应用及配套仪表等知识点。

◆◆ **本章学习的重点**：热电偶传感器的工作原理、热电偶定律、热电偶冷端补偿的方法。

◆◆ **本章学习的难点**：热电偶定律、热电偶冷端温度补偿的方法和测温电路、热电偶的应用及配套仪表。

5.1　热电偶的工作原理

5.1.1　工作原理

1. **热电效应**　热电偶的工作原理是基于物体的热电效应。将两种不同材料的导体串接成一个闭合回路，如图5-2a所示，如果两接合点的温度不同，则在两者间将产生电动势，而在回路中就会产生一定大小的电流，这种现象称为热电效应或塞贝克效应。由两种不同材料的导体组成的回路称为"热电偶"。组成热电偶的导体称为"热电极"。热电偶所产生的电动势称为热电动势。在热电偶的两个节点中，置于温度为 T 的被测对象中的节点称为测

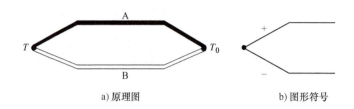

a) 原理图　　　　　　　　b) 图形符号

图 5-2　热电偶原理图及图形符号

量端，又称为工作端或热端；置于温度为 T_0 的另一节点称为参考端，又称为自由端或冷端。热电偶的图形符号如图 5-2b 所示。

理论分析表明：热电偶产生的热电动势是由两种导体的接触电动势（或称为珀尔帖电动势）和单个导体温差电动势（或称为汤姆逊电动势）两部分组成的。

2. 接触电动势　接触电动势是由于两种不同导体的自由电子密度不同，在接触处发生自由电子扩散形成的电动势。

各种金属中都有大量的自由电子，而不同的金属材料的自由电子密度不同。当两种不同金属导体相接触时，在其接触面上会因自由电子密度不同而发生电子扩散现象。电子的扩散速率与两导体的电子密度有关，并和接触区的温度成正比。设导体 A 和 B 的自由电子密度分别为 n_A 和 n_B，且有 $n_A > n_B$，则在接触面上会有从导体 A 扩散到导体 B 的电子比从导体 B 扩散到导体 A 的电子多的情况。所以导体 A 因失去电子而带正电，导体 B 则因获得电子而带负电，在接触面处便形成了电场，如图 5-3 所示。该电场的存在阻碍了电子的继续扩散，当电子扩散达到动态平衡时，就在接触区形成一个稳定的电位差，即接触电动势，其大小为

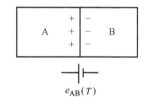

图 5-3　接触电动势

$$e_{AB}(T) = \frac{kT}{e}\ln\frac{n_A}{n_B} \tag{5-1}$$

式中，$e_{AB}(T)$ 是 A、B 两种材料在温度为 T 时的接触电动势；T 是接触处的绝对温度，单位为 K；k 是波尔兹曼常数（$k = 1.38 \times 10^{-23}$ J/K）；e 是电子电荷（$e = 1.6 \times 10^{-19}$ C）。

由式（5-1）可知，接触电动势的数值取决于两种导体的性质和接触点的温度，而与导体的形状及尺寸无关。

3. 单个同一导体中的温差电动势　温差电动势是在同一导体中由于温度不同而产生的一种电动势。

在单个同一导体中，如果导体两端温度不同，则在导体两端间就会产生电动势，即单个同一导体的温差电动势。这是由于在导体内部，高温端的自由电子具有较大的动能而向低温端扩散，因而导致导体的高温端因失去电子而带正电，低温端由于获得电子而带负电，在高低温端之间形成一个电位差，如图 5-4 所示。若导体 A 两端的温度分别为 T 和 T_0，则温差电动势的大小可由下式求得：

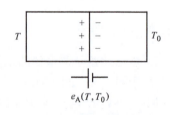

图 5-4　温差电动势

$$e_A(T, T_0) = \int_{T_0}^{T} \sigma_A dT \tag{5-2}$$

式中，$e_A(T, T_0)$ 是导体 A 两端温度分别为 T、T_0 时形成的温差电动势，单位为 V；σ_A 是导体 A 的汤姆逊系数，表示单个同一导体两端的温度差为 1℃时所产生的温差电动势，其值与材料性质及两端温度有关，单位为 V。

综上所述，热电偶回路的热电动势 $E_{AB}(T, T_0)$ 包含导体 A 和导体 B 的两个节点分别为 T 和 T_0 时的接触电动势 $e_{AB}(T)$ 及 $e_{AB}(T_0)$，以及导体 A 和导体 B 因其两端的温差而产生的温差电动势 $e_A(T, T_0)$ 和 $e_B(T, T_0)$，如图 5-5 所示。取 $e_{AB}(T)$ 的方向为正方向，则总的热电动势可表示为

$$E_{AB}(T, T_0) = [e_{AB}(T) - e_{AB}(T_0)] + [e_A(T, T_0) - e_B(T, T_0)]$$
$$= \frac{kT}{e}\ln\frac{n_{AT}}{n_{BT}} - \frac{kT_0}{e}\ln\frac{n_{AT0}}{n_{BT0}} + \int_{T_0}^{T}(\sigma_A - \sigma_B)dT \tag{5-3}$$

式中，n_{AT}、n_{AT0} 分别是导体 A 在节点温度分别为 T 和 T_0 时的电子密度，单位为 C/m^2；n_{BT}、n_{BT0} 分别是导体 B 在节点温度分别为 T 和 T_0 时的电子密度，单位为 C/m^2；σ_A、σ_B 分别是导体 A 和导体 B 的汤姆逊系数，单位为 V。

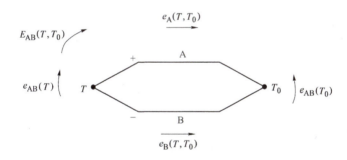

图 5-5　热电偶回路的热电动势

由式（5-3）可以得出下列结论：

1）如果构成热电偶的两个热电极材料相同，即 $n_A = n_B$，$\sigma_A = \sigma_B$，虽然热电偶两端温度不同（$T \neq T_0$），但总的输出热电动势为零。因此，必须由两种不同的材料构成热电偶。

2）如果热电偶两节点温度相同，即 $T = T_0$，则尽管导体 A、B 的材料不同，回路的总热电动势亦为零。

3）热电偶的热电动势大小只与材料和节点温度有关，与热电偶的尺寸和形状无关。实践证明，在热电偶回路中起主要作用的是两个节点的接触电动势。

5.1.2　热电偶定律

1. 中间导体定律　在热电偶回路中接入第三种材料的导体，只要第三种材料导体两端的温度相等，就对热电偶回路总的热电动势无影响，这个规律称为中间导体定律。如图5-6所示，回路总的热电动势为

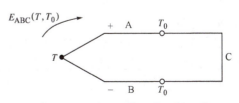

图 5-6　具有中间导体的热电偶回路

$$E_{ABC}(T, T_0) = e_{AB}(T) + e_{BC}(T_0) + e_{CA}(T_0)$$

$$= e_{AB}(T) + \left(\frac{kT_0}{e}\ln\frac{n_B}{n_C} + \frac{kT_0}{e}\ln\frac{n_C}{n_A}\right)$$

$$= e_{AB}(T) + \frac{kT_0}{e}\left(\ln\frac{n_B}{n_C} + \ln\frac{n_C}{n_A}\right)$$

$$= e_{AB}(T) + \frac{kT_0}{e}\ln\frac{n_B n_C}{n_C n_A}$$

$$= e_{AB}(T) - \frac{kT_0}{e}\ln\frac{n_A}{n_B}$$

$$= e_{AB}(T) - e_{AB}(T_0)$$

$$= E_{AB}(T, T_0) \tag{5-4}$$

式(5-4)就是中间导体定律。同理，在热电偶回路中插入多种导体后，只要保证插入的每种导体两端温度相同，就对热电偶的热电动势没影响。根据这个定律，可以将连接导线和显示仪表看成"中间导体"，只要保证"中间导体"两端温度相同，热电偶的热电动势就不会受到影响。中间导体定律在热电偶的实际应用中十分重要。

2. 中间温度定律   如图5-7所示，热电偶在节点温度为 T、T_0 时的热电动势 $E_{AB}(T, T_0)$ 等于该热电偶在 (T, T_n) 与 (T_n, T_0) 时的热电动势 $E_{AB}(T, T_n)$ 与 $E_{AB}(T_n, T_0)$ 之和，这就是中间温度定律，其中，T_n 称为中间温度。该定律可用下式表示：

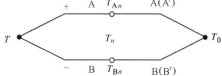

图5-7   存在中间节点的热电偶回路

$$E_{AB}(T, T_0) = E_{AB}(T, T_n) + E_{AB}(T_n, T_0) \tag{5-5}$$

当节点温度采用摄氏温度 t 来表示时($t = T - 273.15K$)，式(5-5)可写为

$$E_{AB}(t, t_0) = E_{AB}(t, t_n) + E_{AB}(t_n, t_0) \tag{5-6}$$

中间温度定律的实用价值：

1）当自由端温度为0℃时，将热电偶工作端温度与热电偶的热电动势对应关系列成表格，该表称为热电偶的分度表。如果自由端温度不为0℃，则可通过式（5-6）及分度表求得工作端温度 t。

2）热电偶补偿导线的使用也是依据以上定律。补偿导线是指在一定的温度范围内（0～100℃），其热电性能与相应热电偶热电性能相同的廉价导线。在图5-7中，若与热电极 A、B 相连的 A′、B′为该热电偶的补偿导线，根据补偿导线的定义有

$$E_{A'B'}(t_n, t_0) = E_{AB}(t_n, t_0) \tag{5-7}$$

所以可以把接补偿导线后的热电偶回路看作仅由热电极 A、B 组成的回路，只是自由端由 t_n 延伸到了 t_0 处。

实际测温时，由于热电偶的长度有限，自由端温度将直接受到被测介质温度和周围环境的影响。例如，热电偶安装在电炉壁上，而自由端放在接线盒内，电炉周围的空气温度不稳定，波及接线盒内的自由端，造成测量误差。采用补偿导线可将热电偶的自由端延伸到远离高温区的地方，从而使自由端的温度相对稳定，而且由于补偿导线均采用多股廉价金属制

造，且所用绝缘一般又都是有机材料，因此单位长度的电阻较小，柔软易弯便于使用。由此可见，使用补偿导线可以节省大量的贵重金属，减小热电偶回路的电阻，而且便于敷设安装，但必须指出，使用补偿导线仅能延长热电偶的自由端，对测量电路不起任何温度补偿作用。

使用补偿导线必须注意两个问题：①两根补偿导线与热电偶两个热电极的接点必须具有相同的温度；②各种补偿导线只能与相应型号的热电偶配用，而且必须在规定的温度范围内使用，极性切勿接反。

常用热电偶补偿导线的特性见表 5-1。

表 5-1　常用热电偶补偿导线的特性

热电偶 正 - 负	补偿导线 正 - 负	导线外皮颜色		100℃时的热 电动势/mV[①]	150℃时的热 电动势/mV[①]	20℃时的电阻率 /Ω·m
		正	负			
镍铬 - 镍铝 镍铬 - 镍硅	铜 - 康铜	红	蓝	4.095 ± 0.023	6.13 ± 0.20	$< 0.634 \times 10^{-6}$
铂铑$_{10}$ - 铂	铜 - 铜镍[②]	红	绿	0.645 ± 0.023	$1.029 + 0.024$ $1.029 - 0.055$	$< 0.0484 \times 10^{-6}$
镍铬 - 考铜	镍铬 - 考铜	红	黄	6.95 ± 0.30	10.69 ± 0.38	$< 1.25 \times 10^{-6}$
钨铼$_5$ - 钨铼$_{20}$	铜 - 铜镍[③]	红	蓝	1.337 ± 0.045	—	—

① 参考端为 0℃时的热电动势。

② 铜 99.4%　镍 0.6%。

③ 铜 98.2%～98.3%　镍 1.7%～1.8%。

3. 参考电极定律（标准电极定律）　如图 5-8 所示，已知热电极 A、B 与参考电极 C 组成的热电偶在节点温度为 (t, t_0) 时的热电动势分别为 $E_{AC}(t, t_0)$ 和 $E_{BC}(t, t_0)$，则在相同温度下，由 A、B 两种热电极配对后的热电动势 $E_{AB}(t, t_0)$ 可按下面公式计算：

$$E_{AB}(t, t_0) = E_{AC}(t, t_0) - E_{BC}(t, t_0) \tag{5-8}$$

参考电极定律大大简化了热电偶的选配工作。只要获得有关热电极与参考电极配对的热电动势，那么任何两种热电极配对时的热电动势均可按式（5-8）求得，而不需要逐个进行测定。在实际应用中，由于纯铂丝的物理化学性能稳定、熔点高、易提纯，所以目前常用纯铂丝作为标准电极。

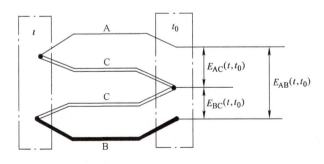

图 5-8　参考电极回路

例 5-1　已知铂铑$_{30}$ – 铂热电偶的 $E(1084.5℃, 0℃) = 13.937mV$，铂铑$_6$ – 铂热电偶的 $E(1084.5℃, 0℃) = 8.354mV$，求铂铑$_{30}$ – 铂铑$_6$ 热电偶在同样温度条件下的热电动势。

解　设 A 为铂铑$_{30}$电极，B 为铂铑$_6$电极，C 为纯铂电极，已知 $t = 1084.5℃$，$t_0 = 0℃$，利用式（5-8）可求得：

$$E_{AB}(1084.5℃, 0℃) = E_{AC}(1084.5℃, 0℃) - E_{BC}(1084.5℃, 0℃) = 5.583mV$$

5.2　热电偶的结构和种类

5.2.1　热电偶的结构

工程上实际使用的热电偶大多是由热电极、绝缘套管、保护套管和接线盒等部分组成，图 5-9 所示为普通热电偶的结构和外形。现将各部分的构造和要求说明如下。

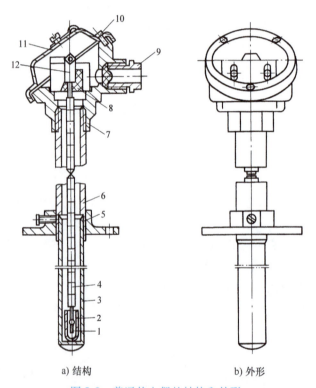

a) 结构　　　　　　　　　b) 外形

图 5-9　普通热电偶的结构和外形

1—热电偶热端　2，4—绝缘套管　3—下保护套管
5—固定法兰　6—上保护套管　7—接线盒底座　8—接线绝缘座
9—引出线套管　10—固定螺钉　11—接线盒外罩　12—接线柱

1. **热电极**　热电偶常以热电极材料种类来命名，例如，铂铑 – 铂热电偶，镍铬 – 镍硅热电偶等。热电极的直径由材料的价格、机械强度、电导率及热电偶的用途和测量范围等决定。贵金属热电偶的热电极多采用直径为 0.35 ~ 0.65mm 的细导线。非贵金属热电极的直径一般是 0.5 ~ 3.2mm。热电偶的长度由安装条件，特别是由工作端在介质中的插入深度来决

定，通常为350～2000mm，最长的可达3500mm。热电极的工作端是焊接在一起的。

2. 绝缘套管　绝缘套管又称为绝缘子，是用来防止两根热电极短路的。绝缘子一般做成圆形或椭圆形，中间有一个、两个或四个小孔，孔的大小由热电极的直径决定，绝缘材料主要根据测温范围及绝缘性能要求来选择。通常用陶瓷、石英等作绝缘套管。

3. 保护套管　保护套管的作用是使热电极与被测介质隔离，使之免受化学侵蚀或机械损伤。热电极在套上绝缘套管后再装入保护套管内。对保护套管的要求：经久耐用与传热良好。前者指的是耐高温，耐急冷急热，耐腐蚀，不会分解出对电极有害的气体，有足够的机械强度。后者指的是有良好的导热性，以改善热电极对被测温度变化的响应速度，减少滞后。常用的保护管材料分为金属和非金属两大类，其适用温度见表5-2。应根据热电偶的类型、测温范围等因素来选择保护套管的材料。

表 5-2　常用保护材料

材料	名　称		使用温度/℃	材料	名　称	使用温度/℃
金属	黄铜（H62）		400	非金属	高铝质管（85%～90% Al$_2$O$_3$）	1300
	钢（G20）		600		刚玉质管（99.5% Al$_2$O$_3$）	1600
	不锈钢（1Cr18Ni9Ti）		900		金属陶瓷（氧化镁＋钼）	1800
	钼钛不锈钢（Cr18Ni12MoTi）		900		氮化硅	1000
	高温不锈钢	Cr25Ti	1000		氧化铍（BeO）	2200
		Cr25Si2	1000		氧化钍（ThO）	2200
		GH30	1100		30% 耐火黏土＋70% 石墨	1800
		GH39	1200			
	热强度钢（12CrMoV）		600			

4. 接线盒　接线盒供连接热电偶和测量仪表之用。接线盒多用铝合金制成。为了防止灰尘及有害气体进入其内部，接线盒出线孔和接线盒都装有密闭用垫片和垫圈。

5.2.2　热电偶的种类

1. 普通型热电偶　普通型热电偶主要用于测量气体、蒸汽和液体等介质的温度。这类热电偶已经做成标准形式，主要包括棒形、角形、锥形等，并且做成无专门固定装置、有螺纹固定装置及法兰固定装置等形式。图5-9所示为棒形、无螺纹、法兰固定的普通热电偶结构。

2. 铠装热电偶　铠装热电偶是由金属保护套管、绝缘材料和热电极三者组合成一体的特殊结构热电偶。它可以做得很细、很长，而且可以弯曲。热电偶的套管外径最细能达到0.25mm，长度可达100m以上，分为双芯结构和单芯结构。铠装热电偶具有体积小、精度高、响应速度快、可靠性高、耐振动、耐冲击、柔软、可挠性好、便于安装等优点，因此特别适用于复杂结构（如狭小弯曲管道内）的温度测量。

3. 薄膜热电偶　薄膜热电偶是用真空蒸镀的方法把热电极材料蒸镀在绝缘基板上制成的。测量端既小又薄，热容量小，响应速度快。适用于测量微小面积上的瞬变温度。

4. 表面热电偶　表面热电偶主要用于现场液体流动的测量，广泛地用于纺织、印染、造纸、塑料及橡胶工业。探头有各种形状（弓形、薄片形等），以适应不同物体表面测温需要。在其把手上装有动圈式仪表，读数方便。测量温度范围有 0～250℃ 和 0～600℃ 两种。

5. 防爆热电偶　在石油、化工、制药工业中，生产现场有各种易燃、易爆等化学气体，这时需要采用防爆热电偶。它采用防爆型接线盒，有足够的内部空间、壁沿及机械强度，其橡胶密封圈的热稳定性符合国家防爆标准。因此，即使接线盒内部爆炸性混合气体发生爆炸时，其压力也不会破坏接线盒，其产生的热能不能向外扩散——传爆，可达到可靠的防爆效果。

此外，还有专门测量钢水和其他熔融金属温度的快速热电偶等。

5.2.3　常用热电偶简介及镍铬－镍硅热电偶分度表

1. 铂铑$_{10}$－铂热电偶　它由 $\phi 0.5mm$ 的纯铂丝和相同直径的铂铑丝（铂 90%，铑 10%）制成，型号为 WRP，分度号为 S。铂铑丝为正极，纯铂丝为负极。这种热电偶可在 1300℃ 以下范围内长期使用，短期可测量 1600℃ 高温，由于容易得到高纯度的铂和铂铑，故铂铑$_{10}$－铂热电偶的复制精度和测量的准确度较高，可用于精密温度测量或作为基准热电偶。铂铑$_{10}$－铂热电偶在氧化性或中性介质中具有较高的物理化学稳定性。其主要缺点是热电动势较弱，在高温时易受还原性气体所发出的蒸汽和金属蒸气的侵害而变质；铂铑丝中的铑分子在长期使用后因受高温作用会产生挥发现象，使铂丝受到污染而变质，从而引起热电偶特性的变化，失去测量的准确性；铂铑$_{10}$－铂热电偶的材料属于贵重金属，成本较高。

2. 镍铬－镍硅（镍铬－镍铝）热电偶　它由镍铬与镍硅制成，镍铬为正极，镍硅为负极，型号为 WRN，分度号为 K。热电偶丝直径一般为 $\phi 1.2～2.5mm$。镍铬－镍硅热电偶化学稳定性较高，可在氧化性或中性介质中长时间测量 900℃ 以下的温度，短期测量可达 1200℃。镍铬—镍硅热电偶具有复制性好、热电动势较大、线性好、价格便宜等优点。但它在还原性介质中易受腐蚀，在此情况下只能测量 500℃ 以下的温度，测量准确度偏低，但完全能够满足工业测量要求，是工业生产中一种常用的热电偶。由于镍铬－镍硅、镍铬－镍铝热电偶的热电性质几乎完全一致，镍铬－镍硅热电偶已逐步取代了镍铬－镍铝热电偶。

3. 镍铬－考铜热电偶　它由镍铬材料与镍、铜合金材料组成，型号为 WRK，分度号为 EA－2。热电偶丝直径一般为 $\phi 1.2～2mm$，镍铬为正极，考铜为负极，适用于还原性或中性介质，长期使用温度不超过 600℃，短期测量可达到 800℃。镍铬－考铜热电偶的特点是热电灵敏度高、价格便宜，但测温范围窄而低，考铜合金丝易受氧化而变质，由于材质坚硬而不易得到均匀线径。

4. 铂铑$_{30}$－铂铑$_6$ 热电偶　此种热电偶以铂铑$_{30}$丝（铂 70%，铑 30%）为正极，铂铑$_6$丝（铂 94%，铑 6%）为负极，型号为 WRR，分度号为 B，可长期测量 1600℃ 的高温，短期可测量 1800℃ 高温。铂铑$_{30}$－铂铑$_6$ 热电偶性能稳定，精度高，适用于氧化性和中性介质中使用，但它产生的热电动势小，价格高。

以上几种常用标准热电偶的温度与热电动势特性曲线如图 5-10 所示。从图中可以看到，在 0℃ 时，它们的热电动势均为零，虽然曲线描述方式在客观上容易看出不少特点，但是靠曲线查看数据还不够精准，为了正确掌握数值，特编制了

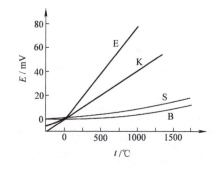

图 5-10　几种常用标准热电偶的温度与热电动势特性曲线

针对各种热电偶热电动势与温度的对照表，称为分度表。例如，本教材列出了工业中常用的镍铬－镍硅（K）热电偶的分度表（附录 D）。

5.3　热电偶的冷端温度补偿和测温电路

5.3.1　热电偶的冷端温度补偿

由热电偶测温原理可知，热电偶的输出电动势与热电偶两端温度 t 和 t_0 的差值有关，当冷端温度 t_0 保持不变时，热电动势与工作端温度成单值函数关系。但在实际测温中，冷端温度常随环境温度的变化而变化，t_0 不能保持恒定，因而会引入误差。在实际应用中，各种热电偶温度对应的分度表是在相对于冷端温度为零摄氏度的条件下测出的，因此在使用热电偶时，若要直接应用热电偶分度表，就必须满足 $t_0 = 0℃$ 的条件。为此，可采用以下几种方法保证冷端温度 t_0 恒定。

1. **冷端恒温法**　为了使热电偶冷端温度保持恒定（最好为 0℃），可以把热电偶做得很长，使冷端远离工作端，并连同测量仪表一起放置到恒温或温度波动比较小的地方，但这种方法要耗费许多贵重的金属材料。因此，一般采用一种导线（称为补偿导线）将热电偶冷端延伸出去，这种导线在一定温度范围内（0～100℃）具有和所连接的热电偶相同的热电性能。延伸的冷端可采用以下方法保持温度恒定。

1）冰浴法。将热电偶的冷端置于有冰水混合物的容器中，使冷端温度保持在 0℃ 不变。它消除了 t_0 不等于 0℃ 时引入的误差。

2）电热恒温器法。将热电偶的冷端置于电热恒温器中，恒温器的温度略高于环境温度的上限。

3）恒温槽法。将热电偶的冷端置于大油槽或空气不流动的大容器中，利用其热惯性使冷端温度变化较为缓慢。

2. **冷端温度校正法**　由于热电偶的温度——热电动势关系曲线是冷端温度保持在 0℃ 的情况下得到的，与它配套使用的仪表又是根据这一关系曲线进行标度的，因此当冷端温度不等于 0℃ 时，就需要对仪表的指示值加以修正。换句话说，当热电偶的冷端温度 $t_0 \neq 0℃$ 时，测得的热电动势 $E_{AB}(t, t_0)$ 与冷端为 0℃ 时测得的热电动势 $E_{AB}(t, 0℃)$ 不等。若冷端温度高于 0℃，则 $E_{AB}(t, t_0) < E_{AB}(t, 0℃)$。根据热电偶的中间温度定律，可得热电动势的修正公式：

$$E_{AB}(t, 0℃) = E_{AB}(t, t_0) + E_{AB}(t_0, 0℃) \tag{5-9}$$

式中，$E_{AB}(t, t_0)$ 是毫伏表直接测出的热电毫伏数。

校正时，先测出冷端温度 t_0，然后在该热电偶分度表中查出 $E_{AB}(t_0, 0℃)$，并把它加到所测得的 $E_{AB}(t, t_0)$ 上。根据式（5-9）求出 $E_{AB}(t, 0℃)$，根据此值再在分度表中查出相应的温度值。

3. **电桥补偿法**　电桥补偿法是利用不平衡电桥产生的不平衡电压自动补偿热电偶因冷端温度变化而引起热电动势的变化值，如图 5-11 所示。

不平衡电桥（即补偿电桥）的桥臂电阻 R_1、R_2、R_3 是由电阻温度系数很小的锰铜丝绕制而成，R_{Cu} 是由温度系数较大的铜丝绕制而成，E（直流 4V）是电桥的电源，R_S 是限流电阻，其阻值随热电偶的不同而有所差异。电桥通常取在 20℃时处于平衡状态，此时，桥路输出电压 $U_{ab}=0$，电桥无补偿作用。假设环境温度升高，热电偶的冷端温度随之升高，此时，热电偶的热电动势就有所降低。由于 R_{Cu} 与冷端处于同一温度环境中，所以 R_{Cu} 的阻值也随环境温度的升高而增大，电桥失去平衡，U_{ab} 上升并与 E_x 叠加。若适当选择桥臂电阻，可使 U_{ab} 正好补偿热电偶冷端温度升高所降低的热电动

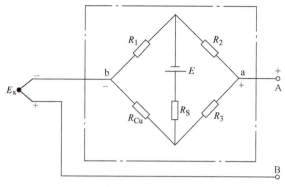

图 5-11　热电偶冷端温度补偿电桥

势。由于电桥及热电偶均存在非线性误差，所以 U_{ab} 无法始终跟踪 E_x 的变化，冷端温度补偿器只能在一定的范围内起温度补偿作用。用于电桥补偿的装置称为热电偶冷端温度补偿器。常用的国产冷端温度补偿器（补偿电桥）见表 5-3。冷端温度补偿器通常使用在热电偶与动圈式显示仪表配套的测温系统中，而自动电子电位差计、温度变送器及数字式仪表等的测量电路里已经设置了冷端温度补偿电路，故热电偶与它们相配套使用时不必另行配置冷端温度补偿器。

表 5-3　常用国产冷端温度补偿器

型　　号	配用热电偶	电桥平衡温度/℃	补偿范围/℃	电源/V	内阻/Ω	功耗/VA	补偿误差/mV
WBC-01	铂铑$_{10}$-铂						±0.045
WBC-02	镍铬-镍硅	20	0~50	~220	1	<8	±0.16
	镍铬-镍铝						
WBC-03	镍铬-考铜						±0.18
WBC-57-LB	铂铑$_{10}$-铂						$\pm(0.015+0.0015\Delta t)$
WBC-57-EU	镍铬-镍硅	20	0~40	4	1	<0.25	$\pm(0.041+0.004\Delta t)$[1]
	镍铬-镍铝						
WBC-57-EA	镍铬-考铜						$\pm(0.065+0.0065\Delta t)$

① Δt 为与 20℃之差的温度数值。

4. PN 结温度传感器冷端温度补偿　这种补偿如图 5-12 所示。其工作原理是热电偶产生的电动势经放大器 A_1 放大后有一定的灵敏度（mV/℃），采用 PN 结传感器组成的测量电桥（置于热电偶的冷端处）的输出经放大器 A_2 放大后也有相同的灵敏度。将这两个放大后的信号再经过增益为 1 的电压跟随器 A_3 相加，则可以自动补偿冷端温度变化引起的误差。一般在 0~50℃ 范围内，其准确度优于 0.5℃。

5.3.2　热电偶的测温电路

1. 基本测温电路　图 5-13a 所示为一个热电偶和一个仪表配用的基本电路；图 5-13b 所示为测量两点温度之和的电路，输入到仪表两端的热电动势为两个热电偶产生的热电动势之和；图 5-13c 所示为测量两点间温度差的电路，两支同型号的热电偶反向串联，输入到仪表的热电动势为两个热电偶产生的热电动势相互抵消后的差值。

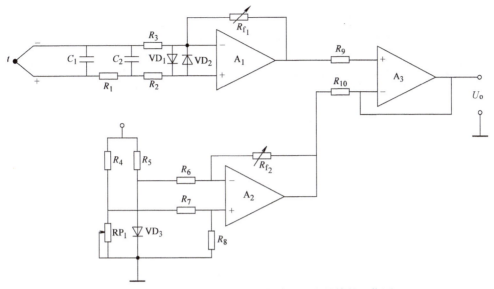

图 5-12　PN 结温度传感器作热电偶冷端温度补偿的工作原理

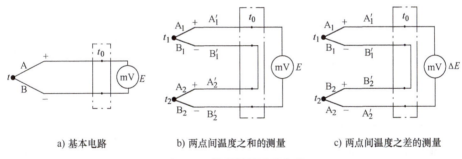

a) 基本电路　　　　b) 两点间温度之和的测量　　　　c) 两点间温度之差的测量

图 5-13　热电偶的测温电路

图 5-14 所示为测量两点间平均温度的电路，将两支同型号的热电偶并联，输入到仪表两端的热电动势为两个热电偶输出热电动势的平均值。图中串入较大阻值的电阻 R_1、R_2 以减小热电偶内阻的影响。

2. 热电偶的实际测温电路　在实际测量过程中，由于热电偶的热电动势和温度为非线性关系，如图 5-15 所示，因此热电偶应用时都要进行线性化。表 5-4 列出了 K、J、E、T 型热电偶相对于基准点冷端（0℃）的温差电动势。

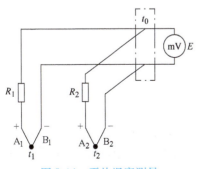

图 5-14　平均温度测量

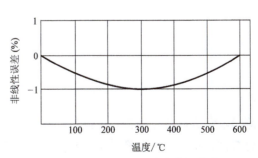

图 5-15　K 型热电偶的非线性曲线

表5-4　K、J、E、T 型热电偶相对于基准点冷端（0℃）的温差电动势

温度/℃	K 型热电偶/mV	J 型热电偶/mV	E 型热电偶/mV	T 型热电偶/mV
−200	−5.891	−7.890	−8.824	−5.603
−100	−3.553	−4.632	−5.237	−3.378
0	0	0	0	0
+100	+4.095	+5.268	+6.317	+4.277
+200	+8.137	+10.777	+13.419	+9.286
+300	+12.207	+16.325	+21.033	+14.860
+400	+16.395	+21.846	+28.943	+20.869
+500	+20.640	+27.388	+36.999	
+600	+24.902	+33.096	+45.085	
+700	+29.128	+39.130	+53.110	
+800	+33.277	+45.498	+61.022	
+900	+37.325	+51.875	+68.783	
+1000	+41.269	+57.942	+76.368	
+1100	+45.108	+63.777		
+1200	+48.828	+69.536		
+1300	+52.398			

线性校正电路的实现有多种方法，图 5-16 所示为采用平方运算的专用集成电路 AD538 构成的 K 型热电偶线性校正电路。

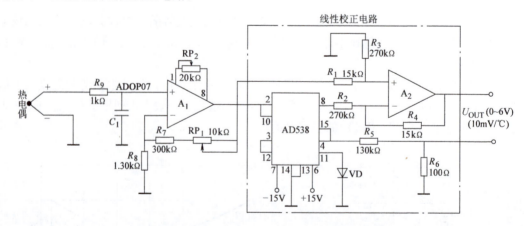

图 5-16　采用 AD538 的 K 型热电偶线性校正电路

对测温电路进行线性校正与不进行线性校正，结果有很大的差别，如图 5-17 所示。在没有进行线性校正前，整个测量结果有近 1% 的非线性误差，而有了线性校正电路后，只有约 0.1% ~ 0.2% 的非线性误差。

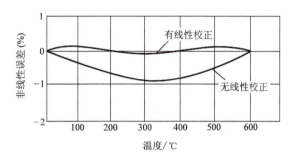

图 5-17　K 型热电偶校正前后温度误差特性比较

图 5-18 为采用 J 型热电偶专用集成电路 AD595 的测温电路。通过转换开关 S 进行两个量程的切换，一个量程的温度测量范围为 0 ~ 300℃，另一个量程的测量范围为 300 ~ 600℃，分为两个量程的目的是减小线性误差，该电路在 0 ~ 600℃范围内的线性误差只有 1 ~ 2℃。图中的 AD538 和 A 构成线性化电路，以保证 AD595 的温度与电压特性呈线性关系。

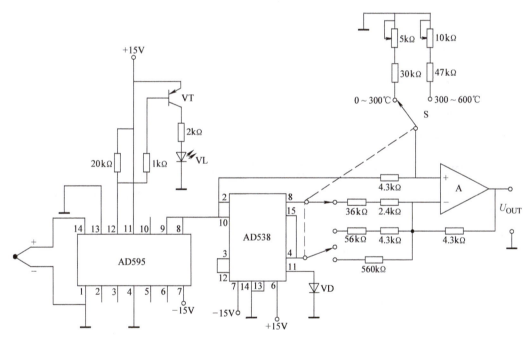

图 5-18　采用 AD595 的温度测量电路

5.4　热电偶的应用及配套仪表

热电偶把被测温度转换为电动势信号，因此可通过各种电测仪表测量电动势以显示被测温度。采用平衡式电位差计原理测量的温度表称为伺服式温度表；采用直流毫伏计测量的温度表则称为动圈式仪表；此外，还有数字式温度表。

5.4.1 伺服式温度表

图 5-19 所示为电位差计的工作原理图。当开关合向 C 时，构成测量回路，其回路电压方程为

$$E_x - IR_{ab} = i\sum R \tag{5-10}$$

式中，E_x 是被测电动势；I、i 分别为工作电流回路和测量回路的电流；$\sum R$ 是 a、b 间的可变电阻 R_{ab}、检流计内阻和热电偶的内阻之和。

检流计 P 指示为 i，移动触头 b 使检流计指零（即 $i = 0$）时，系统达到平衡，即有 $E_x = IR_{ab}$。当电流 I 和电阻 R_{ab} 为已知时，可以用可变电阻触头 b 的位置标明被测电阻的数值。由此可知，工作电流值 I 和电阻值 R_{ab} 的准确确定，以及被测电动势与已知电压差值的灵敏检测是影响电位差计的关键。因此，在使用过程中要注意以下问题：①校正工作电流 I，在测量过程中要保证工作电流稳定不变；②检流计 P 要有足够的灵敏度；③测量回路的总电阻要适当。伺服式温度表在使用时为了自动地移动触头 b 以跟踪 E_x 的变化，可采用一套小功率伺服系统，当被测电动势变化时，不平衡电压将引起伺服系统工作，直至达到新的平衡状态。伺服式温度表就是根据这种自平衡式电位差计的原理工作的。

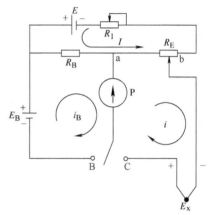

图 5-19　电位差计工作原理图

5.4.2 动圈式仪表

动圈式仪表是我国自行设计制造的系列仪表产品，命名为 XC 系列。按其功能分有指示型（XCZ）和指示调节型（XCT）两个系列，和热电偶配套的动圈仪表型号为 XCZ – 101 或 XCT – 101 等。

XC 系列动圈式仪表测量机构的核心元器件是一个磁电式毫伏计，如图 5-20 所示。动圈式仪表与热电偶配套使用时，热电偶、连接导线（补偿导线）和显示仪表组成了一个闭合回路，设表内电阻为 R_{IS}，表外电阻为 R_{OS}，R_{OS} 包括热电偶内阻 r_1、补偿导线电阻 R_2、冷端补偿器等效电阻 R_3、连接铜导线电阻 R_{Cu}、调整电阻 R_4，即 $R_{OS} = r_1 + R_2 + R_3 + R_{Cu} + R_4$。则流经回路的电流为

$$I = \frac{E(t, t_0)}{R_{IS} + R_{OS}} \tag{5-11}$$

对于相同的热电动势，如果整个测量回路的电阻值不同，流过动圈仪表的电流

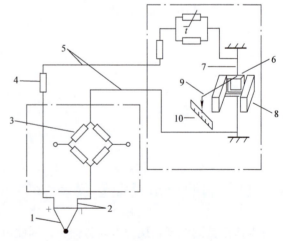

图 5-20　动圈式仪表工作原理图

1—热电偶　2—补偿导线　3—冷端补偿器　4—外接电阻
5—铜导线　6—动圈　7—张丝　8—磁钢　9—指针　10—刻度尺

值也不相同。动圈仪表在刻度时，规定外电路电阻数值为定值，如配热电偶的动圈仪表规定其 R_{OS} 为 15Ω，此值标注在仪表面板上。实际测温时，R_{OS} 都应该保持在 15Ω，若不是 15Ω，则应借助调整电阻来调定为 15Ω。

5.4.3 数字式温度表

为了实现温度的数字显示，或组成温度的巡检系统，或向计算机过程控制系统提供温度信号，都要对热电偶的热电动势进行数字化处理，即数字式温度表。

目前一些较先进的测温仪表已集多种功能于一体，具备了相当强大的测温功能。如美国福禄克公司的 50 Ⅱ 系列数字温度表，实验室级准确度达 ± （0.05% + 0.3℃）；支持很宽范围内的热电偶类型；允许用户通过电子补偿功能补偿热电偶误差，最大限度地提高整体准确度。该仪表还可以以摄氏温度或绝对温度显示，具有数据记录功能，可以通过红外线接口或数据线与计算机进行数据传输。

在实际测温过程中，应根据实际情况选择相应仪表或设计相关电路，以使测量更准确。

5.4.4 热电偶用于金属表面温度的测量

金属表面温度的测量对于机械、冶金、能源、国防等部门来说是非常普遍而又重要的一项内容。例如，热处理工作中锻件、铸件及各种余热利用的热交换器表面，管道表面，炉壁表面等温度的测量。根据对象特点，测温范围从几百摄氏度到一千多摄氏度，测量方法通常采用直接接触测温法。直接接触测温法是指采用各种型号及规格的热电偶（视温度范围而定），用黏合剂或焊接的方法将热电偶与被测金属表面（或去掉表面后的浅槽）直接接触，然后把热电偶接到显示仪表上组成测温系统，指示出金属表面的温度。

一般当被测金属表面温度在 200~300℃ 左右或以下时，可采用黏合剂将热电偶的节点黏附于金属表面，工艺比较简单。当被测表面温度较高，而且要求测量准确度高和响应时间常数小的情况下，常采用焊接的方法将热电偶的头部焊接于金属表面。用直接接触法测量金属表面温度时，应当尽量减少由于和表面接触破坏原有温度场所造成的严重影响，以提高测量准确度。

5.4.5 热电偶用于管道内温度的测量

图 5-21 所示为管道内温度测量热电偶的安装示意图。热电偶的安装应尽量做到使测温准确、安全可靠及维修方便。不管采用何种安装方式，均应使热电偶插入管道内有足够的深

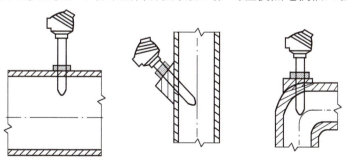

a) 垂直管道轴线的安装方法　b) 倾斜管道轴线的安装方法　c) 弯曲管道上的安装方法

图 5-21　管道内温度测量热电偶安装示意图

度。安装热电偶时，应将测量端迎着流体方向。

5.4.6　热电偶用于测量小氮肥厂中转化炉的温度

　　根据本章引言中企业案例的要求及实际测温特点的需要，我们选择镍铬－镍硅 K 型热电偶对转化炉温度进行测量。在实际测量中，如果冷端温度为 60℃，但是却没有配备冷端温度补偿设备，那么该测量显示的结果 800℃ 是不正确的。出现这种情况的原因是热电偶的工作原理是要求冷端温度为恒定（甚至要求恒定在 0℃）的前提下，才能实现热电动势和热端温度呈单值函数关系，否则会造成测量误差。

　　所以用热电偶测温时，应该进行冷端温度补偿，即要配备冷端补偿装置，如前所述介绍的几种冷端温度补偿方法，在此，可以购买配套的补偿电桥进行冷端温度补偿，从而减小由于冷端损失带来的测量误差。

复习思考题

　　1. 什么是金属导体的热电效应？试说明热电偶的测温原理。

　　2. 热电偶产生的热电动势由几种电动势组成？哪种电动势起主要作用？

　　3. 试分析金属导体中产生接触电动势的原因。其大小与哪些因素有关？

　　4. 试分析金属导体中产生温差电动势的原因。其大小与哪些因素有关？

　　5. 简述热电偶的几个定律，并说明它们的实用价值。

　　6. 补偿导线的作用是什么？使用时应注意哪些事项？

　　7. 普通热电偶一般由哪几部分构成？

　　8. 热电偶的冷端温度补偿一般有哪些方法？

　　9. 试证明图 5-14 的测温电路中输入到仪表两端的热电动势为两个热电偶输出热电动势的平均值。

　　10. 用镍铬－镍硅（K 型）热电偶测量温度，已知冷端温度为 40℃，用高精度毫伏表测得此时的热电动势为 29.188mV，求被测点的温度。

▶ 延 伸 阅 读

▶ 战役"守门人"，智能测温来助力

　　面对突如其来的新冠病毒疫情，在防控工作中，人流密集区域的个体体温筛查尤为重要，传统测温方式也被高科技的检测系统所取代。AI 检测系统通过前端红外感温相机筛查人流中的体温异常者，系统自动识别体温异常者的人体和人脸信息，发现体温异常者的同时，系统会自动提醒工作人员，从而提高开放场所出入口的通行效率和可控性。在疫情防控的关键期，众多公共场所离不开"守门人"的监护，科技力量也为"守门人"提供强有力的支撑。

　　相关短视频请参看随赠的教学辅助资源。

第6章　光电传感器及其应用

光电传感器是将被测量的变化转换成光信号的变化，然后通过光电元器件转换成电信号。光电传感器属于非接触测量传感器，具有结构简单、可靠性高、精度高、反应快和使用方便等特点，加之新光源、新光电元器件的不断出现，使得光电传感器的品类极其丰富，因而在检测和控制领域中获得了广泛应用。

企业案例引入　光电传感器常用于产品的位置检测和数量检点。图6-1所示为某公司铜精矿车间的散装铜精矿销售运输车辆出厂前全自动检斤计量及全自动清洗检测顺序控制系统。该系统使用了三个漫反射型光电传感器，1#光电传感器安装在称重区中部位置，用作同一车辆经过该区域的次数计数，以及作为全自动检斤计量的精准定位识别检测控制判断条件之一和全自动清洗系统能否正常自动执行的基本条件；2#光电传感器安装在过渡区入口处，作为提前自动起动清洗装置的条件之一；3#光电传感器安装在清洗区出口处，作为重车出场清洗完成，自动停止清洗装置的条件。

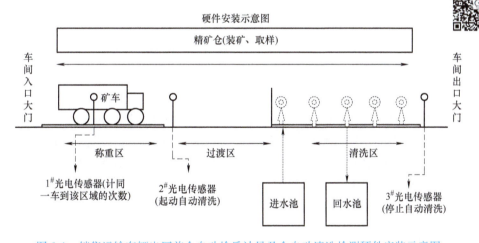

图6-1　销售运输车辆出厂前全自动检斤计量及全自动清洗检测硬件安装示意图

要了解该案例中光电传感器的具体应用，本章先要学习光电传感器的光电效应、各类光电元器件的结构、工作原理、特性、测量电路及光电传感器的各种应用，掌握光电开关及光电断续器的使用。

◇◆ **本章学习的重点：** 光电传感器的光电效应、各类光电元器件的结构、工作原理、测量电路，以及光电开关和光电断续器的使用。

◇◆ **本章学习的难点：** 各类光电元器件的结构、工作原理、特性、测量电路，以及光电传感器的各种应用，光电断续器的使用。

6.1　光电效应及光电元器件

6.1.1　光电效应及其分类

众所周知，光具有波动－粒子双重性，光的粒子学说认为光是由一群光子组成的，每一个光子具有一定的能量，光子的能量 $E = hf$，其中 h 为普朗克常数，f 为光的频率。因此，光的频率越高，光子的能量就越大。光照射在物体上会产生一系列物理或化学效应。例如，光合效应、光热效应、光电效应等。光电传感器的理论基础就是光电效应，即光照射在某一物体上，可以看作被照射物体受到一连串能量为 hf 的光子的轰击，被照射物体的材料吸收了光子的能量而发生相应电效应的物理现象，根据产生电效应的不同物理现象，光电效应大致可以分为以下三类。

1. **外光电效应**　在光照作用下能使电子从物体表面逸出的物理现象称为外光电效应，也称为光电发射效应。属于外光电效应的光电元器件有光电管、光电倍增管、光电摄像管等。

2. **内光电效应**　在光照作用下能使物体电阻率发生变化的现象称为内光电效应，也称为光电导效应。这一类光电元器件有光敏电阻、光电二极管、光电晶体管和光电晶闸管等。

3. **光生伏特效应**　在光照作用下，物体产生一定方向电动势的现象称为光生伏特效应。基于光生伏特效应的光电元器件是光电池。

6.1.2　光电元器件特性及基本测量电路

6.1.2.1　光电管、光电倍增管

1. **结构与工作原理**　光电管基于外光电效应，由真空玻璃管、光电阴极 K 和光电阳极 A 组成。当一定频率的光照射到光电阴极上时，光电阴极吸收了光子的能量便有电子逸出而形成光电子。这些光电子被具有正电位的阳极所吸引，因而在光电管内便形成定向电子流，外电路就有了电流。如果在外电路中串入一适当阻值的电阻，则电路中的电流便转换为电阻上的电压。该电流或电压的变化与光通量呈一定函数关系，从而实现了光电转换。光电管的结构、图形符号（已废除，仅供参考）及基本测量电路如图 6-2 所示。

光电管的灵敏度较低，在微光测量中通常采用光电倍增管。光电倍增管的结构特点是在光电阴极和阳极之间增加了若干个光电倍增极 D，如图 6-3 所示，且外加电位逐级升高，因而逐级产生二次电子发射而获得倍增光电子，使得最终到达阳极的光电子数目猛增。通常光电倍增管的灵敏度比光电管要高出几万倍，在微光下就可产生可观的电流。例如，可用来探测高能射线产生的辉光等，由于光电倍增管有较高的灵敏度，使用时应注意避免强光照射而损坏光电阴极。

2. **特性和参数**

（1）光电特性　指当阳极电压一定时，光电流 I_Φ 与光电阴极接收到的光通量 Φ 之间的关系。图 6-4 为一种光电倍增管的光电特性曲线。从图中曲线可见，在相当宽的范围内，特性曲线为直线，即转换灵敏度为常数。当光通量超过 10^{-2} lm 以后，特性变为非线性，灵敏度下降。

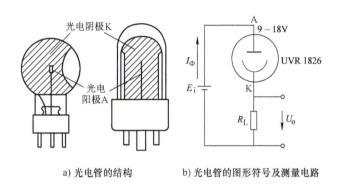

a) 光电管的结构　　　　b) 光电管的图形符号及测量电路

图 6-2　光电管

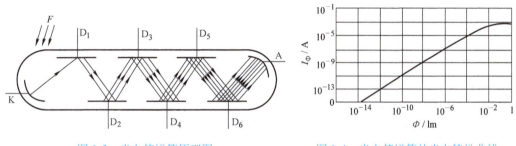

图 6-3　光电倍增管原理图　　　　　　图 6-4　光电倍增管的光电特性曲线

（2）光谱特性　由于不同材料的光电阴极对不同波长的入射光有不同的灵敏度，因此光电管对光谱也有选择性，称之为光谱特性，如图 6-5 所示。图中曲线Ⅰ、Ⅱ为铯氧银和锑化铯阴极对应不同波长光线的灵敏度，Ⅲ为人的视觉光谱特性。

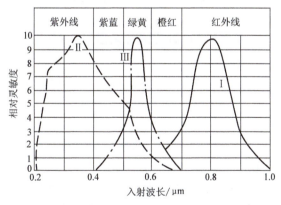

图 6-5　光谱特性曲线

（3）伏安特性　当入射光的频谱及光通量一定时，光电流与阳极电压之间的关系称伏安特性。图 6-6 所示为某种紫外线光电管在不同光通量时的伏安特性，从图中可以看出，当阳极电压 U_A 小于 U_{min} 时，光电流 I_Φ 随 U_A 的增大而增大；当 U_A 大于 U_Z 时，I_Φ 将急剧增大。只有当 U_A 在中间范围时，光电流 I_Φ 才比较稳定。因此，光电管的阳极电压应选择在 U_Q 附近。

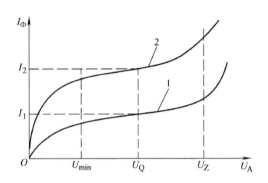

图 6-6　紫外线光电管的伏安特性

1—低照度时的曲线　2—紫外线增强时的曲线

3. 光电倍增管的应用

（1）紫外/可见/近红外光光度计　为确定样品物质的量，可采用连续光谱对物质进行扫描，并利用光电倍增管检测光通过被测物前后的强度，即可得到被测物质的光吸收程度，从而计算出物质的量。

（2）原子吸收分光光度计　分析各种元素时，需要专用的元素灯来照射燃烧并将雾化分离成原子状态的被测物质制成样品，用光电倍增管检测光被吸收的强度，再与预先得到的标准样品进行比较。

（3）旋光仪、糖度计　旋光仪、糖度计是测定物质旋光度的仪器，通过光照度的测定，可以分析物质的浓度、含量及纯度等。

（4）发光分光光度计　样品接收外部照射后会发光，用单色分离器件将特征光谱线显示出来，并用光电倍增管探测是否存在及其强度，可定性或定量检测样品中的各元素。

（5）荧光分光光度计　用光电倍增管检测荧光强度及光谱特性，可定性或定时地分析样品中的成分。

（6）拉曼分光光度计　由于拉曼发光极其微弱，因此检测工作需要复杂的光路系统，且采用单光子计数法。

6.1.2.2　光敏电阻

1. 结构与工作原理　光敏电阻的工作原理基于内光电效应，是一种没有极性的纯电阻元件。它的结构很简单，在半导体光敏材料的两端引出电极，再将其封装在透明管壳内就可构成光敏电阻。为了获得高灵敏度，两电极可做成梳状，以增大极板面积，图 6-7 所示为光敏电阻原理图、结构图、外形图及符号。光敏电阻可加直流电压，也可加交流电压。无光照时，光敏电阻的阻值很大，电路中的电流很小，当光敏电阻受到一定波长范围的光照时，光子能量将被激发，产生电子-空穴对，增强了导电性能，因而阻值降低，电路中的电流相应增加。光照越强，阻值越低。当入射光消失时，光生电子-空穴对逐渐复合，其阻值又恢复到原来数值。

制作光敏电阻的材料种类很多，如硫化镉、硫化铅、硒化镉、硒化铅等，其中硫化镉光敏电阻是目前应用较广泛的一种，光敏电阻的基本应用电路如图 6-8 所示。

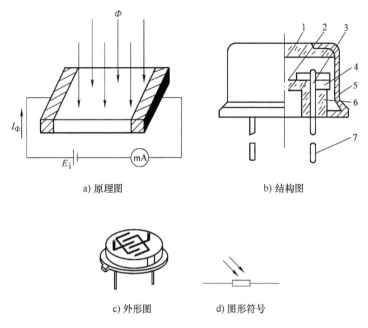

a) 原理图　　　　　　　　b) 结构图

c) 外形图　　　　d) 图形符号

图 6-7　光敏电阻原理图、结构图、外形图及符号
1—玻璃　2—光电导层　3—电极　4—绝缘衬底
5—金属壳　6—黑色绝缘玻璃　7—引线

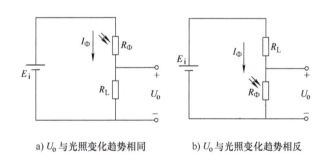

a) U_o 与光照变化趋势相同　　　　　b) U_o 与光照变化趋势相反

图 6-8　光敏电阻基本应用电路

2. 特性和参数

（1）暗电阻和暗电流　置于室温、全暗条件下测得的稳定电阻值称为暗电阻，此时流过电阻的电流称为暗电流。这些是光敏电阻的重要特性指标。

（2）亮电阻和亮电流　置于室温、在一定光照条件下测得的稳定电阻值称为亮电阻，此时流过电阻的电流称为亮电流。

（3）伏安特性　光照度不变时，光敏电阻两端所加电压与流过电阻的光电流关系称为光敏电阻的伏安特性，如图 6-9 所示。从图中可知，伏安特性近似直线，但使用时应限制光敏电阻两端的电压，以免超过虚线所示的功耗区。因为光敏电阻都有最大额定功率、最高工作电压和最大额定电流，超过额定值可能导致光敏电阻的永久性损坏。

（4）光电特性　当光敏电阻两极间电压固定不变时，光照度与亮电流之间的关系称为光电特性，如图6-10所示。光敏电阻的光电特性呈非线性，这是光敏电阻的主要缺点之一。

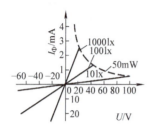

图6-9　光敏电阻的伏安特性

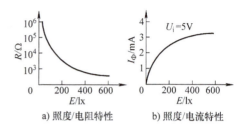

a) 照度/电阻特性　　b) 照度/电流特性

图6-10　光敏电阻的光电特性

（5）光谱特性　不同材料的光谱特性曲线如图6-11所示。光敏电阻对不同波长入射光的光谱灵敏度不相同，而且各种光敏电阻的光谱响应峰值波长也不相同，所以在选用光敏电阻时，应把元件和入射光的光谱特性结合起来考虑，以得到比较满意的效果。

（6）响应时间　光敏电阻受光照后，光电流并不立刻升到最大值，而要经历一段时间（上升时间）才能达到最大值。同样，光照停止后，光电流也需要经过一段时间（下降时间）才能恢复到其暗电流值，这段时间称为响应时间。光敏电阻的上升响应时间和下降响应时间

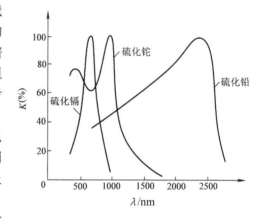

图6-11　光敏电阻的光谱特性曲线

为（$10^{-1} \sim 10^{-3}$）s，故光敏电阻不适用于要求快速响应的场合。

（7）温度特性　光敏电阻和其他半导体器件一样，受温度影响较大。随着温度的上升，它的暗电阻和灵敏度都会下降。

（8）型号参数　常用的光敏电阻的规格、型号及参数参见附录E。

6.1.2.3　光电二极管、光电晶体管、光电晶闸管

光电二极管、光电晶体管和光电晶闸管的工作原理主要基于内光电效应，是重要的光电器件，与光电电阻相比有许多优点，尤其是光电二极管，其响应速度快、灵敏度高、可靠性高，广泛应用于可见光和远红外探测、自动控制、自动报警和自动计数装置等。

1. 光电二极管

（1）结构与工作原理　光电二极管的结构、电路符号与外形如图6-12所示。光电二极管的结构与一般二极管相似，都有一个PN结，并且都是单向导电的非线性器件。但作为光电器件，光电二极管在结构上有其特殊之处，一般光电二极管封装在透明玻璃外壳中，PN结在管子的顶部，

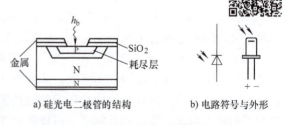

a) 硅光电二极管的结构　　b) 电路符号与外形

图6-12　光电二极管

可以直接受到光的照射，为了提高转换效率、增大受光面积，PN 结的面积比一般二极管的大。

光电二极管的工作原理如图 6-13 所示。光电二极管在电路中一般处于反向偏置状态，无光照时，反向电阻很大，反向电流很小，此反向电流称为暗电流。当 PN 结有光照时，PN 结处产生光生电子－空穴对，光生电子－空穴对在反向偏压和 PN 结内的电场作用下做定向运动，形成光电流，光电流随入射光强度而变化，光照越强，光电流越大。因此，光电二极管在不受光照射时，处于截止状态；受光照射时，光电流方向与反向电流一致。

（2）基本特性

1）光电特性。图 6-14 所示是硅光电二极管在小负载电阻下的光电特性。可见，光电二极管的光电流与照度呈线性关系。

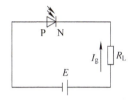

图 6-13　光电二极管的工作原理图

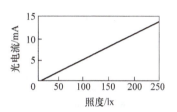

图 6-14　硅光电二极管的光电特性

2）光谱特性。图 6-15 所示为硅光电二极管的光谱响应特性，图中实际值与理论值相差较大，有严重的非线性。当入射波长 $\lambda > 900\mathrm{nm}$ 时，因波长较长，光子能量小于禁带宽度，不能产生电子－空穴对，灵敏度响应下降。对于相同材料，由于波长短的光穿透深度小，使光电流减小，因此当入射波长 $\lambda < 900\mathrm{nm}$ 时，响应也逐渐下降。

3）伏安特性。在保持某一入射光频谱成分不变的条件下，光电二极管的端电压与光电流之间的关系如图 6-16 所示，该图是光电二极管在反向偏压下的伏安特性。当反向偏压较低时，光电流对电压变化比较敏感，这是由于反向偏压加大了耗尽层的宽度和电场强度。随着反向偏压的加大，对载流子的收集达到极限，光电流趋于饱和，这时光电流与所加偏压几乎无关，只取决于光照强度。

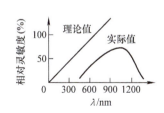

图 6-15　硅光电二极管的光谱响应特性

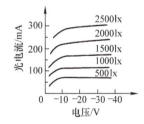

图 6-16　光电二极管的反向偏压伏安特性

4）温度特性。光电二极管的暗电流与温度的关系如图 6-17 所示，由于反向饱和电流与温度密切相关，因此光电二极管的暗电流对温度变化很敏感。

5）频率响应。光电二极管的频率响应是指当其被一定频率的调制光照射时，光电二极管输出的光电流随频率发生变化。光电二极管的频率响应与本身的物理结构、工作状态、负载及入射光波长等因素有关。图 6-18 所示为光电二极管的频率响应曲线,可以看出,当调制频率高于 1000Hz 时,光电二极管灵敏度急剧下降。

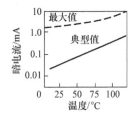

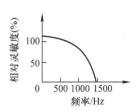

图 6-17　光电二极管暗电流 – 温度特性　　　　　　图 6-18　光电二极管的频率响应曲线

6)型号及参数。光电二极管一般有 2DU 型和 2CU 型两种型号。2CU 型光电二极管的型号及参数见表 6-1。它主要用于光信号接收器件,也可作其他光电自动控制系统的快速接收器件。

表 6-1　2CU 型光电二极管的型号及参数

型　号	波长范围 $\lambda/\mu m$	工作电压 U/V	暗电流 $I_D/\mu A$	灵敏度 $S_n/$ $(\mu A/\mu W)$	响应时间 t/ns	结电容 C_j/pF	光电区	
							面积 A/mm^2	直径 D/mm
2CU101 – A – D	0.5 ~ 1.1	15	< 10	> 0.6	< 5	0.4、1.0、 2.0、5.0	0.06、0.20、 0.78、3.14	0.28、0.6、 1.0、2.0
2CU201 – A – D	0.5 ~ 1.1	50	5、50、 20、40	0.35	< 10	1、1.6、 3.6、13	0.19、0.78、 3.14、12.6	0.5、1.0、 2.9、4.0

2DU 型光电二极管的型号及参数见表 6-2。它主要用于可见光和近红外光探测器,以及光电转换的自动控制仪器、触发器、光电耦合器、编码器、特性识别、过程控制和激光接收等方面。

表 6-2　2DU 型光电二极管的型号及参数

型　号	最高工作 电压 U_{RM}/V	暗电流 $I_D/\mu A$	环电流 $I_H/\mu A$	光电流 $I_L/\mu A$	灵敏度 S_n $/(\mu A/\mu W)$	峰值波长 $\lambda_p/\mu m$	响应时间 t/ns	结电容 C_j/pF	正向压降 U_i/V
2DUAG	50	≤0.05	≥3	>6	>0.4	0.88	<100	<8	<3
2DU1A		≥0.1	≤5						
2DU2A		0.1 ~ 0.3	5 ~ 10						<5
2DU3A		0.3 ~ 1.0	10 ~ 30						
2DUBG		<0.05	<3	>0.2					<3
2DU1B		<0.1							
2DU2B		0.1 ~ 0.3	5 ~ 10						<5
2DU3B		0.3 ~ 1.0	10 ~ 30						

其他型号的光电二极管(如 2CU1 – 2CU4 型)可用于可见光及近红外光的接收、自动控制仪器和电气设备的光电转换系统,而 2CU80 型为低照度宽光谱光电二极管,可用于多

段亮度计、地物光谱仪及微弱光的探测。

2. 光电晶体管

（1）结构与工作原理　光电晶体管的结构同普通晶体管一样，有 PNP 型、NPN 型。有两个 PN 结，也有电流增益。多数光电晶体管的基极没有引出线。所以在外形上与光电二极管相似，应注意区分。在电路中，同普通晶体管的放大状态一样，其集电结反偏，发射结正偏。反偏的集电结受光照控制，光电转换原理同光电二极管，产生的光电流相当于普通晶体管的基极电流。因而在集电极上产生 β 倍的光电流，所以光电晶体管比光电二极管有着更高的灵敏度。我们可以形象地用一只光电二极管和普通晶体管的组合来等效光电晶体管。图 6-19 为 NPN 型光电晶体管的原理结构、等效电路、图形符号及两种常用应用电路。射极输出电路的输出电压与光照的变化趋势相同，而集电极输出恰好相反。此外，光电晶体管还可做成复合管型式，如图 6-20 所示，将光电晶体管与另一只普通晶体管做在一个管壳里，称为达林顿光电晶体管。它有更高的灵敏度，即 $\beta = \beta_1\beta_2$，正因为如此，达林顿光电晶体管的漏电流（暗电流）也大，且频响较差，温漂也大，但它可以有较大的输出电流。

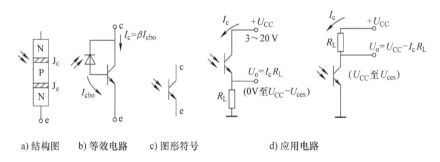

a) 结构图　　b) 等效电路　　c) 图形符号　　　　d) 应用电路

图 6-19　NPN 型光电晶体管

（2）基本特性

1）伏安特性。与二极管相比，光电晶体管的集电极电流是光电流的 β 倍，所以光电晶体管具有放大作用。由于输入电流 i_g 不同时，电流增益 β 不同，而 β 的非线性使光电晶体管的输出信号与输入信号之间没有严格的线性关系，这是光电晶体管的不足之处。光电晶体管伏安特性曲线如图 6-21 所示。

图 6-20　达林顿光电晶体管

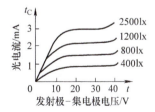

图 6-21　光电晶体管伏安特性曲线

2）光谱特性。光电晶体管的光谱特性如图 6-22 所示。可以看出，硅材料的光电晶体管峰值波长在 $0.9\mu m$（可见光）附近时灵敏度最大，锗材料的光电晶体管峰值在波长约为 $1.5\mu m$（红外光）时灵敏度最大，当入射光的波长增加或减少时，它们的相对灵敏度均下降。一般情况下，锗管的暗电流较大，因此性能较差，所以在探测可见光或赤热体时，大多采用硅管，但对红外光进行探测时，用锗管较适宜。

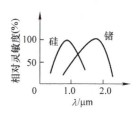

图 6-22 光电晶体管的光谱特性

3）温度特性。光电晶体管的温度特性是指暗电流、光电流与温度的关系，温度对光电流影响较小，对暗电流（无光照）影响较大，在电路中应对暗电流进行温度补偿。

4）型号及参数。3DU 系列光电晶体管的型号及参数见表 6-3，它主要用于近红外光探测器以及光电耦合、编码器、译码器和过程控制等方面。

表 6-3　3DU 系列光电晶体管的型号及参数

型　号	反向击穿电压 $U_{(BR)CE}/V$	最高工作电压 $U_{(RM)CE}/V$	暗电流 $I_D/\mu A$	光电流 I_L/mA	开关时间/μs				峰值波长 $\lambda_p/\mu m$	最大功率 P_M/mW
					T_r	t_d	T_f	T_g		
3DU11、12、13	>15、45、75	>10、30、50		0.5~1.0						30、50、100
3DU21、22、23	>15、45、75	>10、30、50	<0.3	1.0~2.0	<3	<2	<3	<1	0.88	30、50、100
3DU31、32、33	>15、45、75	>10、30、50		>2.0						30、50、100

表 6-4 所示为"紫外－可见－近红外"硅光电晶体管的型号及参数，它主要用于炮筒高温退火、印染颜色的识别与控制及光照度测量等方面。

表 6-4　"紫外－可见－近红外"硅光电晶体管的型号及参数

型　号	光电流 I_L/mA	暗电流 $I_D/\mu A$	波长范围 $\lambda/\mu m$	紫外光电流 $I_Z/\mu A$
3DU100A	>0.5	<0.1	0.3~1.05	>10
3DU100B		<0.05		

表 6-5 所示为 3DU912 型高灵敏度光电晶体管的型号及参数，它可用于光电计数、自动控制、转速测量、自动报警、近红外通信与测量等装置，还可用于电子计算机的纸带读取、文字读取等输入装置及光电耦合电路、光符号传感器中。

表 6-5　3DU912 型高灵敏度光电晶体管的型号及参数

型　号	最高工作电压 U_{max}/V	光电流 I_L/mA	光电响应时间 t/s	最大电流 I_{cm}/mA	最大耗散功率 P_{cm}/mW	最高结温 $T_{JM}/℃$
3DU912	10	2				
3DU912A	15					
3DU912B		10	$10^{-3}~10^{-4}$	20	100	100
3DU912C	30	5				
3DU912D		10				

表 6-6 所示为 ZL 型硅光电晶体管的型号及参数，它是一种光谱响应范围很宽的光电晶体管，对蓝紫光比较灵敏，对近紫外光也有一定的响应，对黄、绿、红光及近红外光也很灵敏，可用于多波段亮度计、光电传真机和近紫外光探测装置等。

表 6-6　ZL 型硅光电晶体管的型号及参数

型　号	波长范围 $\lambda/\mu m$	峰值波长 $\lambda_p/\mu m$	最高工作电压 U/V	暗电流 $I_D/\mu A$	光电流 1000lx $U_{cc}=6V$ I_L/mA
ZL – 1				≤1	1.5
ZL – 2					2.0
ZL – 3	0.3 ~ 1.05	0.7	6	≤0.1	4.0
ZL – 4					2.0
ZL – 5					4.0

3. 光电晶闸管　光电晶闸管的结构、符号及应用电路如图 6-23 所示。同普通晶闸管一样，也有三个引出电极，阳极 A、阴极 K 和门极 G，有三个 PN 结，即 J_1、J_2、J_3。在电路中，阳极接电源正极，阴极接电源负极，门极可悬空。这时，J_1、J_3 正偏，J_2 反偏。反偏的 PN 结在透明管壳的顶部，相当于受光照控制的光电二极管。光照射 J_2 产生的光电流相当于普通的晶闸管的门极电流，当光电流大于某一阈值时，光电晶闸管触发导通。由于晶闸管一旦导通，门极就失去作用，所以，即使光照消失，光电晶闸管仍然维持导通。要切断已触发导通的光电晶闸管，必须将阳极电压反向或使阳极电流小于维持电流。

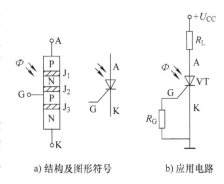

a) 结构及图形符号　　b) 应用电路

图 6-23　光电晶闸管

光电晶闸管的导通电流比光电晶体管大得多。工作电压可达数百伏，因此，其最大特点是输出功率大，在自动检测与控制中得到了广泛应用。

6.1.2.4　光电池

光电池的工作原理基于光生伏特效应，光电池是可以直接将光能转换成电能的器件，是典型的有源器件。由于光电池常用于将太阳能转换为电能，因此又称为太阳能电池，广泛用于宇航等的电源，另有一类应用于检测和自动控制等设备中。光电池的种类很多，有硅、砷化镓、硒、锗、硫化镉等光电池。其中，应用最广泛的是硅光电池，其性能稳定、光谱范围宽、频率特性好、传递（转换）效率高且价格便宜。

1. 结构及工作原理　硅光电池是在 N 型硅片上渗入 P 型杂质而形成一个大面积的 PN 结，如图 6-24 所示。P 层做得很薄，从而使光线能穿透到 PN 结上，由电子技术可知，P 型半导体与 N 型半导体的结合，由于多子的扩散，在结合面形成 PN 结，同时建立内电场。由于内电场的建立，将阻止多子的进一步扩散，即 N 区的电子向 P 区扩散，P 区的空穴向 N 区扩散，但却推动了少子的漂移运动，由于少子的数量有限，漂移没有明显结果。当光照射在 PN 结上，只要光子有足够的能量，就将在 PN 结附近激发产生电子 – 空穴对，这种由光激发生成的电子 – 空穴对称为光生载流子。在结电场的作用下，电子被推向 N 区，而空穴被拉向 P 区。这种推拉作用使得 N 区积累了多余电子而形成光电池的负极，而 P 区因积累了空穴而成为光电池的正极，因而两电极之间便有了电位差。这就是光生伏特效应。

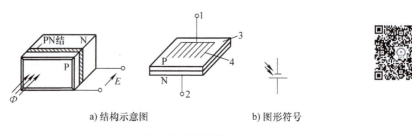

a) 结构示意图　　　　　b) 图形符号

图 6-24　光电池结构及图形符号

1—上电极　2—下电极　3—SiO₂　4—栅状受光电极

光电池短路电流检测原理如图 6-25 所示，用于检测的普通光电池一般可产生 0.2～0.6V 电压、50mA 电流。

2. 基本特性

（1）光电特性　光电池的光电特性如图 6-26 所示，该特性主要由短路电流、开路电压两个特征描述。从特性曲线可以看出，短路电流与光照强度成正比，有较好的线性关系，而开路电压随光照强度的变化是非线性的。

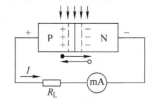

图 6-25　光电池短路电流检测原理

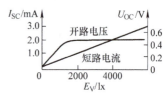

图 6-26　光电池的光电特性

短路电流 I_{SC} 是指外接负载电阻 R_L 相对于光电池内阻很小时的光电流值。短路电流 I_{SC} 与照度 E_V 之间的关系称为短路电流曲线，短路电流曲线在很大范围内与光照度呈线性关系，因此，光电池作为测量元件使用时，一般不作电压源使用，而作为电流源应用。

光生电动势与照度 E_V 之间的关系为开路电压曲线，开路电压与光照度呈非线性关系，在照度为 2000lx 以上趋于饱和，通常作电压源使用时利用这一特性。但曲线上升部分灵敏度高，因此适于作开关元件。

实验证明，负载电阻 R_L 越小，曲线线性越好，线性范围越宽。图 6-27 所示为光电池的光照强度与负载的关系特性曲线，通常情况下，选择负载电阻在 1000Ω 以下为好，此时光电池可作为线性检测元件。

（2）光谱特性　光电池对不同波长光的灵敏度也是不同的，图 6-28 所示分别为硅光电池、硒光电池和锗光电池的光谱特性曲线。由图可见，不同材料的光电池光谱响应的最大灵敏度峰值所对应的入射波长不同，硅光电池的光谱响应峰值在 0.8μm 附近，波长范围为 0.4～1.2μm，硒光电池的光谱响应峰值在 0.5μm 附近，波长范围为 0.38～0.75μm。其中，硅光电池适于接受红外光，可以在较宽的波长范围内应用。

（3）频率特性　光电池的频率特性是指输出电流相对灵敏度与光的调制频率之间的关系。如图 6-29 所示，硅、硒光电池的频率特性大不相同，硅光电池具有较好的频率响应特性，这是它的突出优点。在一些测量系统中，光电池常作为接收器件，测量调制光（明暗变化）的输入信号，所以高速计数器的转换一般采用硅光电池作为传感器元件。

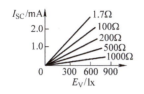

图 6-27　光电池光照强度与负载的关系

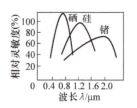

图 6-28　光电池光谱特性曲线

（4）温度特性　温度特性是描述光电池的开路电压 U_o、短路电流 I 随温度 t 变化的特性。从图 6-30 中可以看出，开路电压随温度增加而下降的速度较快，而短路电流随温度上升而缓慢增加，由于温度漂移而影响到测量准确度时，应采取相应措施给予补偿。

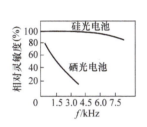

图 6-29　光电池频率特性

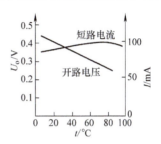

图 6-30　光电池的温度特性

（5）型号及参数　2CR 型硅光电池特性参数参见附录 F。

3. 光电池短路电流测量电路　由光电特性可知，要想得到光电流与光照度的线性关系，光电池的负载必须短路，直接测量短路电流很困难，如果将电流转换为电压测量就容易多了。图 6-31 所示为光电池短路电流测量电路，它是由集成运放组成的 $I-U$ 转换

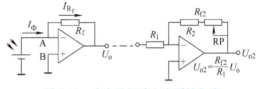

图 6-31　光电池短路电流测量电路

电路。运算放大器相当于光电池的负载，由于运算放大器的开环放大倍数 A_{ud} 趋近于无穷大，所以 U_{AB} 趋近于零，即 A 为虚地（相当于 A 点对地短路）。因为光电池的负载满足了短路条件，所以 $I_{R_f} = I_\Phi$，输出电压 U_o 为

$$U_o = -U_{R_f} = -I_\Phi R_f \tag{6-1}$$

从式（6-1）可知，该电路的输出电压 U_o 与光电流 I_Φ 成正比，从而达到 $I-U$ 转换的目的。

4. 光电池的电路连接　图 6-32 所示为光电池电路的几种连接方法。光电池作为控制元件时通常要接非线性负载（如晶体管），由于锗光电池与硅光电池的特性不同，连接时需要特别注意。因为锗晶体管的发射结导通压降为 0.2 ~ 0.3V，硅光电池的开路电压可达 0.5V，所以可直接将硅光电池接入晶体管的基极，控制晶体管工作，如图 6-32a 所示。光照度发生变化时，硅光电池上电压变化引起基极电流 I_b 变化，引起集电极电流发生 β 倍的变化，电流 I_C 与光照度呈近似的线性关系。

硅晶体管的发射结导通电压为 0.6 ~ 0.7V，光电池的 0.5V 电压对基极无法起到控制作用，这时可以将两个光电池串联后接入晶体管基极，如图 6-32b 所示，或者采用偏压电阻和

二极管产生附加电压。光电池作为电源使用时，应根据使用要求进行连接。需要高电压时，应将光电池串联使用，如图6-32c所示；需要大电流时，可将光电池并联使用，连接方法如图6-32d所示。

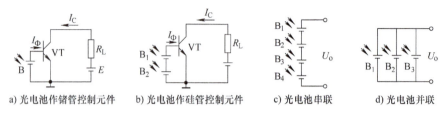

a) 光电池作锗管控制元件　　b) 光电池作硅管控制元件　　c) 光电池串联　　d) 光电池并联

图 6-32　光电池电路连接图

6.2　光电开关及光电断续器

光电开关和光电断续器是常用的开关式光电传感器，主要用来检测物体的靠近、通过等状态。目前，光电开关及光电断续器已做成系列产品，品种规格齐全，可根据需要选用适当规格的产品，而不必自行设计光路和电路，使用极其方便，因而广泛用于生产流水线、自动控制等各方面开关量的检测。

光电开关和光电断续器从原理上讲是一样的，都是由红外线发射元件与光电接收元件组成，所不同的是光电断续器是整体结构，因而检测距离小，只有几毫米至几十毫米，而光电开关可根据检测现场灵活安装，检测距离可达几米甚至几十米。

6.2.1　光电开关

根据光线的走向，光电开关分为两类：直射型和反射型。如图 6-33a 所示，发射器和接收器相对安放在一条轴线上。当有物体在两者中间通过时，红外光束被遮断，接收器因接收不到红外线而产生一个电脉冲信号。这种光电开关的检测距离最长可达十几米。反射型光电开关又可分为图 6-33b、c 两种：反射镜反射型和被测物漫反射型（简称散射型）。反射型传感器为单侧安装，但反射镜反射型光电开关安装时应根据被测物体的距离调整反射镜的角度以取得最佳反射效果，它的检测距离不如直射型，一般仅为几米。散射型光电开关安装最为方便，因为只要不是全黑的物体均能产生漫反射，正因为光电接收元件接收的是漫反射光线，所以散射型光电开关的检测距离更小，只有几百毫米。

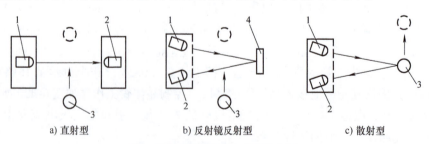

a) 直射型　　　　　b) 反射镜反射型　　　　　c) 散射型

图 6-33　光电开关类型及其应用

1—发射器　2—接收器　3—被测物　4—反射镜

光电开关中的红外光发射器一般采用功率较大的红外发光二极管（红外 LED），而接收器可采用光电晶体管或光电池。为防止由于其他光源的干扰而产生误动作，可在光电元件表面加装红外滤光透镜。红外 LED 最好用高频（如 40kHz）脉冲电流驱动，从而发射 40kHz 的调制光脉冲。相应地，接收光电元器件的输出信号经 40kHz 的选频交流放大器及解调处理后，也可有效防止其他光源的干扰。

6.2.2 光电断续器

光电断续器的工作原理与光电开关相同，结构上将光电发射器、光电接收器做在体积很小的同一塑料壳体中，所以不需要调整安装位置。如图 6-34 所示，光电断续器也分为直射型和反射型两种，直射型（也称槽式）光电断续器槽宽、槽深且光电元件已有系列化产品可供选择，反射型光电断续器检测距离较小，多用于安装空间较小的场合。

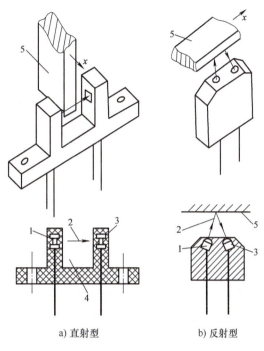

a) 直射型   b) 反射型

图 6-34 光电断续器
1—发光二极管 2—红外光 3—光电元器件
4—槽 5—被测物

6.3 光电式传感器的应用

光电式传感器由光源、光学元器件和光电元器件组成光路系统，结合相应的测量转换电路而构成。常用的光源有白炽灯和发光二极管，常用的光学元器件有反射镜、透镜和半反半透镜等。

光电式传感器按其输出量的不同可分为模拟式和脉冲式光电传感器两大类型。

模拟式光电传感器的原理是基于光电元器件的光电流随光通量的变化而变化，而光通量又随被测非电量的变化而变化，这样光电流就成为被测非电量的函数。

脉冲式光电传感器的作用方式是光电元器件的输出仅有两种稳定状态，即"通"与"断"的开关状态，所以也称为光电元器件的开关运用状态。

无论哪一类型，影响光电元器件接收量的因素可能是光源本身的变化，也可能是由光学通路所造成的，通常有图 6-35 所示的几种形式。

1）如图 6-35a 所示，被测物是光源，它可以直接照射在光电元器件上，也可以经过一定的光路后作用到光电元器件上，光电元器件的输出反映了光源本身的某些物理参数。

2）如图 6-35b 所示，将被测物放在光学通路中，光源的部分光通量由被测物吸收，剩余的投射到光电元器件上，被吸收的光通量与被测物的透明度有关。

3）如图 6-35c 所示，光源发出的光投射到被测物上，再从被测物体反射到光电元器件上。反射光通量取决于反射表面的性质、状态和其与光源之间的距离。

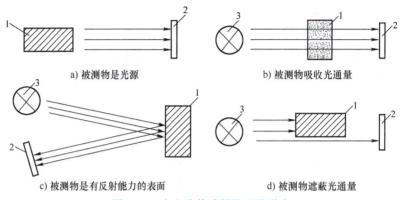

a) 被测物是光源   b) 被测物吸收光通量

c) 被测物是有反射能力的表面   d) 被测物遮蔽光通量

图 6-35   光电式传感器的几种形式

1—被测物   2—光电元器件   3—恒光源

4）如图 6-35d 所示，光源发出的光通量经被测物遮去了一部分，使作用到光电元器件上的光通量减弱，减弱的程度与被测物在光学通路中的位置有关。

在图 6-1 所示某公司铜精矿车间散装铜精矿销售运输车辆出厂前全自动检斤计量及全自动清洗检测顺序控制系统中，空车进场到重车出场的全过程为自动判断：空车车辆先从车间的入口大门进入称重区，到达称重区中间，这时 1# 光电传感器动作，将信号发给控制器，控制器将对该车计次数为 1，判断为空车进场，同时检斤计量系统的精准定位信号被触发，自动进行空车除皮称重计量；之后进入过渡区和清洗区后端进行装矿和取样等操作，这时，因为 1# 光电传感器计数为 1，所以在过渡区和清洗区的 2#、3# 光电传感器信号不起作用，清洗装置不会自动起动。重车装矿完毕后，退回到称重区，通过 1# 光电传感器进行再次检斤计量的精准定位判断，进行所装精矿的自动称重检斤计量，同时称重区的 1# 光电传感器第二次动作，将信号发给控制器，控制器将对该车进行计次数为 2，判断该车为待清洗重车，作为后续该车出场经过过渡区和清洗区的自动起动清洗装置的先决条件；该判断单元的结果送入清洗过程检测与自动控制单元。自动检斤计量执行过程：精矿车两次进入称重区，对检斤计量精准定位 1# 光电传感器进行两次信号触发，作为称重系统自动起动的基本条件之一，其再配合称重系统其他检测控制单元完成自动除皮和称重。该传感器的第二次高电频信号触发时，控制器计数为 2，此时该信号传送给称重系统，配合称重系统的其他检测控制元器件自动完成该精矿车称重的检斤计量工序。在全自动检斤计量和全自动清洗工序均执行完成后，控制器对 1# 光电传感器计数和其他使用数据进行复位和初始化。

6.3.1   模拟式光电传感器

1. 光电比色温度计   根据有关的辐射定律，物体在两个特定波长 λ_1、λ_2 上的辐射强度 I_{λ_1}、I_{λ_2} 之比与该物体的温度呈指数关系。

$$\frac{I_{\lambda_1}}{I_{\lambda_2}} = K_1 \mathrm{e}^{-K_2/T} \tag{6-2}$$

式中，K_1、K_2 是与 λ_1、λ_2 及物体的黑度有关的常数。

因此，只要测出 I_{λ_1} 与 I_{λ_2} 之比，就可根据式（6-2）算出物体的温度 T。图 6-36 所示为光电比色温度计工作原理图。

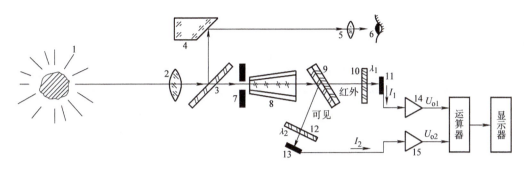

图 6-36　光电比色温度计工作原理图

1—高温物体　2—物镜　3—半反半透镜　4—反射镜　5—目镜　6—观察者的眼睛
7—光阑　8—光导棒　9—分光镜　10、12—滤光片　11、13—硅光电池　14、15—电流/电压转换器

测温对象发出的辐射光经物镜 2 投射到半反半透镜 3 上，它将光线分为两路：第一路光线经反射镜 4、目镜 5 到达观察者的眼睛，以便瞄准测温对象；第二路光线穿过半反半透镜成像于光阑 7，通过光导棒 8 混合均匀后投射到分光镜 9 上，分光镜的功能是使红外光通过，可见光反射。红外光透过分光镜到达滤光片 10，滤光片的功能是进一步滤光，它只让红外光中的某一特定波长 λ_1 的光线通过，最后被硅光电池 11 所接收，转换为与辐射强度 I_{λ_1} 成正比的光电流 I_1。滤光片 12 的作用是只让可见光中的某一特定波长 λ_2 的光线通过，最后被硅光电池 13 所接收，转换为与辐射强度 I_{λ_2} 成正比的光电流 I_2。这里应当考虑是取光电池的开路电压特性还是短路电流特性。当然由于所测的是光源的辐射温度，所以应把光电池作为电流源而取得光电流 I_1、I_2，随后再经电流/电压转换器 14、15 转换为电压 U_{o1}、U_{o2}，经运算电路算出 U_{o1}/U_{o2} 的值，由于 U_{o1}/U_{o2} 的值正比于 $I_{\lambda_1}/I_{\lambda_2}$，因而根据式(6-2)即可计算出被测物的温度 T，最后由显示器显示出来。

2. 光电式浊度计　水资源是很宝贵的，环境污染对水资源的破坏已引起人们的重视，水浊度的检测是水文资料的重要内容之一。图 6-37 所示为光电式浊度计工作原理图。

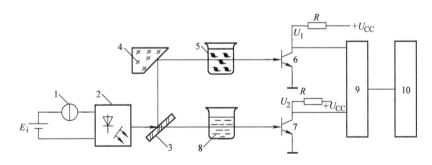

图 6-37　光电式浊度计工作原理图

1— 恒流源　2—半导体激光器　3—半反半透镜　4—反射镜　5—待测水样
6、7—光电晶体管　8—标准水样　9—运算器　10—显示器

光源发出的光经半反半透镜分成两束强度相等的光线：一路光线穿过标准水样 8 到达光电晶体管 7 上，产生作为标准水样的电信号 U_2；另一路光线穿过待测水样 5 到达光电晶体管 6 上，其中一部分光线被待测水样介质吸收，待测水样越浑浊，光线衰减量越大，到达光

电晶体管6的光通量就越小，通过光电晶体管转换成与浊度成正比的电信号 U_1，再经运算器计算出 U_1、U_2 的比值，并进一步算出被测水的浊度。

采用半反半透镜3、标准水样8及光电晶体管7作为参比通道的好处是：当光源的光通量由于种种原因有所变化或因环境温度变化引起光电晶体管灵敏度发生改变时，由于两个通道结构完全一样，在最后运算 U_1/U_2 值时，上述误差可自动抵消，减小了测量误差。根据这种测量方法也可以制作烟雾报警器，从而及时发现火灾。

3. 测量工件尺寸和位移　利用光电式传感器还可以检测工件的尺寸（如直径、宽度等），控制工件的位置，测量位移。

图6-38所示为一个光电式带材跑偏仪中的边缘位置检测装置及其测量电路。带材跑偏控制装置是用于冷轧带钢生产过程中控制带钢运动方向的一种装置。在冷轧带钢厂的某些工艺采用连续生产方式，如连续酸洗、连续退火和连续镀锡等，在这些生产线中，带钢在运动过程容易发生跑偏，从而使带材的边缘与传送机械发生碰擦，会导致带材产生卷边和断带，造成废品，同时也会使传送机械受损，所以在自动生产过程中必须自动检测带材的跑偏量并随时给予纠偏，保证生产线高速运行。光电带材跑偏仪就是为检测带材跑偏并提供纠偏信号而设计的，它由光电式边缘位置传感器、测量电桥和放大器等元器件组成。

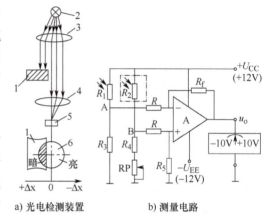

a) 光电检测装置　　b) 测量电路

图6-38　光电式边缘位置检测装置及测量电路
1—被测带材　2—白炽灯　3、4—透镜
5—光敏电阻　6—遮光罩

如图6-38a所示，光电式边缘位置检测装置的白炽灯2发出的光线经透镜3汇聚为平行光线投射到透镜4，通过透镜4汇聚到光敏电阻5（R_1）上。在平行光线投射的路径中，有部分光线被带材遮挡一半，从而使光敏电阻接收到的光通量减少一半。如果带材往左（或往右）跑偏，则光敏电阻接收到的光通量将增加（或减少）。图6-38b是其测量电路。R_1、R_2 为同型号的光敏电阻，R_1 作为测量元件安置在带材边沿的下方，R_2 用遮光罩罩住，起温度补偿作用。当带材处于中间位置时，由 R_1、R_2、R_3、R_4 组成的电桥平衡，放大器输出电压 u_o 为零。当带材左偏时，遮光面积减少，光敏电阻 R_1 的阻值随之减少，电桥失去平衡，放大器将这一不平衡电压加以放大，输出负值电压 u_o，反映出带材跑偏的大小与方向。反之，带材右偏，放大器输出正值电压 u_o。输出电压可以用显示器显示偏移方向与大小，同时可以供给执行机构，纠正带材跑偏的偏移量。RP为微调电桥的平衡电阻。

6.3.2　脉冲式光电传感器

脉冲式光电传感器的作用方式是光电元件的输出仅有两种稳定状态，也就是"通"与"断"的开关状态，所以也称为光电元件的开关运用状态。

1. 物体长度及运动速度的检测　在实际工作中，经常要检测工件的运动速度或长度，图6-39所示就是利用光电元件检测运动物体的速度示意图。

当工件自左向右运动时，光源 A 的光线首先被遮断，光敏元件 V_A 输出低电平，触发 RS 触发器，使其置 "1"，与非门打开，高频脉冲可以通过，计数器开始计时。当工件经过设定的 S_0 距离而遮断光源 B 时，光敏元件 V_B 输出低电平，RS 触发器置 "0"，与非门关断，计数器停止计数。若高频脉冲的频率 $f = 1\,\mathrm{MHz}$，周期 $T = 1\,\mu\mathrm{s}$，计数器所计脉冲数为 N，则可得出工件通过已知距离 S_0 所耗时间 $t = NT = N\,\mu\mathrm{s}$，工件的运动平均速度 $v = S_0/t = S_0/NT$。

要测出该工件的长度，读者可根据上述原理自行分析。

2. 光电式转速计　光电式转速计是将转速的变化变换成光通量的变化，再经过光电元器件转换成电量的变化。根据其工作方式可分为反射式和直射式两类。

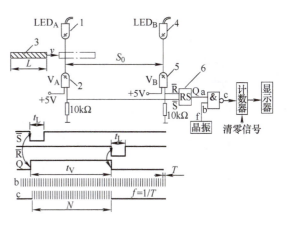

图 6-39　光电元件检测运动物体
的速度（长度）示意图

1—光源 A　2—光敏元件 V_A　3—运动物体
4—光源 B　5—光敏元件 V_B　6—RS 触发器

反射式光电转速计的工作原理如图 6-40a 所示。金属箔或反射纸带沿被测轴 1 的圆周方向按均匀间隔贴成黑白反射面。光源 3 发射的光线经过透镜 2 成为均匀的平行光，照射到半透明膜片 6 上。部分光线透过膜片，部分光线被反射，经聚光镜 7 照射到被测轴上，该轴旋转时，反射光经聚焦透镜 5 聚焦后照射在光电元器件上产生光电流。由于转轴 1 上有黑白间隔，转动时将获得与转速及黑白间隔数有关的光脉冲，使光电元器件产生相应的电脉冲。当间隔数一定时，电脉冲数便与转速成正比，电脉冲送至数字测量电路，即能计数和显示。

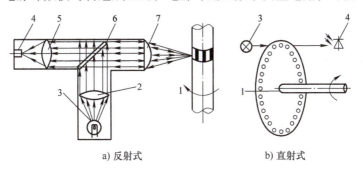

a) 反射式　　　　　　b) 直射式

图 6-40　光电式转速计

1—转轴　2—透镜　3—光源　4—光电元器件
5—聚焦透镜　6—膜片　7—聚光镜

直射式光电转速计的工作原理如图 6-40b 所示。转轴 1 上装有带孔的圆盘，圆盘的一边设置光源 3，另一边设置光电元器件 4，圆盘随轴转动，当光线通过小孔时，光电元器件产生一个电脉冲，转轴连续转动，光电元器件就输出一列与转速及圆盘上孔数成正比的电脉冲数，在孔数一定时，脉冲数就和转速成正比。电脉冲输入测量电路后被放大和整形，再送入频率计显示，也可专门设计一个计数器进行计数和显示。

3. 光电断续器的应用　光电断续器是一种价格便宜、结构简单、性能可靠的光电元器件。

它广泛应用于自动控制系统、生产流水线、机电一体化设备和家用电器中。例如，在复印机和打印机中，它被用作检测复印纸的有无；在流水线上检测细小物体的通过及透明物体的暗色标记；检测印制电路板元件是否漏装及检测物体是否靠近等。图 6-41 给出了光电断续器的部分应用。

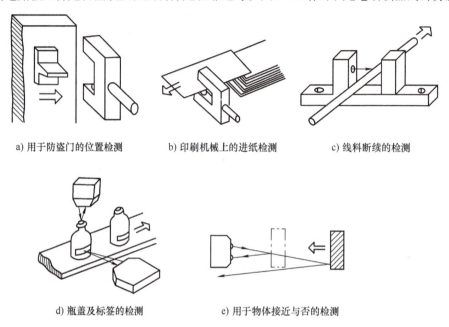

a) 用于防盗门的位置检测　　　b) 印刷机械上的进纸检测　　　c) 线料断续的检测

d) 瓶盖及标签的检测　　　　e) 用于物体接近与否的检测

图 6-41　光电断续器的部分应用实例

6.4　热释电元件及红外人体检测

红外辐射的本质是热辐射。当物体温度高于绝对零度时，都有红外线向周围空间辐射，红外辐射和所有电磁波一样，是以波的形式在空间直线传播的。温度不同，辐射的红外波长也不同。热释电传感器是众多红外探测方法中的一种，可用于红外波段的辐射测温，尤其是对移动人体的检测，如防盗装置、自动门、自动灯的信号探测方面得到了广泛应用。

6.4.1　热释电效应及传感器结构

热释电元件和压电陶瓷一样，都是铁电体，除具有压电效应外，当其表面温度发生变化时，也将引起表面电荷的变化，这种现象就是热释电效应。用具有这种效应的介质制成的元器件称为热释电元件。热释电辐射传感器由滤光片、热释电元件、高输入阻抗放大器等组成，如图 6-42 所示。由于热释电元件的内阻抗极高，需要场效应晶体管作阻抗变换，制作中把热释电元件和场效应晶体管封装在同一壳体里，为防止可见光对热释电元件的干扰，还得在其表面安装一块滤光片。滤光片的波段范围应选择与被测物体的红外辐射波长一致，例如，作为人体红外探测，滤光片应选取 $7.5 \sim 14\mu m$ 波段，因为人体温度为 36℃ 时，辐射的红外线在 $9.4\mu m$ 处最强。

由于热释电元件不像其他光电元器件那样可连续接受光照，因为极化电荷在元器件表面停留过久就会与环境中的电荷中和或者泄漏，即表面温度只有在变化过程中才会有信号输

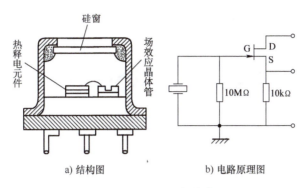

a) 结构图 b) 电路原理图

图 6-42 热释电辐射传感器

出，但大部分物体的红外辐射是恒定的。所以，必须对红外辐射进行调制，使恒定的辐射变为交变辐射。我们只须在热释电传感器前面安装一片遮光叶片，由慢速电动机带动即可。传感器输出电压平均值与红外线的辐射强度成正比，由此而得到被测物体的温度。

6.4.2 用于人体探测的热释电传感器

防盗装置、自动门及自动灯可根据人体移动来实现控制。图 6-43 所示是热释电型人体检测原理图，其中热释电传感器的外形、分体结构、内部电气接线图如图 6-44 所示，将两片相同的热释电元件做在同一晶片上，并且按图 6-44 所示方法反向串联，由场效应晶体管放大后输出。这种结构的特点：当因环境影响或某一辐射能量而使整个晶片温度变化时，热释电元件所产生的信号大小相等，方向相反，所以串联后没有信号输出。只有当两个热释电元件的温度变化不一致时，它们的输出信号才不会被抵消。当然，作为移动人体的红外辐射也是同时作用在两个元器件上的，所以还得配有特制的光学透镜——菲涅尔透镜。菲涅尔透镜是由一组多单元平行的棱柱型透镜组成的，如图 6-43a 所示。菲涅尔透镜罩在热释电元件上，相当于给热释电元件戴了副眼镜，从热释电元件往前看，它的视觉被分割成一个个单元，相邻的单元透镜视场是断续的，也不重叠，都相隔一个盲区。当人体在透镜的监视范围内运动时，热释电元件是一会儿"看得见"，一会儿又"看不见"，再一会儿又"看得见"……这样，就将人体恒定的红外辐射变成交变辐射。更重要的是，两片热释电元件是平行放置共用一块透镜，由于与棱镜的角度不一样，这两片热释电元件是一个"看得见"，另一个"看不见"，再一个"看不见"，另一个"看得见"，这就使得两个元件的表面温度变化不一致，所以它们的信号就不会被抵消，从而区别于太阳光和其他光线以连续光的形式作用于热释电元件。因此，你如果静止不动地站在自动门前，它是不会给你开门的。

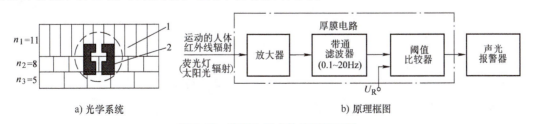

a) 光学系统 b) 原理框图

图 6-43 热释电型人体检测原理图

1—菲涅尔透镜 2—热释电传感器

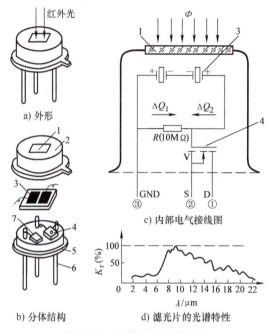

图 6-44 红外热释电传感器

1—滤光片 2—管帽 3—敏感元器件 4—放大器 5—管座 6—引脚 7—高阻值电阻

复习思考题

1. 比较光敏电阻和光电晶体管的光电特性，从中可以得到什么结论？

2. 温度变化对光电晶体管的工作有什么影响？在微光测量、高精度测量中应如何选择光电元器件？

3. 简述光电池的光电特性及应用。

4. 根据硅光电池的光电特性，在4000lx的光照下要得到2V的输出电压，需要几片光电池？应如何连接？

5. 图6-38光电式边缘位置检测装置中的光电元器件是否可以采用光敏电阻？请画出原理图及测量电路。

6. 设计两个简单的光控开关电路，加有一级电流放大（采用普通晶体管）控制继电器。一个是有强光照射时继电器吸合；另一个是有强光照射时继电器释放。请分别画出它们的电路图，并简述其工作原理。

7. 请设计一光电开关用于生产流水线的产量计数，画出结构简图，并简要说明。为防止荧光灯及其他光源的干扰，设计中应采取什么措施。

 延伸阅读

▶ "天问一号"环绕器火星探测高清影像

"天问一号"环绕器是在离火星大约5000km的距离探测拍摄火星图片的，而且一直处于动态飞行状态，因此，相机想要拍摄火星高清图片非常困难。科研工作者前期通过大量的计算与反复试验，算准交汇时间、相机的拍摄方向和环绕器的状态等，要求算得准、指得稳、拍得好和控得住缺一不可。火星高清影像既反映了我国在远距离的拍摄水平，也为后期火星探测和登录地点选择等提供了必要的保障。

相关短视频请参看随赠的教学辅助资源。

第7章　霍尔传感器及其应用

早在 1879 年，人们就在金属中发现了霍尔效应，但是由于这种效应在金属中非常微弱，当时并没有引起重视。随着半导体技术的迅速发展，人们找到了霍尔效应比较显著的半导体材料，并制成了相应的霍尔元件，才使得霍尔传感器在检测微位移、大电流、微弱磁场等方面得到广泛的应用。

企业案例引入　汽车在马路上行驶，坐在驾驶舱就可以看到当前的车速，这是因为汽车带有自动测速功能的霍尔传感器。在实际汽车车速检测中，转速信号的检测一般采用霍尔集成传感器。在测速主轴上安装一个非金属圆形薄片，将磁钢嵌在圆片圆周上，这样磁钢就会随着车轮一起转动。霍尔集成传感器则固定安装在磁钢附近 3mm 内，当磁钢与霍尔传感器重合时，霍尔传感器输出低电平，当磁钢离开霍尔传感器时，输出高电平。主轴转动一圈，霍尔传感器发出一次检测信号，再根据车轮的半径 R 和转速 n，就可以获得汽车的车速。

本章将学习霍尔传感器的霍尔效应及工作原理，霍尔元件结构、特性参数及误差，霍尔传感器的集成电路及霍尔传感器应用。

◇◆ **本章学习的重点：**霍尔传感器的霍尔效应及工作原理，霍尔元件特性参数及误差，霍尔传感器的集成电路及霍尔传感器的应用。

◇◆ **本章学习的难点：**霍尔元件特性参数及误差，霍尔传感器的集成电路及霍尔传感器的应用。

7.1　霍尔效应原理与霍尔元件的结构

7.1.1　霍尔效应原理

将金属或半导体薄片置于磁感应强度为 B 的磁场（磁场方向垂直于薄片）中，如图 7-1 所示，当有电流 I 流过时，在垂直于电流和磁场的方向上将产生电动势 U_H，这种物理现象称为霍尔效应。

假设薄片为 N 型半导体，在其两端通以电流 I，并置入磁感应强度为 B 的磁场中，这时半导体中的电子将沿着与电流 I 相反的方向运动。由于外磁场 B 的存在，将使电子受到洛仑兹力 F_L 的作用而发生偏转，如图 7-1 所示，结果在半导体的后端面上形成电子堆积，而前端面上则缺少电子，因此后端面带负电，前端面带正电，从而在薄片的前后端面连线上形成电场，该电场产生的电

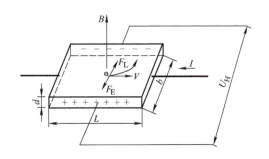

图 7-1　霍尔效应原理图

场力 F_E 的方向正好和洛仑兹力方向相反，当 $|F_L| = |F_E|$ 时，电子的积累达到平衡。这时，在半导体薄片前后端面之间建立的电动势就是霍尔电动势 U_H，其大小可用下式表示：

$$U_H = \frac{R_H IB}{d} \tag{7-1}$$

式中，R_H 是霍尔常数，$R_H = -\frac{1}{ne}$，单位为 $m^3 \cdot C^{-1}$；I 是输入电流，单位为 A；B 是磁感应强度，单位为 B；d 是霍尔元件的厚度，单位为 m。

令 $K_H = \frac{R_H}{d}$（K_H 称为霍尔元件的灵敏度），则式（7-1）可写为

$$U_H = K_H IB \tag{7-2}$$

由式（7-2）可知，霍尔电动势的大小正比于输入电流 I 和磁感应强度 B，且当 I 或 B 的方向改变时，霍尔电动势的方向也随之改变，但当 I 和 B 的方向同时改变时，霍尔电动势的方向不变。霍尔元件的灵敏度 K_H 是表征对应于单位磁感应强度和单位控制电流时输出霍尔电压大小的一个重要参数，一般要求它越大越好。K_H 与组件材料的性质和几何尺寸有关。由于半导体（特别是 N 型半导体）的霍尔常数要比金属的大得多，所以在实际应用中，一般都采用 N 型半导体材料做霍尔元件。元件的厚度 d 对灵敏度的影响也很大，元件越薄，灵敏度就越高，但也不能认为 d 越薄越好，因为这样元件的输入、输出电阻会增加。需要指出的是，在上述公式中，施加在霍尔元件上的磁感应强度 B 的方向和霍尔元件的平面法线是一致的。当磁感应强度 B 和霍尔元件平面法线成一角度 θ 时，作用在霍尔元件上的有效磁场是其法线方向的分量，即 $B\cos\theta$，那么有

$$U_H = K_H IB\cos\theta \tag{7-3}$$

7.1.2 霍尔元件的结构

基于霍尔效应原理工作的半导体器件称为霍尔元件，霍尔元件的结构很简单，它由霍尔片、引线和壳体组成。霍尔片是一块矩形半导体薄片，一般采用 N 型的锗、锑化铟和砷化铟等半导体单晶材料制成，如图 7-2a 所示，在长边的两个端面上焊有两根控制电流端引线（见图 7-2a 中 1、1′），在元件短边的中间以点的形式焊有两根霍尔电压输出端引线（见图 7-2a 中 2、2′）。要求焊接处接触电阻很小，并呈纯阻性，即欧姆接触（无 PN 结）。霍尔元件的壳体采用非导磁金属、陶瓷或环氧树脂封装。近年来采用外延及离子注入工艺或采用

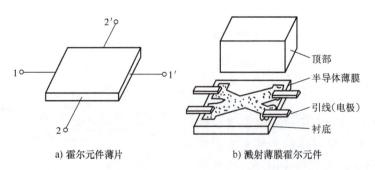

a) 霍尔元件薄片　　　　　　　b) 溅射薄膜霍尔元件

图 7-2　霍尔元件结构

1、1′—控制电流端引线　2、2′—霍尔电压输出端引线

溅射工艺制造的产品尺寸小、性能好，并且生产成本低。图 7-2b 所示为锑化铟霍尔组件的结构，它由衬底、十字形溅射薄膜、引线（电极）和磁性体顶部（用来提高输出灵敏度）组成，采用陶瓷或塑料封装。

7.2　霍尔元件的特性参数及误差

7.2.1　霍尔元件的主要特性参数

1. 输入电阻 R_i　霍尔元件两控制电流端的直流电阻称为输入电阻。它的数值从几欧到几百欧，视不同型号的元件而定。输入电阻的值受温度变化的影响，引起霍尔电动势的变化，从而导致测量误差。为了减小这种影响，可选用温度系数小的霍尔元件，采用恒温措施或采用恒流源供电。

2. 输出电阻 R_o　两个霍尔电动势输出端之间的电阻称为输出电阻，它的数 值与输入电阻值在同一数量级，也随温度的变化而变化。选择适当的负载电阻与之匹配，可以使由于温度变化引起的霍尔电动势漂移减至最小。

3. 额定控制电流 I_c　额定控制电流 I_c 是使霍尔元件在空气中产生 10℃ 温升的控制电流。I_c 的大小与霍尔元件的尺寸有关，尺寸越小，I_c 越小，一般为几毫安到几十毫安，最大的可达几百毫安。

4. 不等位电动势 U_o 和不等位电阻 r_o　霍尔元件在额定电流控制作用下，当外加磁场为零时，霍尔元件输出端之间的开路电压称为不等位电动势，它与电极的几何尺寸和电阻率不均匀等因素有关。不等位电动势与额定控制电流之比称为不等位电阻，U_o 和 r_o 越小越好。

5. 灵敏度 K_H　灵敏度 K_H 是指在单位磁感应强度下通以单位控制电流所产生的霍尔电动势。

6. 寄生直流电动势 v_g　是指在不加外磁场时，交流控制电流通过霍尔元件而在霍尔电极之间产生的直流电动势，它主要是由电极与基片之间的非完全欧姆接触所产生的整流效应造成的。

7. 霍尔电动势温度系数 α　在一定磁场强度和控制电流作用下，温度每变化 1℃，霍尔电动势变化的百分数称为霍尔电动势的温度系数，它与霍尔元件的材料有关。

8. 电阻温度系数 β　电阻温度系数 β 为温度每变化 1℃ 霍尔元件材料的电阻变化率（用百分比表示）。

7.2.2　霍尔元件的误差

由于制造工艺问题以及实际使用时所存在的各种不良因素，都会影响霍尔元件的性能，从而带来误差，霍尔元件的主要误差有零位误差和温度误差。

7.2.2.1　霍尔元件的零位误差

霍尔元件的零位误差包括不等位电动势、寄生直流电动势、感应零电动势和自激场零电动势。

1. **不等位电动势** 不等位电动势是主要零位误差。由于在制作时，两个霍尔电动势极不可能绝对对称地焊在霍尔片两侧、霍尔片电阻率不均匀、控制电流极的端面接触不良都可能导致两电极不处在同一等位面上，从而产生不等位电动势。要降低不等位电动势除了在工艺上采取措施外，还须采用补偿电路加以补偿。霍尔元件是四端元件，可以等效为一个四臂电桥，通过桥路平衡的原理来补偿不等位电动势。

2. **寄生直流电动势** 在没有磁场的情况下，当元器件通入交流电流时，它的输出除了交流不等位电动势外，还有一个直流电动势分量，此电动势称为寄生直流电动势。该电动势是由于元器件的两对电极不是完全欧姆接触而形成整流效应，以及两个霍尔电极的焊点大小不一致，其热容量不同引起温差所造成的。它随时间变化，导致输出漂移。因此，在元器件制作和安装时，应尽量使电极欧姆接触，有良好的散热条件，并做到散热均匀，以减少寄生电动势的影响。

3. **感应零电动势** 霍尔元件在交流或脉动磁场中工作时，即使不加控制电流，霍尔端也会有输出，这个输出就是感应零电动势。它是由霍尔电极的引线布置不合理而造成的，其大小正比于磁场变化率、磁感应强度幅值和两霍尔电极引线所构成的感应面积。

4. **自激场零电动势** 当霍尔元件通入控制电流时，此电流就产生磁场，该磁场称为自激场。一般电流引线处于两端面中间，不会影响霍尔输出。若控制电流引线弯曲不当，组件的左右两半磁感应强度就可能不再相等，从而产生自激场零电动势输出。因此，控制电流的引线必须合理安排。

7.2.2.2 霍尔元件的温度误差

一般半导体材料的电阻率、迁移率和载流子浓度等都随温度而变化。霍尔元件由半导体材料制成，因此它的性能参数（如输入电阻、输出电阻、霍尔常数等）也随温度而变化，致使霍尔电动势发生变化，产生温度误差。为了减小温度误差，除选用温度系数较小的材料外，还可以采用适当的补偿电路，例如，采用恒流源供电、输入回路并联电阻、合理选择负载电阻的阻值、采用恒压源和输入回路串联电阻和采用温度补偿组件等。

7.3 霍尔集成电路

7.3.1 霍尔元件的常用电路

在电路中，霍尔元件通常用图 7-3 所示的几种符号表示。标注时，国产器件常用 "H" 代表霍尔元件，后面的字母代表元器件的材料，数字代表产品的序号，如 HZ-1 元件，表明是用锗材料制成的霍尔元件；HT-1 元件，表明是用锑化铟材料制成的元件。

图 7-3 霍尔元件的符号

图 7-4 所示为霍尔元件的基本电路。控制电流由电源 E 供给；R 为调节电阻，用于调节控制电流的大小；霍尔输出端接负载 R_L，R_L 可以是一般电阻，也可以是放大器的输入电阻或指示器内阻。在磁场与控制电流的作用下，负载上有电压输出。建立霍尔效应所需的时间很短（$10^{-12} \sim 10^{-14}$s），因此控制电流采用交流时，控制电流的频率也可以很高。

在实际应用中，霍尔元件常用到以下电路，它们的特性不一样，究竟采用哪一种，要根据实际用途来选择。

1. **恒流工作电路**　温度变化会引起霍尔元件的输入电阻变化，随之使控制电流发生变化而带来误差。为了减少这种误差，充分发挥霍尔传感器的性能，常采用恒流源供电，如图 7-5 所示。在恒流工作条件下，没有霍尔元件输入电阻和磁阻效应的影响。恒流工作时，偏移电压的稳定性比恒压工作时差，特别是 InSb 霍尔元件，由于输入电阻的温度系数较大，偏移电压的影响更为显著。

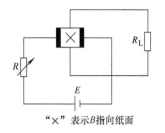

"×"表示 B 指向纸面

图 7-4　霍尔元件的基本电路

2. **恒压工作电路**　霍尔传感器恒压工作比恒流工作的性能要差，只适用于精度要求不太高的场合，如图 7-6 所示。在恒压条件下霍尔传感器性能不好的主要原因是霍尔元件输入电阻温度变化和磁阻效应的影响。无磁场时偏移电压不变，在弱磁场下工作不利。偏移电压可以调整为零，但与运算放大器一样，并不能去除其漂移成分。

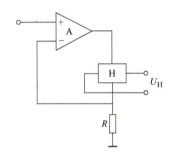

图 7-5　恒流工作的霍尔传感器

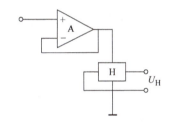

图 7-6　恒压工作的霍尔传感器

3. **差分放大电路**　霍尔元件的输出电压一般较小，需要用放大电路放大其输出电压。为了获得较好的放大效果，须采用差分放大电路，如图 7-7 所示。当使用一个运算放大器时，霍尔元件的输出电阻可能会大于运算放大器的输入电阻，从而产生误差，而采用图 7-8 所示的电路时，则不存在这个问题。

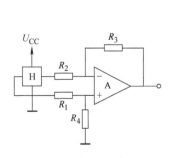

图 7-7　一个运算放大器的放大电路

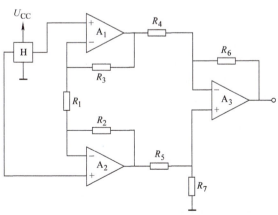

图 7-8　三个运算放大器的放大电路

7.3.2　常用霍尔集成电路

随着集成技术的发展，用集成电路工艺把霍尔元件相关的信号处理部件集成在一个单片上制成的霍尔元件，称作集成霍尔元件，也称作霍尔器件或集成霍尔传感器。集成霍尔传感器中的霍尔元件材料仍以半导体硅为主，按输出信号的形式可分为开关集成型和线性型两类。

7.3.2.1　霍尔开关集成传感器

1. 霍尔开关集成传感器的结构及工作原理　霍尔开关集成传感器是利用霍尔元件与集成电路技术结合而制成的一种磁敏传感器，它能感知一切与磁信息有关的物理量，并以开关形式输出。霍尔开关集成传感器具有使用寿命长、无触头磨损、无火花干扰、无转换抖动、工作频率高、温度特性好、能适应恶劣环境等优点。图 7-9 是霍尔开关集成传感器的内部结构框图。它主要由稳压电源、霍尔元件、放大器、整形电路、输出电路五部分组成。

霍尔开关集成传感器的工作原理：当有磁场作用在传感器上时，根据霍尔效应原理，霍尔元件输出霍尔电压 U_o，该电压经放大器放大后，送至施密特触发整形电路。当放大后的电压 U_o 大于施密特触发器的"开启"阈值电压时，施密特整形电路翻转，输出高电平，使 VT 导通，将这种状态称为"开状态"；当磁场减弱时，霍尔元件输出的 U_o 很小，经放大器放大后其值仍然小于施密特整形电路的"关闭"阈值电压，施密特整形电路再次翻转，输出低电平，使 VT 截止，将这种状态称为"关状态"。这样，一次磁场强度的变化就使传感器完成了一次开关动作。

2. 霍尔开关集成传感器的工作特性　霍尔开关集成传感器的工作特性曲线如图 7-10 所示。从工作曲线上看，有一定的迟滞特性，这对开关动作的可靠性是非常有利的。图中的 B_{OP} 为工作点"开"的磁感应强度，B_{RP} 为释放点"关"的磁感应强度。霍尔开关集成传感器的工作特性曲线反映了外加磁场与传感器输出电平的关系。当外加磁感应强度高于 B_{OP} 时，输出电平由高变低，传感器处于开状态；当外加磁感应强度低于 B_{RP} 时，输出电平由低变高，传感器处于关状态。

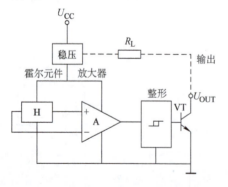

图 7-9　霍尔开关集成传感器的内部结构框图

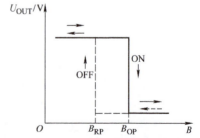

图 7-10　霍尔开关集成传感器的工作特性曲线

7.3.2.2　霍尔线性传感器

1. 霍尔线性传感器的结构及工作原理　霍尔线性传感器的输出电压与外加磁场强度呈线性比例关系。这类传感器一般由霍尔元件和放大器组成，当外加磁场时，霍尔元件产生与磁场呈线性比例变化的霍尔电压，经放大器放大后输出。在实际电路设计中，为了提高传感器的性能，往往在电路中设置稳压、电流放大输出级、失调调整和线性度调整等电路。

霍尔线性传感器有单端输出和双端输出两种。它们的电路结构分别如图 7-11 和图 7-12 所示。

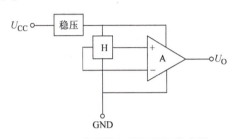

图 7-11　单端输出霍尔线性传感器
的电路结构图

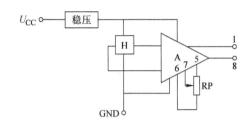

图 7-12　双端输出霍尔线性传感器电路结构图
1、8—输出　5、6、7—补偿（外接电位器）

单端输出的传感器是一个三端器件，典型电路有 UGN - 3501T。单端输出线性集成电路 UGN - 3501T 是一种塑料扁平封装的三端元件，它有 T、U 两种型号，T 型与 U 型的区别仅是厚度的不同，T 型厚度为 2.03mm，U 型厚度为 1.54mm。

双端输出传感器是一个 8 脚双列直插封装元件，它可提供差动射极跟随输出，还可提供输出失调调零，典型电路有 UGN - 3501M。双端输出线性集成电路 UGN - 3501M 采用 8 脚封装。1、8 两脚为输出，5、6、7 三脚之间接一个电位器，对不等位电动势进行补偿。

2. 霍尔线性传感器的工作特性　传感器的输出特性曲线如图 7-13 和图 7-14 所示。由图 7-13 可以看出，UGN - 3501T 传感器在磁感应强度为 ±0.15T 范围内有较好的线性度，超出此范围呈饱和状态。UGN - 3501M 为差动输出传感器，输出与磁感应强度呈线性关系，其典型灵敏度为 1.4V/0.1T。UGN - 3501M 的 1、8 两脚输出与磁感应强度的方向有关。在 UGN - 3501M 的 5、6、7 脚接一调整电位器，可以补偿不等位电动势，并且可以改善线性，但灵敏度有所降低，若允许不等位电动势输出，则可不接电位器，其输出特性如图 7-14 所示。

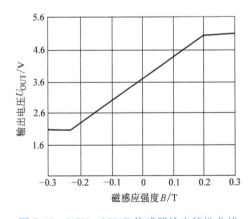

图 7-13　UGN - 3501T 传感器输出特性曲线

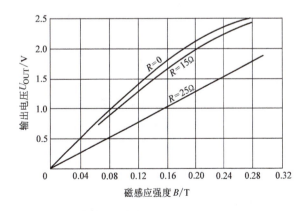

图 7-14　UGN - 3501M 传感器输出特性曲线

7.4　霍尔传感器的应用

由于霍尔传感器有着在静止状态下感受磁场的独特能力，而且具有结构简单、体积小、频率响应宽、动态范围大、寿命长、无接触等优点，因此在测量技术、自动化技术和信息处理等方面有着广泛的应用，归纳起来霍尔传感器有下列三方面的用途。

当控制电流不变，使传感器处于非均匀磁场中时，传感器的输出正比于磁感应强度，即反映了位置、角度或励磁电流的变化，在这方面的应用有磁场测量、磁场中微位移的测量、三角函数发生器、同步传递装置、无换向器电动机的装置测定器、转速表、无接触发信装置、测力、测表面粗糙度、测量加速度等。

当控制电流与磁感应强度皆为变量时，传感器的输出与两者乘积成正比。在这方面的应用有乘法器、功率计以及除法、倒数、开方等运算器。此外，也可用于混频、调制、斩波、解调等环节中，但由于霍尔元件变换效率低，受温度影响大等缺点，在这方面的应用受到一定限制。

若保持磁感应强度恒定不变，则利用霍尔输出与控制电流的关系，可以组成回转器、隔离器和环形器等。

用霍尔元件组成的传感器在非电量测量方面的应用、发展也很快。例如，利用霍尔元件制成的位移、压力和液位传感器等。

下面介绍霍尔传感器的一些应用实例。

7.4.1　磁场测量

磁场测量的方法很多，其中应用比较普遍的是以霍尔元件作为探头的特斯拉计（或称高斯计、磁强计）。锗和砷化镓器件的霍尔电动势温度系数小，线性范围大，可用作测量磁场的探头。把探头放在待测磁场中，探头的磁敏感面与磁场方向垂直，控制电流恒定，则输出霍尔电动势 U_H 正比于磁场 B，故可以利用它来测量磁场。

用霍尔元件作为探头的特斯拉计，一般能够测量 10^{-4} T 量级的磁场。在对地磁场等弱磁场进行测量时，需要降低元件的噪声以提高信噪比，一种有效的方法是采用高磁导率的磁性材料（如坡莫合金）集中磁通来增强磁场的集束器，它有两根同轴安装的细长同轴形磁棒，两磁棒间留一气隙，霍尔元件放在此气隙中，磁棒越长，间隙越小，集束器对磁场的作用就越大。当棒长为 200mm、直径为 11mm 和间隙为 0.3mm 时，间隙中的磁场可以增强 400 倍。

数字特斯拉计可以配备各种测磁探头，当配备径向探头时，可以测量物体表面磁场；配备轴向探头时，可以测量螺线管等内部的磁场；配备超薄霍尔探头时，可以测量物体缝隙磁场。

7.4.2　霍尔压力传感器

这类传感器是把压力先转换成位移，再应用霍尔电动势与位移关系测量压力。

在图 7-15a 中，作为压力敏感元件的弹簧片的一端固定，另一端安装着霍尔元件。当输入压力增加时，弹簧伸长，使处于恒定梯度磁场中的霍尔元件产生相应的位移，从霍尔元件输出电压的大小即可反映出压力的大小。图 7-15b 的工作原理与此相似。

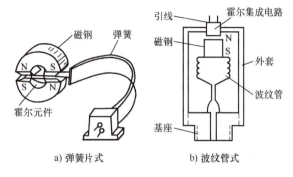

7.4.3　霍尔电流传感器

霍尔电流传感器的结构如图 7-16 所示。用一环形导磁材料做成磁心，将其套在被测电流流过的导线上，将导线中电流感应的磁场聚集起来，在磁心上开一气隙，内置一个霍尔线性器件，器件通电后，便可由它输出的霍尔电压得出导线中流通电流的大小。图 7-16a 所示传感器用于测量较小的电流，图 7-16b 所示传感器用于检测较大的电流。

图 7-15　霍尔压力传感器

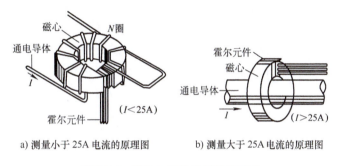

图 7-16　霍尔电流传感器结构原理

实际的霍尔电流传感器有两种构成形式，即直接测量式和零磁通式。

1. 直接测量式霍尔电流传感器　将图 7-16 中霍尔元件的输出（必要时可进行放大）送到经校准的显示器上，即可由霍尔输出电压的数值直接得出被测电流值。这种方式的优点是结构简单，测量结果的准确度和线性度都较高，可测直流、交流和各种波形的电流，但它的测量范围、带宽等受到一定的限制。在这种应用中，霍尔元件是磁场检测器，它检测的是磁心气隙中的磁感应强度。电流增大后，磁心可能达到饱和；随着频率的升高，磁心中的涡流损耗、磁滞损耗等也会随之升高。这些都会对测量准确度产生影响。当然，也可采取一些改进措施来降低这些影响，例如，选择饱和磁感应强度高的磁心材料；制成多层磁心；采用多个霍尔元件进行检测等。

这类霍尔电流传感器的价格相对便宜，使用非常方便，已得到广泛的应用。

2. 零磁通式（也称为磁平衡式或反馈补偿式）霍尔电流传感器　如图 7-17 所示，将霍尔器件的输出电压进行放大，再经电流放大后，让这个电流通过补偿线圈，并令补偿线圈产生的磁场和被测电流产生的磁场方向相反，若满足条件 $I_0 N_1 = I_S N_2$，则磁心中的磁通为 0，这时下式成立：

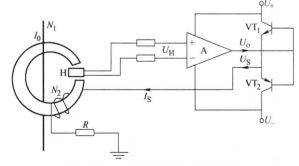

图 7-17　零磁通式霍尔电流传感器

$$I_0 = I_S \frac{N_2}{N_1} \tag{7-4}$$

式中，I_0 是被测电流，即磁心中一次线圈中的电流；N_1 是一次线圈的匝数；I_S 是补偿线圈中的电流；N_2 是补偿线圈的匝数。

由此可知，当达到磁平衡时，可由 I_S 及匝数比 N_2/N_1 得到 I_0。

7.4.4 霍尔传感器用于角度检测

如图 7-18 所示，将霍尔元件置于永久磁铁的磁场中，其输出与 $\sin\theta$ 成正比，即

$$U_H = K_H IB\sin\theta \tag{7-5}$$

利用上式可检测角度，角度检测电路如图 7-19 所示。

霍尔元件采用场效应晶体管 2SK30 恒流供电，并且用 LM336 基准电压集成电路跨接在控制电路的两端，这样可以使零点温度变化的影响减小。采用运算放大器 A_2 来调整不等位电动势，使它在零位时输出为零。霍尔元件的输出由 A_1 放大，在反馈回路中采用 $2500 \times 10^{-6} k\Omega$ 的热敏电阻作温度补偿，用来补偿霍尔元件及磁钢温度系数所引起的误差。输出的信号可以采用 S/D（同步/数字）转换器，将模拟信号转换成 BCD 码输出。

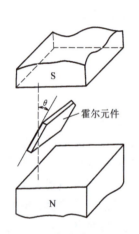

图 7-18　角度检测原理图

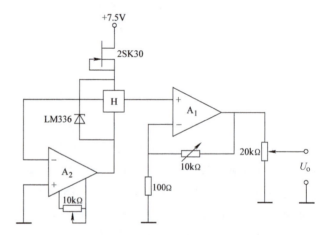

图 7-19　角度检测电路

7.4.5 转速测量

图 7-20 所示为转速测量原理图。利用霍尔元件的开关特性可对转速进行测量。霍尔元件粘贴在永久磁铁表面，即安放在齿轮与永久磁铁中间，并通以恒定的电流。当齿轮转动时，作用在元件上的磁通量发生变化，齿轮的齿对准磁极时，磁力线集中穿过霍尔元件，可产生较大的霍尔电动

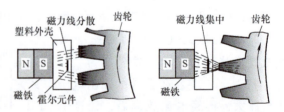

图 7-20　转速测量原理图

势，经放大、整形后输出高电平；反之，当齿轮的空档对准霍尔元件时，输出为低电平。随着齿轮的转动，磁通量发生周期性变化，霍尔元件输出一系列脉冲信号。齿轮旋转一周的脉

冲数等于齿轮的齿数，因此通过测量脉冲信号的频率即可计算出旋转齿轮的转速。

汽车轮速的测量就是采用这一原理在汽车防抱死装置（ABS）中实现的。若汽车在制动时车轮被抱死，将发生危险。用霍尔转速传感器来检测车轮的转动状态有助于控制制动力的大小。

7.4.6　霍尔开关按键

霍尔开关按键是由霍尔元件装配键体而成的开关按键。霍尔电路用磁体作为触发媒介，当磁体接近霍尔电路时，霍尔电路产生一个电信号，当磁体离开时，电信号消失，霍尔按键就是依据这个原理来工作的。

霍尔开关按键是一个无触头的按键开关。霍尔电路具有一定的磁回差特性，在按下按键的过程中，即使手指有所抖动，也不会影响输出电平的状态。按键的电平由集成电路输出极提供，建立时间极短。因此霍尔按键是一个无触头、无抖动、高可靠、长寿命的按键开关。

霍尔开关按键可广泛用于计算机的各种输入键盘、各种控制设备中的控制键盘、各种面板上的按键开关和手动脉冲发生器等方面。

7.4.7　霍尔无刷电动机

录像机、音响设备、CD 唱机等一类家用电器及计算机中所用的直流电动机要求转速稳定、噪声小、效率高及寿命长，因此一般带有电刷、换向器的直流电动机（称为有刷电动机）不能满足要求。近年来，采用霍尔元件制成的无刷电动机性能良好，已受到广大用户的青睐。

图 7-21 所示为霍尔无刷电动机的工作原理图。电动机的转子由磁钢制成（一对磁极），定子由四个极靴 a、b、c、d 绕上线圈 L_a、L_b、L_c、L_d 组成，各个线圈通过相应的晶体管 VT_{r1} ~ VT_{r4} 供电。霍尔组件 H_1 和 H_2 配置在电角度相差 90°的位置（假设在 a、d 电极）上。如图 7-21 所示，当定子 a 的位置上有转子的 N 极时，则在霍尔元件的 H_1 上产生 d 方向的霍尔电压 U_{HD}，这个 U_{HD} 使 VT_{r4} 导通，电流 I_d 流过线圈 L_d 后将定子 d 磁化为 S 极。这样，转子的 N 极将受到电极 d 的吸引而向 d 方向旋转 90°，在转子 N 极向电极 d 旋转过程中，H_1 上没有外加磁场，它的输出为零。当转子的 N 极转到 d 电极时，在霍尔元件 H_2 上产生 c 方向的霍尔电压 U_{HC}，这个电压使 VT_{r3} 导通，从而使 c 电极磁化而形成 S 极，转子再由电极 d

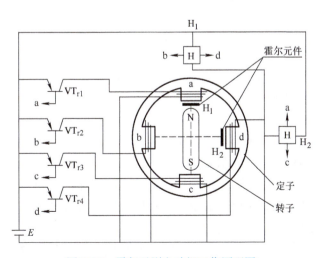

图 7-21　霍尔无刷电动机工作原理图

向电极 c 转 90°，依次类推，转子就旋转起来了。

无刷电动机与有刷电动机相比，具有下列优点：

1）由于无电刷，没有磨损问题，寿命长、可靠性高。

2）具有良好的旋转特性，可以获得很宽的转速特性、噪声低、起动转矩为额定转矩的 2～3 倍、稳定性好。

7.4.8 用霍尔集成传感器实现无触头照明控制

用霍尔集成传感器构成的无触头照明控制电路如图 7-22 所示。当带有磁钢的机械臂或其他设备接近霍尔传感器 UGN-3040 时，系统将以无触头的方式控制灯的亮、灭。如图 7-22 所示，电路中霍尔传感器的输出端接有光电固态继电器 SF5D-M1，用以带动交流 100V 的照明装置通断，另外，SF5D-M1 还起到高低压之间的电气隔离作用。该电路也可以控制 100V 交流电机或其他设备的通断。

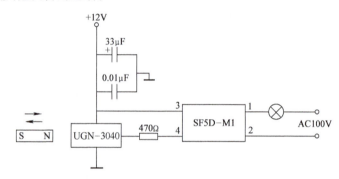

图 7-22　无触头照明控制电路工作原理图

7.4.9 霍尔式无触头汽车电子点火装置

传统的汽车汽缸点火装置使用机械式的分电器，存在点火时间不准确、触头易磨损等缺点。采用霍尔式无触头晶体管点火装置可以克服上述缺点，提高燃烧效率。

图 7-23 所示为汽车霍尔式分电器示意图。霍尔式无触头电子点火系统由分电器、信号发生器、点火器、高能点火线圈、高压线和火花塞等组成。霍尔信号发生器是根据霍尔效应原理制成的，它装在分电器内。霍尔信号发生器由触发叶轮和霍尔传感器组成。触发叶轮像传统的分电器凸轮一样，套在分电器轴的上部，它可以随分电器轴一起转动，又能相对分电器轴做少量转动，以保证离心调节装置正常工作。

触发叶轮的叶片数与气缸数相等，其上部套装分火头，与触发叶轮一起转动。霍尔传感器由带导板（导磁）的永久磁铁 4 和霍尔集成块 5 组成，触发器叶片 1 在霍尔集成块和永久磁铁之间转动。霍尔集成块包括霍尔元件和集成电路。由于霍尔信号发生器工作时，霍尔元件产生的霍尔电压 U_H 是 mV 级的，信号很微弱，还须进行信号处理。这一任务由集成电路完成，这样霍尔元件产生的霍尔电压信号 U_H 还要经过放大、脉冲整形，最后以整齐的矩形脉冲（方波）信号输出。

当触发器叶片进入间隙时，霍尔元件不产生霍尔电压，信号发生器输出高电位信号。当叶片离开空气间隙时，霍尔元件产生霍尔电压，信号发生器输出低电位信号。随着发动机的

 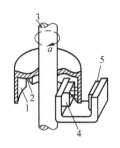 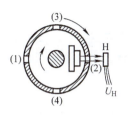

a) 带槽口的触发叶轮　　b) 触发叶轮与永久磁铁及霍　　c) 叶轮位置与点火正时的关系
　　　　　　　　　　　　　尔集成电路之间的安装关系

图 7-23　汽车霍尔式分电器示意图

1—触发器叶片　2—槽口　3—分电器转轴　4—永久磁铁　5—霍尔集成块（PNP 型霍尔 IC）

连续运转，霍尔信号发生器便不断产生高位电压或低位电压。这些脉动信号输入电子组件，电子组件将信号放大，点火器就是靠信号发生器输入这样的信号进行触发并控制点火系统的。

　　分电器工作时，叶片随分电器轴转动，每当叶片进入永久磁铁与霍尔元件之间的空气隙时，霍尔集成块中的磁场即被触发叶轮的叶片旁路（或称隔磁），这时霍尔元件不产生霍尔电压，集成电路输出极的晶体管处于截止状态，信号发生器输出高电位。当触发叶轮的叶片离开空气隙时，永久磁铁的磁通便通过霍尔集成块经导板构成回路，这时霍尔元件产生霍尔电压，集成电路输出极的晶体管处于导通状态，信号发生器输出低电位。分电器轴转一圈，输出 4 个方波。触发叶轮的转向从上向下看时是顺时针方向。当叶轮缺口的后边缘转动使磁极端面只露一半时，信号输出端的电位瞬间从低电位跳到高电位，此时就是点火时刻。

复习思考题

1. 试分析产生霍尔效应的原因。
2. 霍尔电动势的大小、方向与哪些因素有关？
3. 试说明霍尔元件产生误差的原因。
4. 霍尔集成传感器分为几种类型？其工作特点如何？
5. 试说明霍尔无刷电动机的工作原理。
6. 说出你所知道的霍尔传感器的应用领域。

▶ 延伸阅读

▶ 霍尔推进器

　　我国作为制造业大国，芯片在工业、消费、军事等领域都有着广泛的应用。其中，应用于我国空间站天和核心舱霍尔推进器的霍尔传感器芯片以前主要依赖进口，近年来，我国加大研发力度，国产品牌加速崛起，性能和品质都逐步替代进口产品，霍尔传感器芯片就是其中之一。建造空间站是建设科技强国、航天强国的重要引领性工程，我们要大力弘扬"两弹一星"精神和载人航天精神，自立自强、创新超越，为全面建设社会主义现代化国家做出新的更大的贡献。

　　相关短视频请参看随赠的教学辅助资源。

第8章 数字式传感器及其应用

在用普通机床进行零件加工时，操作人员要控制进给量以保证零件的加工尺寸，如长度、高度、直径、角度及孔距等，一般通过读取操作手柄上的刻度盘数值或机床上的标尺来获取加工尺寸。在加工高精度的零件时，零件的加工质量与机床本身的精度和操作者的经验有直接的关系。在用刻度盘读数时，往往还要将机床停下来，反复调整，这样就会影响加工效率及精度。如果有一种检测装置能自动地测量出直线位移或角位移，并用数字形式显示出来，那么就可实时地读取位移数值，从而提高加工效率及加工精度。

数字式位置传感器一方面应用于测量工具中，使传统的游标卡尺、千分尺、高度尺等实现了数显化，读数过程变得既方便又准确；另一方面，数字式位置传感器还广泛应用于数控机床中，通过测量机床工作台、刀架等运动部件的位移进行位置控制。

数字计算已经从体积庞大的设备发展到微处理器，过程控制同样也从集中式控制发展到分布式控制。硅工艺已达到能制作出将计算和通信功能集成在一起的传感器（即智能传感器或灵巧传感器）的电路密度。

本章将从结构、原理、应用等方面介绍几种常用数字式位置传感器，包括码盘式传感器、光栅传感器、磁栅传感器和感应同步器。它们均能直接给出数字脉冲信号，既具有很高的精度，又可测量很大的位移量，这是前几章介绍过的其他位置传感器（如电感、电容等）无法比拟的。

企业案例引入 图8-1所示为六自由度关节机器人，在工业机器人的每个关节电动机上都有一台数字式编码器，电动机的转速和位置信号经检测后送给控制器，从而实现对每个关节的精确控制。

要深入了解、掌握工业机器人的控制，先要学习码盘式传感器、光栅传感器、磁栅传感器和感应同步器的结构组成、工作原理及实际应用。

图8-1 六自由度关节机器人
1—伺服电动机 2—数字式编码器

◇◆ **本章学习的重点**：码盘式传感器、光栅传感器、磁栅传感器和感应同步器的结构组成、工作原理。

◇◆ **本章学习的难点**：光电编码器测量方法及应用、光栅传感器辨向及细分、磁栅传感器信号处理方法和感应同步器的信号处理方法。

8.1 码盘式传感器

码盘又称为角编码器，是一种旋转式位置传感器，通常装在被测轴随之一起转动。它能将被测轴的角位移转换成增量脉冲或二进制编码。角编码器有两种基本类型：增量式编码器和绝对式编码器。

8.1.1　增量式编码器

增量式编码器通常为光电码盘，结构形式如图 8-2 所示。

光电码盘根据不透明区和透明区、反射区和非反射区以及干涉条纹等光通变化特性制成。无论在哪种情况下，固定计读头都包含一个发射体（红外发光二极管）和一个接收器（光电晶体管或光电二极管）。码盘随轴同步转动，从而接收器接收到的光是忽明忽暗的，所以它的输出信号是一个个脉冲，然后再用编码器进行编码。光电码盘在实际使用时，还会遇到一

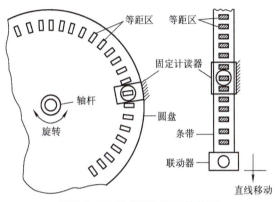

图 8-2　增量式光电码盘结构图

些问题，如灰尘微粒的积累、光电元器件随时间和温度的漂移以及振动对聚焦器件的影响。高性能传感器具有透镜或孔径，以提供准直的光输出和最低杂散的反射光输出。

在利用不透明区和透明区（即在玻璃上镀铬、在金属上开槽等）的场合如图 8-3a 所示，发射体和接收器必须放在移动单元的两侧。相反，在利用反射区和非反射区（例如，在抛光的钢表面刻蚀图案）的场合如图 8-3b 所示，反射体和探测器必须处于编码元件的同一侧。玻璃圆盘在稳定性、硬度和平直性方面均优于金属圆盘，但抗振动和冲击的能力较差。

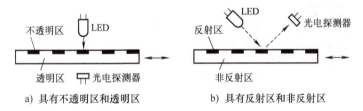

a) 具有不透明区和透明区　　　　　　b) 具有反射区和非反射区

图 8-3　光电增量式编码器

光电编码器的测量准确度取决于它所能分辨的最小角度，而这与码盘圆周上的槽缝条纹数 n 有关，即能分辨的最小角度为

$$\alpha = \frac{360°}{n} \tag{8-1}$$

$$分辨率 = \frac{1}{n} \tag{8-2}$$

例如，条纹数为 1024，则分辨角度 $\alpha = 360°/1024 = 0.352°$。

光电编码器具有最高分辨率，限制因素是光电探测器的尺寸。通过利用一个或几个固定光栅或者利用带有不透明区和透明区的模板，可以提高分辨率。光栅或模板放在移动单元与探测器之间，并具有与编码单元相同的节距，如图 8-4 所示，利用固定光栅来限制光电探测器的视野，因而提高了它的分辨率。当所有光栅和可动编码单元完全调准时，探测器接收的入射光达到最大值。随着编码单元离开位置，接收的光将减少，直到达到最小值。光电探测器对来自一

个以上槽缝的信号进行平均，因而对它们之间的任何可能差异进行补偿。

　　为了确定运动方向，需要另一个计读单元，有时则需要另一个编码单元以及某些适当的电子电路。在电感式编码器中，为了得到90°异相信号即90°相移编码，还要放置另一个检测线圈，如图8-5a所示。在一个旋转方向上，信号A超前于信号B；而在相反方向上，信号B超前于信号A。于是，相位检波器便能指示出旋转方向是顺时针还是逆时针，

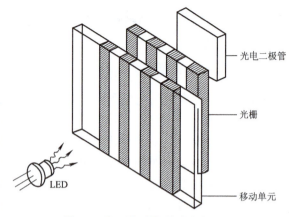

图8-4　加固定光栅的光电探测器

如图8-5b所示。在光电编码器和接触（电）编码器中，增加了与第一个编码带有很小相移的另一个编码带及其相应的计读头。在干涉条纹编码器和高分辨率光电编码器中，使用了两套光学装置，能够给出有90°相对相移的两个信号。为了进一步提高分辨率，某些编码器甚至增添了相对于另两个光学装置有180°相移的两个辅助装置。

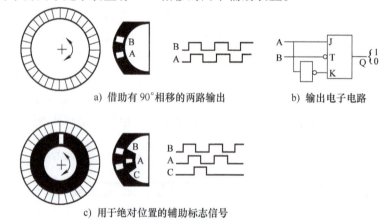

a) 借助有90°相移的两路输出　　　　b) 输出电子电路

c) 用于绝对位置的辅助标志信号

图8-5　增量式编码器检测运动方向的原理

　　为了检测可动部件的绝对位置，需要由来自探测器的脉冲馈入双向计数器。计数方向由给出运动方向的信号决定，而复位则由每圈产生一个脉冲（当编码器为旋转编码器时）的第三个编码器输出信号实现，这个信号称为标志信号或零指示信号，如图8-5c所示，并且还决定静止位置，其中一个输出控制计数方向，而另一个输出则被计数。此外，三个输出信号也可以与微处理器或微控制器的输入/输出（I/O）线相连，从而实现对输出信号更快速率的查询。

　　当目标是测量旋转速度时，如果最大旋转速度非常高，增量编码器便会受到电子电路所能接受的最高频率的限制。基于相同原理，只有一条编码带或少量编码带的数字式转速计每圈只能给出有限数量的脉冲。

8.1.2　绝对式编码器

　　绝对式编码器是按照角度直接进行编码的传感器，可直接把被测角位移转角用数字代码表示出来。根据内部结构和检测方式的不同，分为接触式、光电式和电磁式等形式。

在此只介绍接触式编码器，图 8-6 所示为一个 4 位二进制接触式码盘。它在一个不导电基体上做成许多有规律的导电金属区，其中涂黑部分为导电区，用 "1" 表示，其他部分为绝缘部分，用 "0" 表示。码盘分成四个码道，在每个码道上都有一个电刷，电刷经电阻接地，信号从电刷上取出。这样，无论码盘处在哪个角度，该角度均有 1 个码道是公用的，它和各码道所有电气部分连在一起，经电刷和限流保护电阻接正极。由于码盘是与被测转轴连在一起的，而电刷位置是固定的，当码盘随被测轴一起转动时，电刷和码盘的位置发生相对变化，若电刷接触到导电区域，则经电刷、码盘、电阻和电源形成回路，该回路中的电阻上有电流流过，产生电压，输出 "1"；反之，若电刷接触的是绝缘区域，则不能形成回路，电阻上无电流流过，输出为 "0"，由此可根据电刷的位置得到由 "1" "0" 组成的 4 位二进制编码。由图 8-6 可看出电刷位置与输出编码的对应关系。

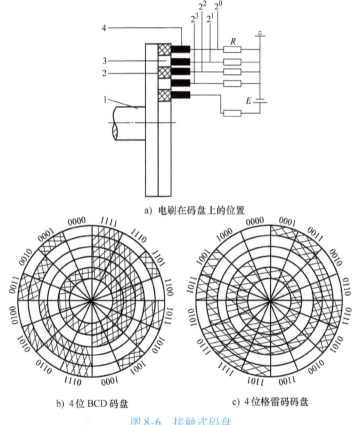

a) 电刷在码盘上的位置

b) 4 位 BCD 码盘　　　　c) 4 位格雷码码盘

图 8-6　接触式码盘

1—码盘　2—导电体　3—绝缘体　4—电刷

不难看出，码道的圈数就是二进制的位数，且高位在内，低位在外。由此可以推断出，若是 n 位二进制码盘，就有 n 圈码道，且圆周均分成 2^n 个数据来分别表示其不同位置，所能分辨的角度 α 为

$$\alpha = \frac{360°}{2^n} \tag{8-3}$$

$$分辨率 = \frac{1}{2^n} \tag{8-4}$$

显然，位数 n 越大，所能分辨的角度 α 越小，测量准确度就越高。所以，若要提高分辨率，就必须增加码道数，即二进制位数。例如，某 12 码道的绝对式角编码器，其每转位置数为 $2^{12}=4096$，分辨角度为 $\alpha=360°/2^{12}=5.28'$；若为 13 码道，则每转位置数为 $2^{13}=8192$，分辨角度为 $\alpha=360°/2^{13}=2.64'$。

另外，在实际应用中，对码盘制作和电刷安装要求十分严格，否则就会产生非单值性误差。例如，当电刷由位置（0111）向位置（1000）过渡时，若电刷安装位置不准或接触不良，可能会出现 8～15 之间的任一十进制数。为了消除这种非单值性误差，可采用二进制循环码盘（格雷码码盘）。

图 8-6c 所示为一个 4 位格雷码码盘，与图 8-6b 所示的 4 位 BCD 码盘相比，不同之处在于，码盘旋转时，任何两个相邻数码间只有一位是变化的，所以每次只切换一位数，把误差控制在最小单位内。

表 8-1 列出了绝对位置编码器的常用代码。可以看出不同码相对应的编码区的各个位和图案的权重，格雷码是最常用的连续码，具有与自然二进制编码相同的分辨率，其缺点是若输出信息发送到计算机，则必须首先转换成二进制码。获得第 i 个二进制位的计算方法是利用异或运算将第 $i+1$ 个二进制数与格雷码的第 i 位相加，最高有效二进制位等于格雷码中的最高有效位，即

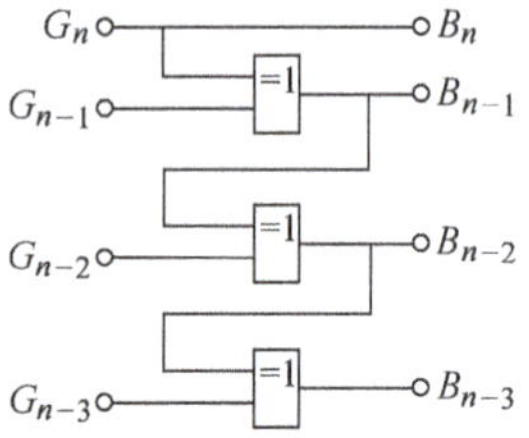

$$B_i = B_{i+1} \oplus G_i,\ 0 \leqslant i < n \tag{8-5}$$

$$B_n = G_n \tag{8-6}$$

图 8-7　格雷码—二进制码变换器电路原理

图 8-7 列出相应的电路。格雷码不允许错误纠正，譬如在噪声的环境中传输信号。

表 8-1　绝对位置编码器的常用代码

十进制数	自然二进制编码 代码 32 16 8 4 2 1	自然二进制编码 图案 32 16 8 4 2 1	二—十进制编码(BCD) 代码 十位 8 4 2 1	二—十进制编码(BCD) 代码 个位 8 4 2 1	二—十进制编码(BCD) 图案 十位 8 4 2 1	二—十进制编码(BCD) 图案 个位 8 4 2 1	格雷码 代码 31 15 7 3 1	格雷码 图案 31 15 7 3 1
0	0 0 0 0 0 0		0 0 0 0	0 0 0 0			0 0 0 0 0	
1	0 0 0 0 0 1		0 0 0 0	0 0 0 1			0 0 0 0 1	
2	0 0 0 0 1 0		0 0 0 0	0 0 1 0			0 0 0 1 1	
3	0 0 0 0 1 1		0 0 0 0	0 0 1 1			0 0 0 1 0	
4	0 0 0 1 0 0		0 0 0 0	0 1 0 0			0 0 1 1 0	
5	0 0 0 1 0 1		0 0 0 0	0 1 0 1			0 0 1 1 1	
6	0 0 0 1 1 0		0 0 0 0	0 1 1 0			0 0 1 0 1	
7	0 0 0 1 1 1		0 0 0 0	0 1 1 1			0 0 1 0 0	
8	0 0 1 0 0 0		0 0 0 0	1 0 0 0			0 1 1 0 0	
9	0 0 1 0 0 1		0 0 0 0	1 0 0 1			0 1 1 0 1	
10	0 0 1 0 1 0		0 0 0 1	0 0 0 0			0 1 1 1 1	
11	0 0 1 0 1 1		0 0 0 1	0 0 0 1			0 1 1 1 0	
12	0 0 1 1 0 0		0 0 0 1	0 0 1 0			0 1 0 1 0	
13	0 0 1 1 0 1		0 0 0 1	0 0 1 1			0 1 0 1 1	
14	0 0 1 1 1 0		0 0 0 1	0 1 0 0			0 1 0 0 1	
15	0 0 1 1 1 1		0 0 0 1	0 1 0 1			0 1 0 0 0	
16	0 1 0 0 0 0		0 0 0 1	0 1 1 0			1 1 0 0 0	
17	0 1 0 0 0 1		0 0 0 1	0 1 1 1			1 1 0 0 1	
18	0 1 0 0 1 0		0 0 0 1	1 0 0 0			1 1 0 1 1	
19	0 1 0 0 1 1		0 0 0 1	1 0 0 1			1 1 0 1 0	
20	0 1 0 1 0 0		0 0 1 0	0 0 0 0			1 1 1 1 0	
21	0 1 0 1 0 1		0 0 1 0	0 0 0 1			1 1 1 1 1	
22	0 1 0 1 1 0		0 0 1 0	0 0 1 0			1 1 1 0 1	
23	0 1 0 1 1 1		0 0 1 0	0 0 1 1			1 1 1 0 0	
24	0 1 1 0 0 0		0 0 1 0	0 1 0 0			1 0 1 0 0	
25	0 1 1 0 0 1		0 0 1 0	0 1 0 1			1 0 1 0 1	

8.1.3　光电编码器的测量方法

可以利用定时器/计数器配合光电编码器的输出脉冲信号来测量电动机的转速。具体的测速方法有 M 法、T 法和 M/T 法三种。

1. M 法测速　在规定的时间间隔内，测量所产生的脉冲数来获得被测转速值，这种方法称为 M 法。设 P 为脉冲发生器每一圈发出的脉冲数，采样时间为 T，测得的脉冲数为 m，则脉冲频率 $f = m/T$，电动机的转速为 $n = 60f/P = 60m/(PT)$（r/min）。

M 法测速的分辨率为

$$Q = \frac{60(m+1)}{PT} - \frac{60m}{PT} = \frac{60}{PT} \tag{8-7}$$

可见，Q 值与转速无关，当电动机的转速很小时，在规定的时间 T 内只有少数几个脉冲，甚至只有一个或没有脉冲，那么，测出的速度就不准确了。欲提高分辨率，可以改用较大 P 值的脉冲发生器，或者增加检测的时间。

2. T 法测速　测量相邻两个脉冲的时间来确定被测速度的方法称为 T 法测速。用一已知频率为 f 的时钟脉冲向一计数器发送脉冲数，此计数器由测速脉冲的两个相邻脉冲控制其开始和结束。如果计数器的读数为 m，则电动机每分钟的转速为 $n = 60f/(Pm)$（r/min）。

T 法测速的分辨力为

$$Q = \frac{60f}{Pm} - \frac{60f}{P(m+1)} = \frac{n^2 P}{60f + nP} \tag{8-8}$$

可见，当转速升高，Q 的值将增大；转速降低，Q 的值将减小，所以 T 法在低速时有较大的分辨率。而且，随着转速的升高，同样两个脉冲检测时间将减小，所以确定两个脉冲间隔的原则是既要使检测的时间尽量小，又要使计算机在电动机最高转速运行时有足够的时间对数据进行处理。

3. M/T 法测速　M/T 法是指同时测量检测时间和在此检测时间内脉冲发生器发送的脉冲数来确定被测转速。它是利用规定时间间隔 T_1 以后的第一个测速脉冲去终止时钟脉冲计数器，并由此计数器的读数 m 来确定检测时间 ΔT。显然，检测时间为 $T = T_1 + \Delta T$。

设测速脉冲数为 m_1，则被测转速为

$$n = \frac{60fm_1}{Pm} \tag{8-9}$$

可见看出，这种测速方法兼有 M 法和 T 法的优点，在高速和低速段均能获得较高的分辨率。具体实现时首先设置定时器件的中断响应频率为 f，在一定时间里定时器中断次数为 m，与此同时，在这段时间测出光电编码器的输出脉冲个数，这样就可以获得最终电动机的实际转速。

8.2　光栅传感器

光栅传感器是根据莫尔条纹原理制成的一种脉冲输出数字式传感器，由光栅、光路和光电元器件及转换电路等组成。它具有精度高、分辨力强和抗干扰强等优点，因而广泛应用于数控机床等闭环系统的线位移和角位移自动控制检测及精密测量等方面，测量准确度可达几

微米。只要能够转换成位移的物理量，如速度、加速度、振动或变形等，均可测量。

8.2.1 光栅的结构与类型

在透明的玻璃上刻有大量相互平行等宽而又等间距的刻线，没有刻划的白的地方透光，刻划的发黑处不透光，这就是光栅。图 8-8 所示为一块黑白型长光栅，平行等距的刻线称为栅线。设其中透光的缝宽为 b，不透光的缝宽为 a，一般情况下，光栅的不透光缝宽等于透光的缝宽，即 $a = b$。图中 $W = a + b$ 称为光栅栅距（也称为光栅节距或光栅常数），光栅栅距是光栅的一个重要参数。对于圆光栅来说，除了参数栅距之外，还经常使用栅距角 γ（也称为节距角），栅距角是指圆光栅上相邻两刻线所夹的角。

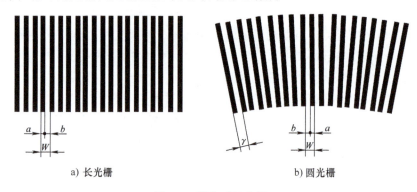

a) 长光栅   b) 圆光栅

图 8-8　黑白型长光栅

在几何量精密测量领域内，光栅按其用途分为长光栅和圆光栅两类，如图 8-9 所示。

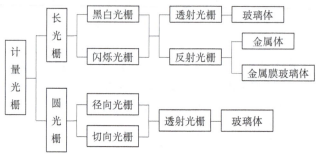

图 8-9　计量光栅的分类图

刻划在玻璃尺上的光栅称为长光栅，也称为光栅尺，用于测量长度或直线位移。根据栅线形式的不同，长光栅分为黑白光栅和闪烁光栅。黑白光栅是指只对入射光波的振幅或发光强度进行调制的光栅。闪烁光栅是对入射光波的相位进行调制，也称为相位光栅。根据光线的走向，长光栅还分为透射光栅和反射光栅。透射光栅是将栅线刻制在有强反射能力的金属（如不锈钢）或玻璃镀金属膜（如铝膜）上，光栅也可刻制在钢带上再粘接在尺基上。

刻划在玻璃盘上的光栅称为圆光栅，也称为光栅盘，用来测量角度或角位移。根据栅线刻划的方向，圆光栅分两种：一种是径向光栅，其栅线的延长线全部通过光栅盘的圆心；另一种是切向光栅，其全部栅线与一个和光栅盘同心的小圆相切。按光线的走向，圆光栅只有透射光栅。

8.2.2　基本工作原理

1. 长光栅的莫尔条纹　把两块栅距相同的光栅刻线面相对叠合在一起，中间留很小的间隙，并使两者的栅线之间形成一个很小的夹角 θ。在刻线的重合处，光从缝隙透过形成亮带，如图 8-10 中的 $a-a$ 线所示；在两光栅刻线的错开处，由于相互挡光作用而形成暗带，如图 8-10 中的 $b-b$ 线所示。

这种亮带和暗带形成明暗相间的条纹称为莫尔条纹，莫尔条纹方向与刻线方向近似垂直，故又称为横向莫尔条纹。相邻两莫尔条纹的间距为 L，其表达式为

$$L = \frac{W}{\sin\theta} \approx \frac{W}{\theta} \tag{8-10}$$

式中，W 是光栅栅距；θ 是两光栅刻线夹角，必须以弧度表示，上式才成立。

当两光栅在栅线垂直方向相对移动一个栅距 W 时，莫尔条纹则在栅线方向移动一个莫尔条纹间距 L。

通常在光栅的适当位置（如图 8-10 中的 sin 位置或 cos 位置）安装光电元件。

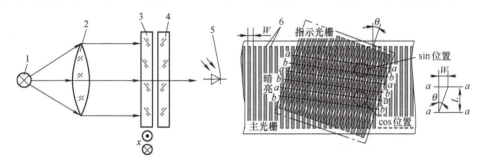

图 8-10　光栅测量原理图
1—光源　2—透镜　3、4—光栅　5—光电元件　6—莫尔条纹

2. 圆光栅的莫尔条纹　圆光栅的栅线是沿径向刻划的，整个光栅的栅线形成一个辐射状的环带。当将两块刻线数相同（角节距相同）的圆光栅偏心放置（其偏心量为 e）时，则由于光栅圆周方向各个部分栅线的夹角 θ 不同，于是形成了不同曲率半径的圆弧形莫尔条纹。其特征为条纹簇的圆心位于两光栅中心连线的垂直平分线上，并且全部圆条纹均通过两光栅的中心。这种莫尔条纹的间距不是定值，随条纹位置的变化而变化。在偏心方向垂直位置上的条纹近似垂直栅线，称为横向莫尔条纹。沿着偏心方向的条纹近似平行于栅线，相应地称为纵向莫尔条纹。在实际应用中，常采用横向莫尔条纹。

3. 莫尔条纹的特点

（1）**放大作用**　莫尔条纹的间距是放大了的光栅栅距，它随着两块光栅栅线之间的夹角而改变。由于 θ 较小，所以具有明显的光学放大作用，其放大比为

$$K = \frac{L}{W} \approx \frac{1}{\theta} \tag{8-11}$$

光栅栅距很小，肉眼分辨不清，而莫尔条纹却清晰可见。

（2）**平均效应**　莫尔条纹由大量的光栅栅线共同形成，所以对光栅栅线的刻划误差有平均作用。通过莫尔条纹所获得的精度可以比光栅本身栅线的刻划精度还要高。

（3）运动方向 当两光栅沿与栅线垂直的方向做相对运动时，莫尔条纹则沿光栅刻线方向移动（两者运动方向垂直）；光栅反向移动，莫尔条纹亦反向移动。在图8-10中，当指示光栅向右移动时，莫尔条纹则向上移动。

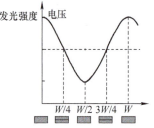

图8-11 光栅位移与发光强度及输出电压的关系

（4）对应关系 两块光栅沿栅线垂直方向做相对移动时，莫尔条纹的亮带与暗带（$a-a$ 线和 $b-b$ 线）将顺序自上而下不断掠过光电元件。光电元件接收到的光强变化近似于正弦波变化。光栅移动一个栅距 W，发光强度变化一个周期，如图8-11所示。

（5）莫尔条纹移过的条纹数等于光栅移过的栅线数 例如采用100线/mm光栅时，若光栅移动了 x（即移过了 $100x$ 条光栅栅线），则从光电元件前掠过的莫尔条纹数也为 $100x$ 条。由于莫尔条纹间距比栅距宽得多，所以能够被光电元件识别。将此莫尔条纹产生的电脉冲信号计数，就可知道移动的实际位移。

8.2.3 辨向及细分

1. 辨向原理 采用一个光电元件的光栅传感器，无论光栅是正向移动还是反向移动，莫尔条纹都做明暗交替变化，光电元件总是输出同一规律变化的电信号，此信号只能计数，不能辨向。为此，必须设置辨向电路。

通常可以在与莫尔条纹相垂直的 y 方向上，在相距 $(m \pm 1/4) L$（相当于电角度1/4周期）的距离处设置 sin 和 cos 两套光电元件，如图8-10中的 sin 和 cos 位置。这样就可以得到两个相位相差 $\pi/2$ 的电信号 u_{os} 和 u_{oc}，经放大、整形后得到 u'_{os} 和 u'_{oc} 两个方波信号，分别送到图8-12a所示的辨向电路中。从图8-12b可以看出，指示光栅向右移动时，u'_{os} 的上升沿经 R_1、C_1 微分后产生的尖脉冲正好与 u'_{oc} 的高电平相与，IC_1 处于开门状态，与门 IC_1 输出计数脉冲，并送到计数器的 UP 端（加法端）做加法计数。而 u'_{os} 经 IC_3 反相后产生的微分尖脉冲正好被 u'_{oc} 的低电平封锁，与门 IC_2 无法产生计数脉冲，始终保持低电平。

反之，当指示光栅向左移动时，由图8-12c可知，IC_1 关闭，IC_2 产生计数脉冲，并被送到计数器的 DOWN 端（减法端）做减法计数。从而达到辨别光栅正、反方向移动的目的。

2. 细分技术 由前面分析可知，当两光栅相对移动一个栅距 W 时，莫尔条纹移动一个间距 L，光电元件输出变化一个电周期 2π，经信号转换电路输出一个脉冲，若按此进行计数，则它的分辨率为一个光栅栅距 W。为了提高分辨率，可以采用增加刻线密度的方法来减少栅距，但这种方法受到制造工艺或成本的限制。另一种方法是采用细分技术，可以在不增加刻线数的情况下提高光栅的分辨率，在光栅每移动一个栅距，莫尔条纹变化一周时，不只输出一个脉冲，而是输出均匀分布的 n 个脉冲，从而使分辨率提高到 W/n。由于细分后计数脉冲的频率提高了，因此细分又称为倍频。

细分的方法有很多种，常用的细分方法是直接细分，细分数为4，所以又称为四倍频细分。实现的方法有两种：一种是在莫尔条纹宽度内依次放置四个光电元件采集不同相位的信号，从而获得相位依次相差90°的四个正弦信号，再通过细分电路分别输出四个脉冲。另一种方法是采用在相距 $L/4$ 的位置上放置两个光电元件，首先得到相位差90°的两路正弦信号

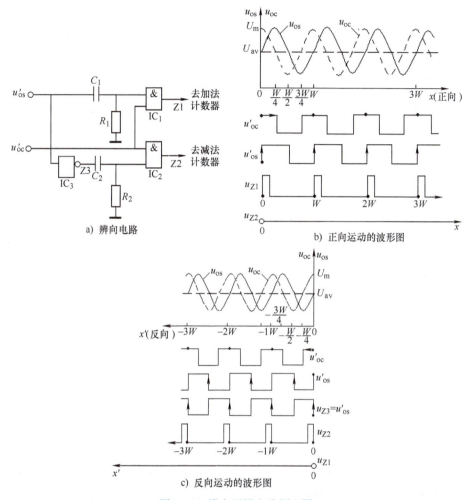

图 8-12 辨向逻辑电路原理图

S 和 C，然后将此两路信号送入图 8-13a 所示的细分辨向电路。这两路信号经过放大器放大，再由整形电路整形为两路方波信号。并把这两路信号各反向一次，就可以得到四路相位依次为 90°、180°、270°、360° 的方波信号，它们经过 RC 微分电路，就可以得到四个尖脉冲信号。当指示光栅正向移动时，四个微分信号分别和有关的高电平相与。同辨向原理中阐述的过程相类似，可以在一个 W 的位移内从 IC_1 的输出端得到四个加法计数脉冲，如图 8-13b 中 u_{Z1} 波形所示，而 IC_2 保持低电平。与图 8-12b 比较，当光栅移动一个栅距 W 时，可以产生四个脉冲信号。反之，就在 IC_2 的输出端得到四个减法脉冲。这样，计数器的计数结果就能正确地反映光栅副的相对位置。

8.2.4 光栅传感器的应用

由于光栅具有一系列的优点，它的测量准确度很高，采用不锈钢反射式，测量范围可达数十米，抗干扰能力强，故在国内外得到广泛应用。近年来，我国设计、制造了很多光栅式测量长度和转角的计量仪器，并成功地将光栅作为数控机床的位置检测元器件，用于精密机床和仪器的精密定位，长度检测，速度、加速度、振动和爬行等的测量。

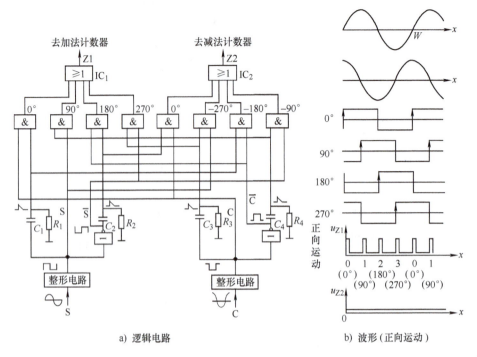

图 8-13　四倍频细分原理

图 8-14a、b 所示为 ZBS 型轴环式数显表的外形及光栅传感器示意图。它是用不锈钢制成的圆光栅。定片（指示光栅）固定，动片（主光栅）与车床的进给刻度轮联动。动片的表面均匀地刻有 500 对透光和不透光条纹，称为 500 线/对。定片为圆弧形薄片，在其表面刻有两条亮条纹，它与主光栅的条纹之间成一特定的角度 θ。这两组亮条纹的间距较特殊，它们使到达两个光电晶体管的莫尔条纹亮暗信号的相位恰好相差 $\pi/2$，即第一个管子接收到正弦信号，第二个管子接收到余弦信号。经整形电路后，两者仍保持相差 1/4 周期的相位关系。通过细分及特殊的辨向电路，根据运动的方向来控制可逆计数器做加法计数或减法计数，测量电路框图如图 8-14c 所示。

ZBS 型轴环式数显表是一种新型的测量角度位移的数字化仪表。它具有体积小、安装简便、读数直观、工作稳定、可靠性好、抗干扰能力强等优点，适用于中小型机床的进给或定位测量，也适用于老机床的改造。如把它装在车床进给刻度轮的位置，可以直接读出进给尺寸，减少停机测量的次数，从而提高工作效率和加工精度。随着微机技术的不断发展，目前人们正在研制带微机的光栅数显装置。采用微机后，可使硬件数量大大减少，功能越来越强。

8.3　磁栅传感器

磁栅传感器是近年来发展起来的一种新型位置检测传感器。与其他类型的检测元器件相比，磁栅传感器具有结构简单，录磁方便，易于安装及调整，测量范围宽（从几十毫米到数十米），抗干扰能力强等一系列优点，因而在大型机床的数字检测及自动化机床的定位控制等方面得到了广泛的应用，但要注意防止磁尺退磁和定期更换磁头。

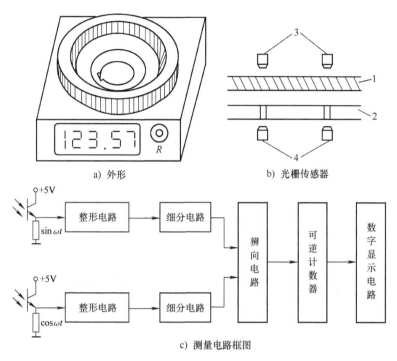

a) 外形　　　　　　　　b) 光栅传感器

c) 测量电路框图

图 8-14　ZBS 型轴环式数显表

1—主光栅　2—指示光栅　3—红外发光二极管　4—光电晶体管

磁栅可分为长磁栅和圆磁栅两大类。长磁栅主要用于直线位移测量，圆磁栅主要用于角位移测量。

8.3.1　磁栅结构及工作原理

磁栅传感器主要由磁尺、磁头和信号处理电路组成。

磁尺是由满足一定要求（有较大的剩磁和矫顽力、耐磨、易加工、热膨胀系数小）的硬磁合金制成；有时也可用热膨胀系数小的非导磁材料做尺基，在尺基的表面镀一层均匀的磁性薄膜，然后录上一定波长的磁信号。磁信号的波长又称为节距，用 W 表示，信号通常有正弦波和方波两种。并且在磁尺表面还要涂上保护层，以防止磁头频繁接触而造成磁膜磨损。在图 8-15 中，磁尺的磁化波形在 N 与 N、S 与 S 重叠部分磁感应强度最大，但是，两者的极性相反，从 N 到 S 磁感应强度呈正弦波变化。

磁尺按其形状可分为实体型磁尺（又名尺型）、带状磁尺、线状磁尺（又名同轴）和圆形磁尺。

磁头可分为动态磁头（又名速度响应式磁头）和静态磁头（又名磁通响应式磁头）两大类。动态磁头只有在磁头与磁尺间有相对运动时，才有信号输出，故不适用于速度不均匀、时走时停的场合；静态磁头是在磁头与磁尺间没有相对运动时也有信号输出的磁头。

下面以静态磁头为例叙述磁栅传感器的工作原理。如图 8-15 所示，静态磁头有两个线圈 N_1 和 N_2。N_1 为励磁线圈、N_2 为感应输出线圈。在励磁线圈中通入交变的励磁电流，使磁心的可饱和部分（截面较小）在每周内两次被电流产生的磁场饱和，这时磁心的磁阻很大，磁栅上的漏磁通就不能由铁心通过输出线圈产生感应电动势。只有在励磁电流每周两次

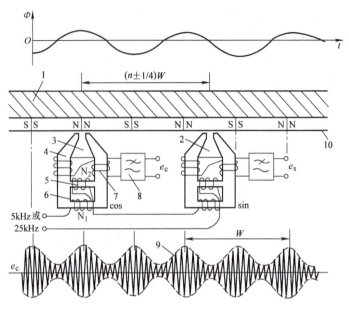

图 8-15 静态磁头的结构及其磁化波形

1—磁尺 2—sin 磁头 3—cos 磁头 4—磁极铁心 5—可饱和铁心
6—励磁线圈 7—感应输出线圈 8—低通滤波器
9—匀速运动时 sin 磁头的输出波形 10—保护膜

过零时，可饱和磁心不被饱和，磁栅上的漏磁通才能通过输出绕组产生感应电动势 e。可见，感应电动势的频率为励磁电流频率的二倍，而 e 的包络线反映了磁头与磁尺的相对位置，其幅值与磁栅进入磁心漏磁通的大小成正比；而与磁头、磁尺间的相对运动速度及励磁电流的大小无关，故称为静态磁头。

为了增大输出，实际使用时常采用多间隙磁头。多间隙磁头具有平均效应作用，因为它的输出是许多间隙所取得信号的平均值，因而可以提高测量准确度。

8.3.2 信号处理方式

磁栅传感器的信号处理方式有鉴相式、鉴幅式之分，其中前者应用较广。下面简要介绍鉴相处理方式。

所谓鉴相处理方式，就是利用输出信号的相位反映磁头的位移量或磁头与磁尺相对位置的信号处理方式。

为了辨别磁头运动的方向，采用两只磁头（sin、cos 磁头）来检取信号。它们相互距离为 $(m \pm 1/4)\,W$，m 为整数。为了保证距离的准确性，通常将两个磁头做成一体。当两只磁头励磁线圈加上同一励磁电流时，两磁头输出线圈的输出信号分别为

$$e_1 = E_\mathrm{m}\sin\theta_x\sin\omega t \tag{8-12}$$

$$e_2 = E_\mathrm{m}\cos\theta_x\sin\omega t \tag{8-13}$$

式中，E_m 是感应电动势幅值系数，单位为 V；ω 是载波角频率，单位为 rad/s；θ_x 是机械位移相位角，简称机械角，单位为 rad，$\theta_x = 2\pi x / W$，x 为机械位移量，W 为磁栅节距。

机械位移相位角 θ_x 反映了磁头与磁栅节距间的周期关系。$E_\mathrm{m}\sin\theta_x$ 和 $E_\mathrm{m}\cos\theta_x$ 分别表示

两个磁头输出的正、余弦信号幅值。

如果采用电子电路把式（8-12）中的 e_1 移相 $90°$ 后，e_1 就变为 e_1'

$$e_1' = E_m \sin\theta_x \cos\omega t \tag{8-14}$$

将式（8-13）和式（8-14）经三角函数和差角公式求和，并经带通滤波器后可得

$$e = e_1' + e_2 = E_m(\sin\theta_x \cos\omega t + \cos\theta_x \sin\omega t) = E_m \sin(\omega t + \theta_x) \tag{8-15}$$

式（8-15）表明，鉴相处理后，电动势 e 的幅值为常数 E_m，其载波相位正比于位移量 x。用电子电路判断相位角，即可获知位移量及位移的方向。当位移为正向时，相位 θ_x 为正值；当位移为反相时，θ_x 为负值。θ_x 的变化范围为 $0 \sim 2\pi$。每改变一个 W，θ_x 就变化一个机械周期。该信号经整形、鉴相内插、细分电路后，产生脉冲信号，由可逆计数器计数，由显示器显示相位的位移量。图 8-16 为上海机床研究所生产的 ZCB – 10 鉴相型磁栅数显表的原理框图。

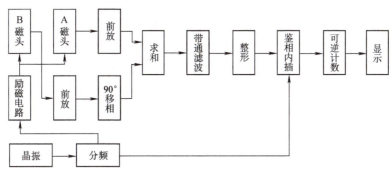

图 8-16　ZCB – 10 鉴相型磁栅数显表的原理框图

8.3.3　磁栅传感器的应用

磁头、磁尺与专用的磁栅数显表配合，可用来检测机械位移量，这是以往人们所经常采用的方法。随着微机技术的出现，人们开始研制带微机的数显表，并在逐步推广应用之中。实践证明，当数显表坐标轴数大于 1（同时测量多方向位移）时，无论是技术指标，还是经济效益、耗能、体积等指标，带微机的数显表都优于普通型数显表。下面以上海机床研究所研制的 WCB 微机磁栅数显表为例来介绍其工作原理及有关特性。

WCB 与该所生产的 XCC 系列和 DCC 系列直线型磁尺相配合（也可与日本 Sony 公司各种系列的直线型磁尺兼容），组成直线位移数显装置。该表具有位移显示功能，直径/半径、公制/英制转换及显示功能，预置功能，报警功能，非线性误差修正功能等。

图 8-17 所示为微机磁栅数显表的总框图。它由磁栅的信号检出电路、鉴相内插细分电路和微机硬件电路构成。

1. 磁栅的信号检出电路　它由磁头的输入（励磁）电路和磁头的输出电路构成。磁头的输入电路包括 8MHz 晶体振荡器、分频器、低通滤波器和功率放大器四部分构成。设计时，采用了一路信号同时激励两只磁头的方式，这样可以节省一只功率放大器，使电路尽可能简化。磁头的输出电路由磁头放大器（包括幅度微调、求和电路等）、带通滤波器和放大器等几个部分构成。当磁头对于磁尺做相对位移时，因为是鉴相处理方式，其感应电动势 $e = E_m \sin(\omega t + \theta_x)$。因为磁尺信号的检出是利用了磁头励磁桥路中 $B - H$ 的开关作用，所以

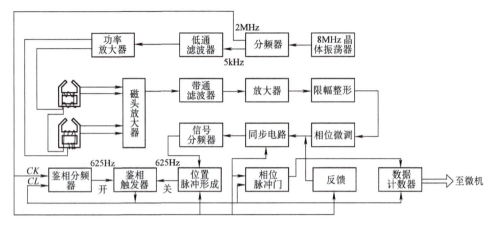

a) 信号检出、鉴相内插细分电路框图

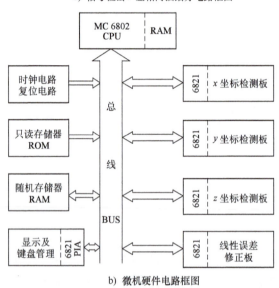

b) 微机硬件电路框图

图 8-17 微机磁栅数显表的总框图

磁头输出信号的谐波分量比较丰富，这就要求必须设置滤波环节。滤波器的信号经放大后可以从检测板上引出，用示波器进行观察。

2. 鉴相内插细分电路 它由限幅整形、相位微调、同步电路、信号分频器、位置脉冲形成、鉴相分频器、鉴相触发器和相位脉冲门等组成。它与普通单坐标轴数显表的鉴相内插细分电路的不同之处：为了满足微机控制的需要，要对位置波信号进行分频处理，即把信号频率（载波频率）减小为 10kHz 的 1/16（即 625Hz），从而满足微机的要求；鉴相触发器的输出信号用相位脉冲门直接插入计数脉冲，输出的脉冲数并不直接代表对应的位移量，它还包括一个常量。当磁头相对于磁尺不动时，输出的计数脉冲数为 1152；当磁头相对于磁尺滞后或超前运动时，输出计数脉冲数大于或小于 1152，其差值对应于磁头、磁尺相对位移量。

3. 微机硬件电路 该数显表吸收了国外较先进的微机数显技术，采用国际通用的 LSI 电路，用 6802（CPU）作为中央处理单元；用 2732（ROM）作为只读存储器；用 5101L（RAM）

作为随机存储器；用五片6821(PIA)作为接口电路，从而构成该数显表的微机控制系统。在电路中，只读存储器用于存放控制程序和数据块，随机存储器用于存放采样数据和运行结果。五片6821中三片分别用于x、y、z坐标的信号检测，一片用于线性误差修正，另一片用于显示及键盘管理。

微机磁栅数显表与普通磁栅数显表的区别：普通磁栅数显表将来自于检测电路的数据直接送显示电路进行显示，而微机磁栅数显表将来自于检测电路的数据先送微机进行运算处理，然后再送显示电路进行显示。这样就大大增加了数显表的功能，使之能满足多种特殊的需要。

数显表采用微机后，其技术经济效果可以从以下方面体现：①减少了硬件数量，降低了功耗，提高了集成度、稳定度及可靠性。②各项功能均由软件程序控制，因此数显表的功能大大增加。可以通过计算机软件程序对x、y、z三个坐标轴的数据进行处理。③增加了通用性（互换性），简化了结构。④有利于提高质量、降低成本。⑤有利于增加数显表的品种，提高数显表的技术水平。

8.4　感应同步器

感应同步器是利用两个平面绕组的电磁感应原理来检测位移的精密传感器，具有对环境要求低，受污染、灰尘影响小，工作可靠，抗干扰能力强，精度高，维护方便及寿命长等优点，目前已被广泛应用于自动化测量和控制系统中。按其用途不同可分为直线式和圆盘式感应同步器两大类，前者用于测量直线位移，后者用于测量角位移。感应同步器与数显表配合使用，能测出0.01mm甚至0.001mm的直线位移，解决了机械加工过程中的长度和角度的自动测量问题。

8.4.1　种类和结构

1. 直线式感应同步器　　直线式感应同步器的主要部件包括定尺和滑尺，图8-18所示为直线式感应同步器的结构及安装示意图。

根据不同的运行方式、精度要求、测量范围和安装条件等，直线式感应同步器可设计成各种不同的尺寸、形状和种类，如标准型、窄型、带型和三重型等，它们分别有如下特点：①标准型：精度高，使用十分普遍。缺点是检测范围较小，接长时易产生接长误差，且体积较大。②窄型：定、滑尺宽度比标准型窄。用于安装尺寸受限制的设备，精度稍低于标准型。③带型：定尺的基板为钢带，滑尺做成游标式，直接套在定尺上。适用于安装表面不易加工的设备上。使用时，只须将钢带两头固定即可。④三重型：定、滑尺上均有粗、中、细三套绕组，可组成绝对坐标测量系统。

以上几种类型中，以标准型感应同步器使用最为广泛。它的结构如图8-19所示。定、滑尺的基板一般选用磁导率高、矫顽力小、便于加工、不易变形、线膨胀系数与机床相似的碳钢制成，基板的厚度一般为10mm。在基板上热压绝缘层和铜箔，铜箔经化学腐蚀法或光刻法制成图8-20所示的绕组。定尺绕组均匀分布在250mm长度的基板上，它是等间距的连续平面绕组，导片与导片之间的中心距称为节距，也称为周期W，如图8-20a中的$W = 2$mm。

滑尺绕组制成两组，即正弦绕组和余弦绕组。它们都是由24组π形铜箔线段串联构成

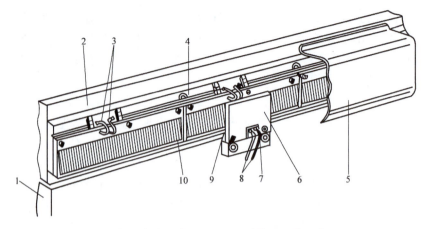

图 8-18 直线式感应同步器的结构及安装示意图

1—固定部件 2—运动部件 3—定尺绕组引线 4—定尺座 5—防护罩

6—滑尺 7—滑尺座 8—滑尺绕组引线 9—调整垫 10—定尺

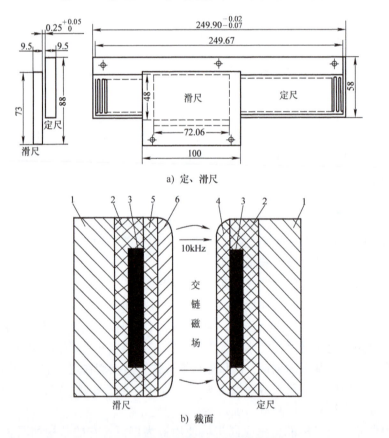

a) 定、滑尺

b) 截面

图 8-19 标准型感应同步器结构图

1—基板 2—绝缘层 3—绕组 4—耐腐蚀绝缘层

5—绝缘黏合剂层 6—铝箔

的，正弦绕组和余弦绕组交替排列，如图 8-20b 所示。图中的 l 设计为 1.5mm，所以正、余弦绕组的中心线相对定尺来说，错开了 1/4 节距（相对于 $\pi/2$ 电相位角），所以它们在空间

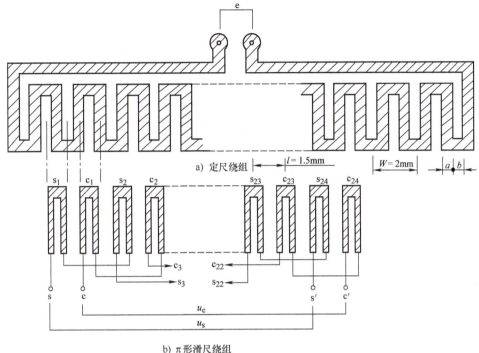

a) 定尺绕组

b) π形滑尺绕组

图 8-20 定、滑尺绕组结构图

上是正交分布的。铜箔上还须喷涂一层耐切削液的绝缘层以保护尺面，在滑尺绕组上有时还需要再黏合上一层铝箔，以防止静电效应。

2. 圆盘式感应同步器 圆盘式感应同步器又称为旋转式感应同步器。目前按圆感应同步器直径大致可分成 302mm、178mm、76mm 和 50mm 几种。其径向绕组导体数也称极数，有 360、720、1080 和 512 极。一般说来，在极数相同的情况下，感应同步器直径越大，越容易做得准确，精度也就越高。

8.4.2 工作原理

安装感应同步器时，定尺和滑尺相互平行、相对安放，如图 8-19 所示，它们之间保持一定的间隙：（0.25±0.005）mm。一般情况下，定尺固定、滑尺可动。当定尺通过励磁电流时，在滑尺的正、余弦绕组上将感应出相位差为 π/2 的感应电压；反之，当滑尺的 sin、cos 绕组分别加上相同频率（通常为 10kHz）的正、余弦电压励磁时，定尺绕组中也会有相同频率的感应电动势产生。

下面以单匝正弦或余弦绕组为例来说明感应电动势与绕组间相对位置变化的函数关系，如图 8-21 所示。

首先，研究正弦绕组单独励磁的情况。当滑尺在图 8-21a 所示的位置时，定尺感应电动势值为最大；当滑尺向右移动 $W/4$ 距离（图 8-21b）时，定尺感应电动势为零；当滑尺继续向右移动至 $W/2$ 处（图 8-21c）时，定尺感应电动势为负的最大值；当移至 $3W/4$ 处（图 8-21d）时，定尺感应电动势又为零。这样，感应电动势随滑尺相对移动而呈周期性地变化，如图 8-21e 中曲线 1 所示。同理，余弦绕组单独励磁时，定尺感应电动势变化如曲线 2

所示。定尺上产生的总感应电动势是正弦、余弦绕组分别励磁时产生的感应电动势之和。

8.4.3 感应同步器的信号处理方式

对于感应同步器组成的检测系统可以采用不同的励磁方式，输出信号也可采用不同的处理方式。从励磁方式来说一般可分为两大类：一类是以滑尺（或定子）励磁，由定尺（或转子）取出感应电动势；另一类则相反。从信号处理方式讲，一般可分为鉴相型、鉴幅型和脉冲调宽型三种。下面以直线式为例，叙述感应同步器信号处理的几种方式。

1. 鉴相型　所谓鉴相型，就是根据感应电动势的相位鉴别位移量的信号处理方式。在滑尺正、余弦绕组上供给频率相同、幅值相等，但相位相差 $\pi/2$ 的励磁电压，即

$$u_s = E_m \sin\omega t \qquad (8\text{-}16)$$

$$u_c = -E_m \cos\omega t \qquad (8\text{-}17)$$

式中，E_m 是励磁电压幅值，单位为 V。

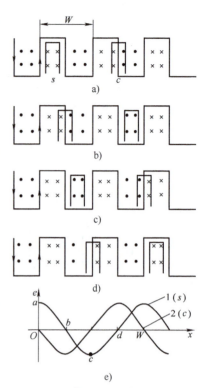

图 8-21　感应电动势与两相绕组相对位置的关系

由于正、余弦绕组的自感系数很小，励磁频率也不高，所以可以把正、余弦绕组的阻抗看成纯电阻，流过绕组的电流与励磁电压相位基本相同。根据电磁感应原理，在定尺绕组中产生的感应电动势分别为

$$e_s = KE_m \sin\theta_x \cos\omega t \qquad (8\text{-}18)$$

$$e_c = KE_m \cos\theta_x \sin\omega t \qquad (8\text{-}19)$$

式中，K 是电磁耦合系数；θ_x 是机械位移相位角，又称为机械角，单位为 rad，$\theta_x = 2\pi x/W$，x 为机械直线位移，W 为定尺节距。

当正向运动时，根据叠加原理及三角函数的和差公式，定尺输出的总感应电动势为

$$e = e_s + e_c = KE_m(\sin\theta_x \cos\omega t + \cos\theta_x \sin\omega t)$$

$$= KE_m \sin(\omega t + \theta_x) = KE_m \sin\left(\omega t + \frac{2\pi x}{W}\right) \qquad (8\text{-}20)$$

当反向运动时，定尺输出的总感应电动势为

$$e = KE_m \sin(\omega t - \theta_x) = KE_m \sin\left(\omega t - \frac{2\pi x}{W}\right) \qquad (8\text{-}21)$$

从式（8-20）、式（8-21）可知，感应电动势 e 与励磁电压 u_s 在时间上的相位差为 θ_x。这样就可以把定、滑尺间的位移量 x 变换成输出电动势的相位角的函数，x 与 θ_x 呈线性关系。只要设法鉴别出输出电动势的相位差，便可测得机械位移量，具体的鉴相过程可参考磁栅传感器的有关内容。

2. 鉴幅型　所谓鉴幅型，就是根据感应电动势的幅值来鉴别位移量的信号处理方式。在滑尺的正弦绕组和余弦绕组上分别供给同频、同相、不同幅（E_s、E_c）的正弦励磁电

压，即

$$u_s = -E_s \sin\omega t$$
$$u_c = E_c \sin\omega t \tag{8-22}$$

它们分别在定尺上产生的感应电动势为

$$e_s = -KE_s \cos\omega t \cos\left(\frac{2\pi x}{W}\right)$$
$$e_c = KE_c \cos\omega t \sin\left(\frac{2\pi x}{W}\right) \tag{8-23}$$

总的感应电动势为

$$e = e_s + e_c = K\left[E_c \sin\left(\frac{2\pi x}{W}\right) - E_s \cos\left(\frac{2\pi x}{W}\right)\right]\cos\omega t$$
$$= K(E_c \sin\theta_x - E_s \cos\theta_x)\cos\omega t \tag{8-24}$$

E_s、E_c 是采用函数变压器得到的二相不同幅值的励磁电压，即

$$E_s = E_m \sin\theta_d$$
$$E_c = E_m \cos\theta_d \tag{8-25}$$

θ_d 为给定的电相角，将式（8-25）代入式（8-24），可得总的感应电动势为

$$e = KE_m \sin(\theta_x - \theta_d)\cos\omega t \tag{8-26}$$

在式（8-26）中，感应电动势 e 的幅值为 $KE_m \sin(\theta_x - \theta_d)$。当滑尺相对定尺的位移为 x 时，感应电动势的幅值发生变化。通过检测感应电动势的幅值，就可检测位移量 x。

除了以上介绍的鉴相型、鉴幅型外，现在较为常用的还有脉冲调宽型，它的优点在于克服了鉴幅型中函数变压器绕制工艺和开关电路的分散性所带来的误差，但它的处理方式实质上就是鉴幅型处理方式。由于篇幅所限，这里不再做介绍。

8.4.4　感应同步器数显表及其应用

感应同步器的应用十分广泛。它与数字位移显示装置（简称感应同步器数显表）配合，能快速地进行各种位移的精密测量，并进行数字显示。它若与相应电气控制系统组成位置伺服控制系统（包括自动定位及闭环伺服系统），能实现整个测量系统半自动化及全自动化。随着微机技术的出现，现又在感应同步器数显表中配上微机处理机。这样，大大提高了数字显示功能及位移检测的可靠性。

1. 鉴幅型感应同步器数显表　根据感应同步器检测信号的处理方式不同，感应同步器数显表也可分为鉴相型、鉴幅型及脉冲调宽型三种。这里仅介绍鉴幅型数显表的工作原理。图 8-22 所示为直线式感应同步器数显装置系统连接示意图。将感应同步器的定、滑尺分别装在被测对象的固定和可动部件上。当定、滑尺做相对位移时，将在定尺上产生感应电动势。此感应电动势通过前置放大器输入到数显表中，数显表的作用是将感应同步器输出的信号转换成数字信号并显示出相应的机械位移量，图中匹配变压器是为了使激励源与感应同步器阻抗匹配而设置的。

图 8-23 为上海机床电器厂生产的 SF2 数显表原理框图。其工作原理简述如下。

当感应同步器的定尺和滑尺开始处于平衡位置，即 $\theta_x = \theta_d$ 时，定尺上的感应电动势为零，系统处于平衡状态。

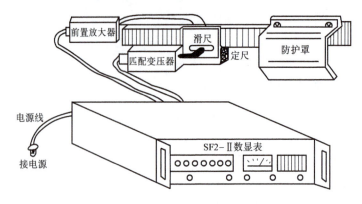

图 8-22　直线式感应同步器数显装置系统连接示意图

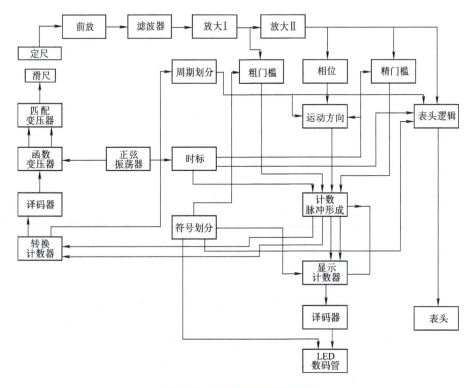

图 8-23　SF2 数显表原理框图

当滑尺移动 $\Delta\theta_x$ 后，$\theta'_x = \theta_x + \Delta\theta_x$，此时，$\theta_d \neq \theta'_x$，在定尺上就有误差电动势输出。此误差信号经放大、滤波、再放大后与门槛电路的基准电平比较，若超过门槛基准电平，则说明机械位移量 $\Delta\theta_x$ 所对应的 Δx 大于仪器所设定的数值（如 0.01mm），此时，门槛电路打开，输出一个计数脉冲，此脉冲代表的位移量（即脉冲当量）为 0.01mm。这个计数脉冲一方面经计数器、译码器进行数字显示；另一方面又进入转换计数器，使电子开关状态改变一次，从而函数变压器输出的励磁电压改变一次电角度，使 $\Delta\theta_d = \Delta\theta'_x$，于是感应电动势 e 又回到零，系统重新进入平衡状态。

当滑尺继续移动 0.01mm 后，系统又进入不平衡状态，门槛电路继续输出一个脉冲，计数器再计一个数并显示出来，函数变压器也再校正一个电角度，使 $\theta_d = \theta'_x$，系统又恢复平衡。这样，滑尺每移动 0.01mm，系统就从不平衡到平衡。如此不断循环，达到计数显示的目的。

如果机械位移量小于 0.01mm，则门槛电路打不开，脉冲也就放不出，后面各步的动作也不再进行，LED 数码管显示的数值不变。此时的误差电压进入 μm 级的位移量。

2. 微处理机感应同步器位置测量系统　图 8-24 所示为微处理机感应同步器位置测量系统的原理框图。图 8-24 中用点画线框起来的部分相当于普通型感应同步器数显表的闭环部分。而微机处理所接受的信号由转换计数器、电平转换器、经 I/O 口 1 输入。它代替了普通型开环部分的所有逻辑功能，在微型机中由固化在 ROM（只读存储器）中的程序来实现。CPU 把位置信号存储在 RAM（随机存取存储器）中，经过数据处理后，通过 I/O 口 3 送出显示。绝对零位信号通过 I/O 口 0 送入 CPU，CPU 还可以通过 I/O 口 2 去控制执行元件，并通过设置在面板上的键盘进行人机交互。

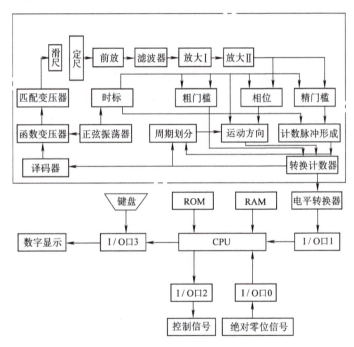

图 8-24　微处理机感应同步器位置测量系统的原理框图

根据数字显示的要求，CPU 读入的转换计数器的计数值要进行六个方面的处理。这六个方面的内容是：初态处理、小数值显示、移动方向处理、整数值显示、符号处理、过零处理。经过六方面处理后，数字显示就可以从 0 开始，在 0 的右边显示正值，在 0 的左边显示负值。感应同步器趋向 0 点运动时，无论是在正区还是在负区，其位移 x 的绝对值总是减小的；当感应同步器离开 0 点运动时，其位移 x 绝对值总是增加的。过 0 后符号改变，从而实现数显表对位移检测的要求。

本系统有如下主要功能：①在任意位置按下 C_E 键，可使显示清零。②绝对位置显示。③基点存储和读出。④超速报警。该系统最大速度为 30m/min，超过此速度立即报警。⑤溢出报警。⑥RAM 数据区由电池支持，以保证电源切断后，数据不致丢失。

在本系统基础上如作进一步改进，可以进行 x、y、z 三坐标测量显示，加工积累误差修正、公/英制数字转换、半径/直径数字转换、预选定位控制功能，甚至可配上磁带机存取用于重复操作程序，配上打印机，记下加工尺寸等功能。总之，微机处理机使位移检测技术更先进。

复习思考题

1. 简述码盘式转角 – 数字编码器的工作原理及用途。
2. 机械工业中常用的数字式传感器有哪几种？它们分别利用了什么原理？各有何特点？
3. 简述光栅传感器的工作原理及用途。
4. 数字式传感器及数显表采用微机后，有什么好处？
5. 简述带微机检测系统的构成。

延伸阅读

▶ 探秘辽宁沈阳机器人产业基地

在辽宁沈阳机器人产业基地，由协作机器人进行指引和介绍，服务机器人为参访者提供饮料，各种扫地机器人完成保洁，机器人代替人完成实际生产和生活中多种工作，所有的动作精准而平稳。说明了我国智能制造发展取得了长足的进步和快速的发展。

以新一代信息技术与先进制造技术深度融合为主线，深入实施智能制造工程，着力提升创新能力、供给能力、支撑能力和应用水平，加快构建智能制造发展生态，持续推进制造业数字化转型、网络化协同、智能化变革，为促进制造业高质量发展、加快制造强国建设、发展数字经济、构筑国际竞争新优势提供有力支撑。

相关短视频请参看随赠的教学辅助资源。

第9章 其他类型传感器及其应用

9.1 压电式传感器

企业案例 — 引入 用于睡眠质量监测的监测仪是将特定传感器——压电薄膜传感器（可以做成任何形状）置于床垫上检测人体呼吸频率、心率和其他参数（如身体移动和下床），从而为智能 APP 等睡眠质量分析工具提供更全面的数据，以获得更精确的睡眠质量分析。内置传感器的床垫可以每日监测用户的睡眠习惯，包括翻身、心率、呼吸、睡眠周期、甚至打鼾，以及卧室温度、湿度等情况。传感器收集到的数据会被传输到手机端，呈现在用户面前的是经过系统数据分析后的睡眠报告及改善建议。

本节将学习该案例中用到的压电传感器。

◇◆ **本节学习的重点：** 压电传感器的压电效应原理和测量电路。

◇◆ **本节学习的难点：** 压电传感器的压电效应原理和压电传感器的应用。

压电式传感器是一种典型的自发电式传感器，它由压电传感元件和测量转换电路组成。压电传感元件是以某些电介质的压电效应为基础，在外力作用下，电介质的表面产生电荷，通过测量转换电路就可实现非电量电测的目的，所以这是一种典型的自发电式传感器。

压电传感元件是一种力敏感元件，凡是能够变换为力的物理量，如应力、压力、振动和加速度等，均可进行测量，由于压电效应的可逆性，压电元件又常用作超声波的发射与接收装置。

压电式传感器具有体积小、重量轻、频响高及信噪比大等特点，又由于它没有运动部件，因此结构牢固、可靠性、稳定性高。压电式传感器是应用较多的一种传感器。

9.1.1 压电效应

某些电介质在沿一定方向上受到力的作用而变形时，内部会产生极化，同时在其表面有电荷产生，当去掉外力后，表面电荷消失，这种现象称为压电正向效应。反之，在电介质的极化方向施加交变电场，它会产生机械变形，当去掉外加电场，机械变形随之消失，这种现象称为压电逆向效应（电致伸缩效应）。具有压电效应的物质很多，如天然的石英晶体、人工制造的压电陶瓷等，现以石英晶体为例，说明压电效应的机理。

图 9-1 所示为石英晶体的外形及切片，天然结构的石英晶体是正六棱柱状，两端为对称的棱锥，在晶体学中可用三根相互垂直的轴表示其方向。其中纵向轴称为光轴，记作 z 轴；经过棱线并垂直于光轴的轴线为电轴，记作 x 轴；与光轴和电轴同时垂直的轴线（必然垂直于正六面体的棱面）称为机械轴，记作 y 轴。

石英晶体的化学式为 SiO_2，晶体内部每一个晶体单元中有三个硅离子和六个氧离子，其中氧离子是成对出现的。硅离子有 4 个正电荷，氧离子有两个负电荷，一个硅离子和两个

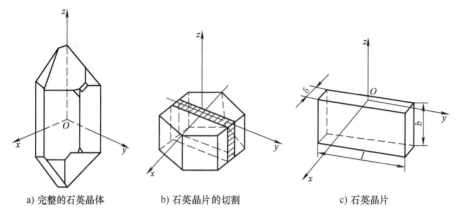

a) 完整的石英晶体   b) 石英晶片的切割   c) 石英晶片

图 9-1　石英晶体外形及切片

氧离子交替排列。图 9-2 所示为它们在 z 平面上的投影。石英晶体之所以能够产生压电效应，是与其结构分不开的。为讨论方便，将图 9-2 中硅氧离子的排列等效为图 9-3a 中的正六边形排列。

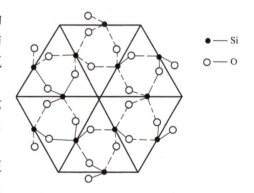

　　当外力为零时，正、负离子正好分布在正六边形的顶角上，此时正、负电荷等效中心重合，且电荷量相等，因而晶体呈中性。

　　如图 9-3b 所示，当晶体受到沿 x 轴方向的压力 F_x 作用时，晶体沿 x 轴方向产生压缩变形，正、负离子的相对位置也随之发生变化，变形后的正、负电荷等效中心不再重合，正电荷中心上移，负电荷中心下移，这就是极化现象，由于内部的极化，其表面将产生电荷。

图 9-2　石英晶体中硅、氧离子
在 z 平面上的投影

　　如图 9-3c 所示，当晶体受到沿 y 轴方向的压力 F_y 作用时，晶体变形、极化、表面产生电荷。

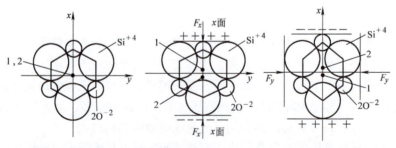

a) 未受力的石英晶体　　b) 受 x 向压力的石英晶体　　c) 受 y 向压力的石英晶体

图 9-3　石英晶体的压电效应机理

　　如果沿 z 轴方向作用力时，晶体正六边形形状不变，因而不会产生压电效应。

　　综上所述，石英晶体的结构特性有以下几点：

1）沿 x 轴、y 轴方向作用力时，可产生压电效应。沿 z 轴方向施力，无压电效应。同样，当对石英晶体的各个方向同时施加相等的力（如液体压力、热应力……），石英晶体无压电效应。

2）不论沿 x 轴方向还是 y 轴方向的作用力，正、负电荷等效中心只在 x 轴方向移动，此为极化方向，即电荷只产生在垂直于 x 轴的两平面上。

3）沿 y 轴方向作用拉力与沿 x 轴方向作用压力，晶胞结构变形相同，因而产生的电荷极性相同，同样道理，沿 x 轴方向作用拉力与沿 y 轴方向作用压力而产生的电荷极性相同。

在晶体的线性弹性范围内，当沿 x 轴方向作用压力 F_x 时，在与 x 轴垂直的平面上产生的电荷量为

$$Q = d_{11}F_x \tag{9-1}$$

式中，d_{11} 是沿 x 轴方向施力的压电常数。

当沿 y 轴方向作用压力 F_y 时，电荷仍出现在与 x 轴相垂直的平面上，其电荷量为

$$Q = d_{12}\frac{l}{\delta}F_y = -d_{11}\frac{l}{\delta}F_y \tag{9-2}$$

式中，l 是石英晶片的长度，单位为 m；δ 是晶片的厚度，单位为 m；d_{12} 是沿 y 轴方向施力的压电常数，由于石英晶体的轴对称，所以 $d_{12} = -d_{11}$；" $-$ "指所产生的电荷极性相反，与图 9-3 一致。另从公式中可看出，沿 y 轴方向施力时所产生的电荷量与晶片的几何尺寸有关。

9.1.2　压电材料

压电材料的主要特性参数如下。

1）压电常数 d：它表示产生的电荷与作用力的关系。应用中的压电材料应具有较大的压电常数。

2）居里点：这是一个温度数值，当温度升高到居里点温度时，压电材料将丧失压电性质，不同材料具有不同的居里点。

3）介电常数 ε_r：它决定固有电容的大小。ε_r 大，可减小外部分布电容对电容的影响，且低频特性好。

4）电阻率：电阻率高、内阻大，电荷泄漏少，低频特性好。

5）刚度：刚度大，机械强度高，固有频率高、线性范围宽、动态性能好。

应用于压电式传感器中的压电材料有石英晶体、压电陶瓷和高分子压电材料。

1. 石英晶体　石英晶体是一种单晶体结构，有天然和人工培养两种。石英晶体的最大优点是温度稳定性好，在 20～200℃ 的温度范围内，压电常数几乎不随温度变化，居里点为 575℃，自振频率高、动态响应好、线性范围宽、机械强度高，允许应力可达 6800～9800N/cm² 。其缺点是灵敏度低，介电常数小（$d_{11} = 2.31 \times 10^{-12}$ C/N），因此石英晶体大多用于标准传感器或用于温度较高的传感器中。

2. 压电陶瓷　压电陶瓷属于铁电体物质，是一种人工制造的多晶体压电材料，原始的压电陶瓷呈中性，不具有压电性质，只有在高温高压下做极化处理后才具有很强的压电效应。压电陶瓷制造工艺成熟，通过改变配方或掺杂微量元素可使材料的技术性能有较大改变，以适应各种要求。它还具有良好的工艺性，可以方便地加工成各种需要的形状。它比石英晶体的压电系数高得多，而且制造成本较低。

常用的压电陶瓷材料主要有以下几种。

1）锆钛酸铅系列压电陶瓷（PZT）。锆钛酸铅系列压电陶瓷是由钛酸铅和锆酸铅组成的固熔体。它有较高的压电常数[$d = (200 \sim 500) \times 10^{-12} \mathrm{C/N}$]和居里点（500℃左右），是目前经常采用的一种压电材料。在上述材料中加入微量的镧(La)、铌(Nb)或锑(Sb)等，可以得到不同性能的 PZT 材料。

2）非铅系压电陶瓷。为减少铅对环境的污染，人们正积极研制非铅系压电陶瓷。主要有钛酸钡（$BaTiO_3$）基无铅压电陶瓷、BNT 基无铅压电陶瓷、铌酸盐基无铅压电陶瓷、钛酸铋钠钾无铅压电陶瓷和钛酸铋锶钙无铅压电陶瓷等，它们的各项性能多已超过含铅系列压电陶瓷，是今后压电陶瓷的发展方向。

3. 高分子压电材料 高分子压电材料是一种新型材料，有聚偏二氟乙烯（PVF_2 或 PVDF）、聚氟乙烯（PVF）和改性聚氯乙烯（PVC）等，其中以 PVF_2 和 PVDF 的压电常数最高。有的材料比压电陶瓷还要高十几倍，其输出脉冲电压有的可以直接驱动 CMOS 集成门电路。高分子压电材料的最大特点是具有柔软性，可根据需要制成薄膜或电缆套管等形状，经极化处理后就显现出压电特性。它不易破碎，具有防水性，测量动态范围宽，频响范围大，而且工作温度不高（一般低于100℃，且温度升高，灵敏度降低），机械强度也不高，容易老化，因此常用于对测量准确度要求不高的场合，如水声测量、防盗和振动测量等方面。

9.1.3 测量电路

1. 压电元件的等效电路 由压电元件的压电效应可以知道，压电元件在承受沿敏感轴方向的外力作用时，就会产生电荷，因此它相当于一个电荷发生器，当压电元件表面聚集电荷时，它又相当于以压电材料为介质的电容器，两电极板间的电容 C_a 为

$$C_a = \frac{\varepsilon_r \varepsilon_0 A}{\delta} \tag{9-3}$$

式中，A 是压电元件的电极面积，单位为 m^2；δ 是压电元件的厚度，单位为 m；ε_r 是压电材料的相对介电常数；ε_0 是真空介电常数，单位为 F/m。

因此，压电元件可以等效为一个与电容相并联的电荷源，如图 9-4a 所示，压电元件的端电压为

$$U_a = \frac{Q}{C_a} \tag{9-4}$$

压电元件也可以等效为一个电压源，如图 9-4b 所示。

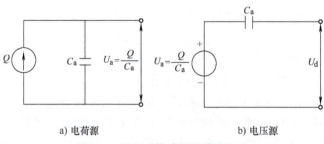

a) 电荷源   b) 电压源

图 9-4 压电式传感器的等效电路

如果压电元件与测量电路相连接，就得考虑连接电缆的分布电容 C_c、放大器的输入电阻 R_i、输入电容 C_i 及压电元件的泄漏电阻 R_a，考虑这些因素后的等效电路如图 9-5 所示。

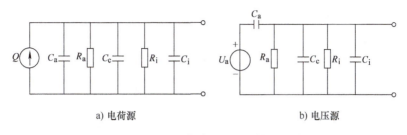

a) 电荷源　　　　　　　　　　b) 电压源

图 9-5　压电式传感器的实际等效电路

2. 电荷放大器　压电式传感器的内阻抗极高，而输出信号又非常微弱，因此它的测量电路通常需要有一个高输入阻抗的前置放大级作为阻抗匹配，然后方可采用一般的放大、检波、显示等。

前置放大器的作用有两个：一是把压电式传感器的高输出阻抗变换成低阻抗输出；二是放大传感器输出的微弱信号。根据压电元件的等效电路，前置放大器有两种形式：一种是电压放大器，一种是电荷放大器。由于电压放大器的输出电压与连接电缆的分布电容 C_c 及放大器的输入电容 C_i 有关，它们均为变量，会影响测量结果，所以目前多采用性能稳定的电荷放大器。

电荷放大器是一种具有电容反馈的高增益运算放大器，等效电路如图 9-6 所示。

图中，g_c、g_i、g_f 分别为电缆的漏电导、放大器的输入电导、放大器的反馈电导。C_f 为放大器的反馈电容。事实上，g_c、g_i、g_f 都很小，当略去漏电导的影响时，有

$$U_o = \frac{-QA}{C_a + C_c + C_i - C_f(A-1)} \quad (9\text{-}5)$$

当运算放大器的开环增益很大时，即 $A \gg 1$，有

$$AC_f \gg C_a + C_c + C_i$$

于是式（9-5）可近似为

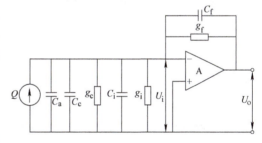

图 9-6　电荷放大器的等效电路

$$U_o \approx \left| \frac{Q}{C_f} \right| \quad (9\text{-}6)$$

上式表明，电荷放大器的输出电压与传感器的电荷量 Q 成正比，而与电缆电容 C_c 无关。

9.1.4　应用

由于压电式传感器是自发电式传感器，压电元件受外力作用产生的电荷只有在无泄漏的情况下才能保存，这在测量过程中是不可能的，只有在交变力的作用下，压电元件上的电荷才能得到不断补充，因此压电式传感器不适合静态力的测量，只能用于脉冲力、冲击力、振动加速度等动态力的测量。

压电材料不同，它们的特性就不相同，所以用途也不一样。压电晶体主要用于实验室基准传感器；压电陶瓷价格便宜、灵敏度高、机械强度好，常用于测力和振动传感器；而高分子压电材料多用于定性测量。下面就几种典型应用做一简单介绍。

1. 压电点火器　当点燃打火机或煤气灶时，就有一种压电陶瓷已经悄悄为你服务了一次。

生产厂家在这类压电点火装置内藏着一块压电陶瓷，当用户按下点火装置的弹簧时，传动装置就把压力施加在压电陶瓷上，使它产生很高的电压，进而将电能引向燃气的出口放电，于是燃气就被电火花点燃了，如图9-7所示。压电陶瓷的这种应用正是利用了压电效应。

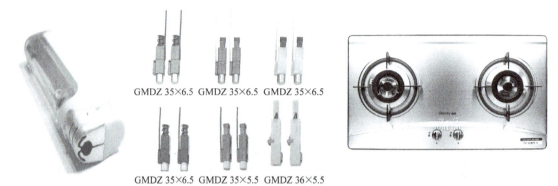

GMDZ 35×6.5　GMDZ 35×6.5　GMDZ 35×6.5

GMDZ 35×6.5　GMDZ 35×5.5　GMDZ 36×5.5

图9-7　压电点火器的应用

2. 玻璃破碎报警装置　将高分子压电薄膜振动感应片（见图9-8）粘贴在玻璃上，当玻璃遭暴力打碎的瞬间，它会发出几千赫兹甚至更高频率的振动。压电薄膜感受到这一振动，并将这一振动转换成电压信号传送给报警系统。

感应片既小又薄且透明不易察觉，所以可安装于贵重物品的柜台，展馆、博物馆的橱窗用于防盗报警。

3. 压电式报警系统　如图9-9所示，在警戒地区的四周埋设多根高分子压电电缆，当入侵者踩到电缆上面的柔性地面时，该压电电缆受到挤压，产生压电脉冲而引起报警。由于压电电缆埋设在地下，因而隐蔽且不易受电、光、雾、雨水等的干扰。

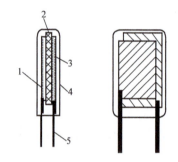

图9-8　高分子压电薄膜振动感应片外形结构图
1—正面透明电极　2—PVDF薄膜　3—反面透明电极　4—保护膜　5—引脚

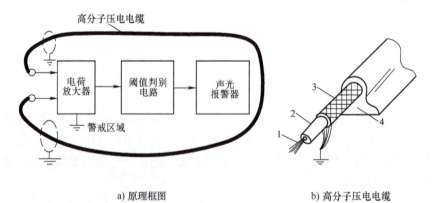

a) 原理框图　　　　　　b) 高分子压电电缆

图9-9　高分子压电电缆周界报警系统
1—铜芯线（分布电容内电极）　2—管状高分子压电塑料绝缘层
3—铜网屏蔽层（分布电容外电极）　4—橡胶保护层（承压弹性元件）

4. 压电式单向测力传感器 图9-10所示为压电式单向测力传感器的结构，被测力通过传力上盖使压电陶瓷片受压力作用而产生电荷。压电陶瓷片通常采用两片（或两片以上）黏结在一起。图中的压电片采用并联接法，并联后压电片输出的总电荷量为单片压电片的两倍，因而提高了传感器的灵敏度。这种传感器主要用于变化频率不太高的动态力的测量，图9-11所示为车床刀具动态切削力的测量示意图。

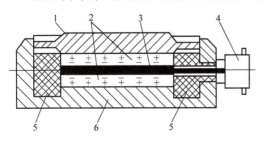 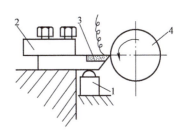

图9-10 压电式单向测力传感器结构

1—传力上盖 2—压电片 3—电极
4—电极引出插头 5—绝缘材料 6—底座

图9-11 车床刀具动态切削力测量示意图

1—单向动态力传感器 2—刀架
3—车刀 4—工件

5. 压电式振动加速度传感器 压电式振动加速度传感器的结构多种多样，常用的一种结构如图9-12所示，将传感器与被测振动体紧固在一起，使传感器与被测物体同频率振动。质量块就有一正比于加速度的惯性力作用在压电片上，其方向与振动加速度方向相反，大小由 $F = ma$ 决定。因而传感器的输出电荷即与被测物体的振动加速度成正比。结构中的弹簧是给压电晶片施加预紧力的，预紧力应适中，不能太大也不能太小，这种结构的振动加速度传感器固有频率高，可用于较高频率的测量（几千赫兹至几十千赫兹），有较高的灵敏度，且结构中的弹簧、质量块和压电元件不与外壳直接接触，受环境影响小，所以是目前应用较多的一种形式。

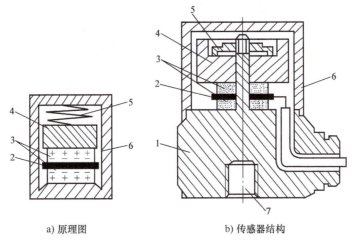

a) 原理图　　　　　　　　b) 传感器结构

图9-12 压电式振动加速度传感器

1—基座 2—引出电极 3—压电晶片 4—质量块 5—弹簧 6—壳体 7—固定螺孔

6. 高分子压电电缆测速系统 高分子压电电缆测速系统是由两根相隔一段距离、平行埋设于柏油路面下50mm处的高分子压电电缆构成的，如图9-13所示。它可以用来测量车辆速度，并根据相关档案的数据判定汽车的车型，还能判断是否超重。

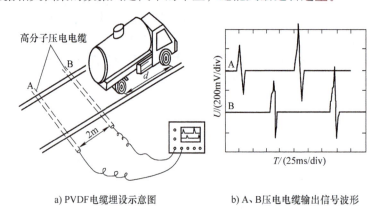

a) PVDF电缆埋设示意图　　　　b) A、B压电电缆输出信号波形

图9-13　高分子压电电缆测速系统原理图

当一辆超重车辆以较快的车速经过测速系统时，两根压电电缆输出的信号波形如图9-13b所示，根据输出波形可以计算出车速，以及汽车前后轮之间的距离，并由此判断车型，核定汽车的允许载重量。根据信号幅度估算汽车载重量，判断是否超重。

9.2　超声波传感器

企业案例二引入　用于药物灌注监测的监测仪是由特定传感器——超声波气泡传感器实现的。例如静脉输液过程中需要严格控制输液管中气泡的进入，输液管产生的气泡一旦进入人体，会对病人造成不利影响，当气泡体积大于5mL时，甚至会导致死亡，因此加强医疗泵的气泡监测很有必要。如图9-14所示，AD－101非侵入式气泡监测器利用超声波技术（即超声波的散射衰减特性）能够识别各种类型液体中是否

图9-14　AD－101非侵入式气泡监测器

存在流动中断。当输液管被气泡填充时，由于空气和水的声阻抗较大，传感器发射端释放的超声波在其中传播会有很大的反射系数，从而引起较大衰减，其衰减值可被传感器接收端及时捕捉并转换成相应的电信号。它几乎适用于所有内径小于10mm的灵活塑料管或管道。

本节将学习超声波传感器的相关知识，包括超声波及其物理性质、超声波的特点及应用。

◇◆ **本节学习的重点**：超声波的特点及应用。

◇◆ **本节学习的难点**：超声波及其物理性质。

超声波与可闻声波一样，是机械振动在弹性介质中的传播过程。超声波检测就是利用不同介质的不同声学特性对超声波传播的影响进行探查和测量的一门技术。超声检测的最大特点是无损检测。目前工业中的检测主要用于金属构件、混凝土制品、塑料制品和陶瓷制品的探伤及厚度检测。此外，在物位、液位、流量、流速、防盗报警以及在我们生活中的其他许多领域，超声波的应用越来越广泛。

9.2.1 超声波及其物理性质

1. 超声波及其波形 声波是一种机械波。声波的振动频率在20Hz ~ 20kHz 范围内，为可闻声波；低于20Hz 的声波为次声波；高于20kHz 的声波为超声波。次声波、超声波是人耳感觉不到的，但许多动物都能感受到，如海豚、蝙蝠及某些昆虫，都能很好地感受超声波。超声波不同于可闻声波，其波长短、绕射小，能够形成射线而定向传播，超声波在液体、固体中衰减很小，穿透能力强，特别是在固体中，超声波能穿透几十米的厚度。在碰到杂质或分界面，就会产生类似于光波的反射、折射现象。超声波的这些特性使它在检测技术中获得了广泛应用。

根据声源在介质中的施力方向与波在介质中传播方向的不同，声波的波形也不同。声波的传播波形主要有纵波、横波和表面波。

1）纵波：质点振动方向与传播方向一致的波称为纵波，它能在固体、液体和气体中传播。

2）横波：质点振动方向与传播方向相垂直的波，称为横波，它只能在固体中传播。

3）表面波：质点的振动介于纵波和横波之间，在固体表面平衡位置作椭圆轨迹，沿着固体表面向前传播的波，称为表面波，如图9-15 所示，它只能在固体中传播。

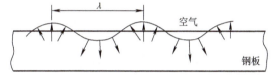

图 9-15　表面波

2. 声速、声压、声强、扩散角

1）声速：声波的传播速度取决于介质的弹性系数，介质的密度及声阻抗、声阻抗 Z 为介质密度 ρ 与声速 C 的乘积，即

$$Z = \rho C \tag{9-7}$$

其中，声速 C 恒等于声波的波长 λ 与频率 f 的乘积，即

$$C = \lambda f \tag{9-8}$$

表9-1 列出了几种常用材料的声速与密度、声阻抗的关系。

在固体中，纵波、横波和表面波三者的声速有着一定的关系。通常横波的声波约为纵波声速的一半，表面波声速约为横波声速的90%。

2）声压：当超声波在介质中传播时，质点所受交变压强与质点静压强之差称为声压 P。声压与介质密度 ρ、声速 C、质点的振幅 X 及振动的角频率 ω 成正比，即

$$P = \rho C X \omega \tag{9-9}$$

表9-1　常用材料的密度、声阻抗与声速（环境温度为0℃）

材　　料	密度 $\rho/(10^3 kg \cdot m^{-3})$	声阻抗 $Z/(10MPa \cdot s^{-1})$	纵波声速 $C_L/(km/s)$	横波声速 $C_S/(km/s)$
钢	7.8	46	5.9	3.23
铝	2.7	17	6.32	3.08
铜	8.9	42	4.7	2.05
有机玻璃	1.18	3.2	2.73	1.43
甘油	1.26	2.4	1.92	—
水（20℃）	1.0	1.48	1.48	—
油	0.9	1.28	1.4	—
空气	0.0013	0.0004	0.34	—

3）声强：单位时间内，在垂直于声波传播方向上单位面积 A 内所通过的声能称为声强 I，声强与声压的二次方成正比，即

$$I = \frac{1}{2}\frac{P^2}{Z} \tag{9-10}$$

4）扩散角：超声波声源发出的超声波束是以一定的角度向外扩散的，如图 9-16 所示。在声源的中心轴线上声强最大，随着扩散角度的增大声强逐步减小。半扩散角 θ、声源直径 D 以及波长 λ 之间的关系为

$$\sin\theta = \frac{1.22\lambda}{D} \tag{9-11}$$

3. 反射与折射　当超声波从一种介质传播到另一种介质时，在两介质的分界面上，一部分能量反射回原介质的波称为反射波；另一部分则透过分界面，在另一介质内继续传播的波称为折射波，反射与折射遵循规律如图 9-17 所示。

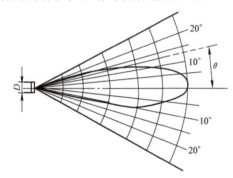

图 9-16　超声波束扩散角

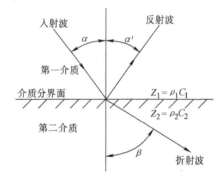

图 9-17　波的反射与折射原理

1）反射定律：入射角 α 的正弦与反射角 α' 的正弦之比等于波速之比，当入射波和反射波的波形相同、波速相等时，反射角 α' 等于入射角 α。

2）折射定律：入射角 α 的正弦与折射角 β 的正弦之比等于入射波中介质的波速 C_1 与折射波中介质的波速 C_2 之比，即

$$\frac{\sin\alpha}{\sin\beta} = \frac{C_1}{C_2} \tag{9-12}$$

3）反射系数：反射声强 I_r 与入射声强 I_i 之比，称为反射系数 k，即

$$k = \frac{I_r}{I_i} = \left(\frac{Z_2\cos\alpha - Z_1\cos\beta}{Z_2\cos\alpha + Z_1\cos\beta}\right)^2$$

当超声波垂直入射时，$\alpha = \beta = 0°$，上式可简化为

$$k = \left(\frac{Z_2 - Z_1}{Z_2 + Z_1}\right)^2 \tag{9-13}$$

由上式可知，两种介质的声阻抗相差越悬殊，反射系数越接近于 1，即反射能力就越强。例如，在常温下，超声波从水中传播到空气。从表 9-1 查到水的声阻抗 $Z_1 = 1.48$，空气的声阻抗 $Z_2 = 0.0004$，代入上式得 $k \approx 0.999$，即声波几乎全部被反射。

4. 超声波的衰减　超声波在介质中传播会产生能量衰减。能量的衰减与介质的密度、晶粒的粗细以及超声波的频率等有关。晶粒越粗或密度越小，衰减越快；频率越高，衰减也

越快。气体的密度很小，因此衰减较快，尤其在频率高时衰减更快。因此在空气中传导的超声波的频率选得较低，约数十千赫兹，而在固体、液体中则选用较高频率的超声波。

9.2.2 超声波的特点及应用

9.2.2.1 超声波的特点

超声波具有传播的方向性，可以携带较多能量，具有多普勒效应，超声波在液体中可以产生空化效应等一些特点，因此超声波在实际工作中应用于很多方面。以下举例说明。

1）超声波与可闻声波不同，它可以被聚焦，具有能量集中的特点，如图 9-18 和图9-19 所示，超声波可以对水进行雾化。

图 9-18 超声波加湿器

图 9-19 超声波雾化器

2）压电陶瓷或磁致伸缩材料在高电压窄脉冲作用下，可得到较大功率的超声波，可以被聚焦，能用于塑料的焊接，如图 9-20 所示，以及用于集成电路的焊接，如图 9-21 所示。

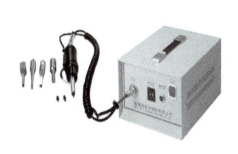

图 9-20 塑料点焊机

图 9-21 超声波金丝焊接机

3）超声波被聚焦后，具有较好的方向性，在遇到两种介质的分界面时，能产生明显的反射和折射现象，这一现象类似于光波，可以用于探测鱼群，如图 9-22 所示，以及医疗人体检测，如图 9-23 所示。

图 9-22 便携式超声波探鱼器

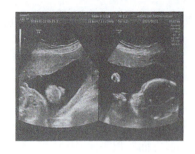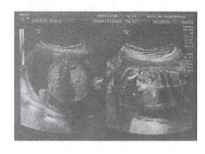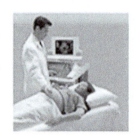

图 9-23   胎儿 B 超图

4）超声波用于高效清洗。当弱的声波信号作用于液体中时，会对液体产生一定的负压，即液体体积增加，液体中分子空隙加大，形成许多微小的气泡；而当强的声波信号作用于液体时，则会对液体产生一定的正压，即液体体积被压缩减小，液体中形成的微小气泡被压碎。经研究证明：超声波作用于液体中时，液体中每个气泡的破裂会产生能量极大的冲击波，相当于瞬间产生几百度的高温和高达上千个大气压的压力，这种现象被称为"空化作用"，超声波清洗正是利用液体中气泡破裂所产生的冲击波来达到清洗和冲刷工件内外表面的作用。超声清洗多用于半导体、机械、玻璃和医疗仪器等行业。

9.2.2.2   超声波的应用

1. 超声波的产生及超声波探头结构   超声波传感器是实现声电转换的装置，超声波探头既能发射超声波信号又能接收发射出去的超声波回波，并将其转换成电信号。在超声波检测技术中，主要是利用它反射、折射、衰减等物理性质，无论哪一种超声波检测仪器，都必须有超声波的发射与接收功能，能够完成这种功能的装置就是超声波传感器，习惯上称为超声波换能器或超声波探头。

超声波换能器根据其工作原理有压电式、磁致伸缩式和电磁式等。在检测技术中主要采用压电式。压电式超声波换能器利用压电材料的压电效应。压电逆效应将高频电振动转换成同频机械振动，以产生超声波，可作为超声波的发射探头。利用压电正效应将接收的超声振动转换成电信号，可作为超声波的接收探头。在实际应用中，由于压电效应的可逆性，有时采用同一压电元件由电子开关分时控制，从而完成换能器的发射与接收功能。

根据用途的不同，压电式超声波探头有多种结构形式，如直探头、斜探头、双探头、水浸探头和聚焦探头等。压电式探头主要由压电晶片、吸收块（阻尼块）和保护膜组成，压电晶片多为圆板形，其厚度与超声波频率成反比。若压电晶片厚度为 1mm，自然频率为1.89MHz，厚度为 0.7mm，自然频率为 2.5MHz。压电晶片两面镀有银层，作为导电板。图 9-24 所示为几种典型的压电式超声波探头结构，这些探头适用于以液体、固体为传导介质。

其中压电陶瓷晶片是传感器的核心，锥形共振盘能使发射和接收的超声波能量集中，并使传感器具有一定的指向角。金属外壳主要为防止外力对内部元件的损坏，并防止超声波向其他方向扩散。金属网也起到保护的作用但不影响超声波的发射和接收。超声波传感器的典型外形和图形符号如图 9-25 所示。

由于气体的密度很小，超声波在介质中衰减较快，因而空气超声探头与固体传导探头在

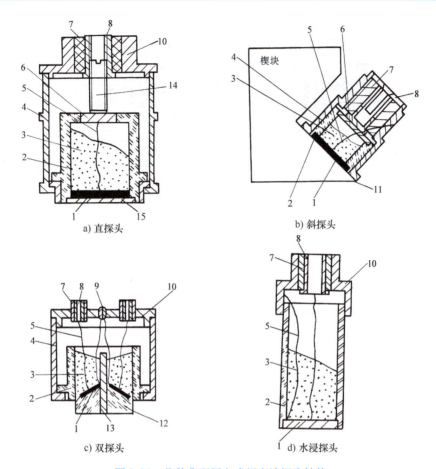

图 9-24 几种典型压电式超声波探头结构

1—压电晶片 2—晶片座 3—吸收块 4—金属壳 5—导线 6—接线片 7—绝缘柱 8—接线座
9—接地点 10—盖 11—接地铜箔 12—延迟块 13—隔声层 14—导电螺杆 15—保护膜

结构上有很大的差别。空气超声探头的发射和接收装置是分开设置的，两者结构也略有不同。图 9-26 所示为空气传导的超声波发射器和接收器的结构示意图。图中的锥形共振盘、阻抗匹配器是为提高超声波的发射与接收效率而设计的。

2. 耦合剂 无论是直探头还是斜探头，一般不能直接将其放在固体介质（特别是粗糙金属）表面来回移动，以防磨损。更重要的是，由于超声波探头与被测物体接触时，在工件表面不平整的情况下，探头与被测表面间必然存在一定空气薄层。空气的密度很小，将引起三个界面内强烈的杂乱反射波，从而造成干扰，且空气也将使超声波产生很大的衰减，为此，必须将接触面之间的空气排挤掉，使超声波能顺利地入射到被测介质中。在工业中经常使用一种称为耦合剂的液体物质，使之充满接触层中，起到传递超声波的作用。常用的耦合剂有水、机油、甘油、水玻璃、胶水、化学浆糊等。耦合剂的

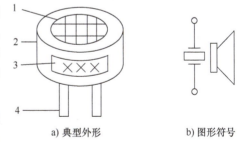

a) 典型外形   b) 图形符号

图 9-25 超声波传感器的典型外形和图形符号

1—金属网 2—外壳 3—标签 4—电极

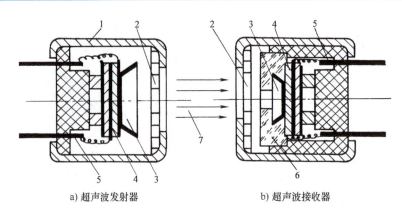

a) 超声波发射器 b) 超声波接收器

图 9-26 空气传导型超声波发射、接收器结构

1—外壳 2—金属丝网罩 3—锥形共振盘 4—压电晶片 5—引脚 6—阻抗匹配器 7—超声波束

厚度应尽量薄，以减小耦合损耗。

3. 应用

（1）超声波测厚 图 9-27 所示为便携式超声波测厚仪示意图，它可用于测量钢及其他金属、有机玻璃、硬塑料的厚度。

图中的测厚仪采用的是双晶直探头，左边的压电晶片发射超声脉冲，右边的压电晶片接收超声脉冲。当超声脉冲经发射探头底部的延迟块（延迟块可减小杂乱反射波对测量的影响）延迟后进入被测工件传播，在到达底面时被反射回来，再经延迟后被右边的接收探头所接收。这样只要测出超声波脉冲从发射到接收所需的时间 t（扣除两次延迟的时间），再乘以被测工件的声速常数 C，就是超声脉冲在被测工件中的来回距离，因此被测工件的厚度 δ 为

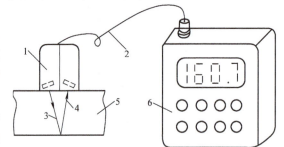

图 9-27 便携式超声波测厚仪示意图

1—双晶直探头 2—引线电缆 3—入射波
4—反射波 5—试件 6—测厚显示器

$$\delta = \frac{1}{2}Ct \qquad (9\text{-}14)$$

如果采用稳频晶振产生的标准脉冲信号测量时间间隔 t，便可做成厚度显示仪表，由于不同介质试件的声速 C 各不相同，所以测试前必须将 C 值由面板输入。

（2）超声波流量计 根据超声流量计的作用原理，可以分为两种：一种是测量顺流和逆流方向传播超声波的时间差；另一种是测量顺流和逆流时传播超声波时重复频率的频率差。图 9-28 为超声波流量计的工作原理图，其中 K_1、K_3 为超声波发射器，K_2、K_4 为超声波接收器。K_1、K_2 的超声波为顺流传播，传播时间为 t_1，K_3、K_4 的超声波是逆流传播，传播时间为 t_2。如果两组探头之间的距离为 L，则 t_1、t_2 分别为

$$t_1 = \frac{L}{C + v\cos\theta}, \quad t_2 = \frac{L}{C - v\cos\theta}$$

整理可得

$$v = \frac{C(t_2 - t_1)}{\cos\theta(t_1 + t_2)} \qquad (9\text{-}15)$$

由上式可知，流速 v 与时间差（$t_2 - t_1$）成正比，此外，还与声速 C 有关，而声速受介质温度影响，因此将造成温漂，如果采用频差法则可克服温度的影响。图中的调制器以触发器方式工作，超声发射器发射一个超声脉冲的同时，调制器关闭，待超声接收器接收到超声脉冲后，调制器重新开启，使电振荡信号再次进入超声发射器，这样便形成了一系列受超声脉冲调制的周期性高频信号。它的重发周期分别为

$$T_1 = t_1, \quad T_2 = t_2$$

它们的频率分别为

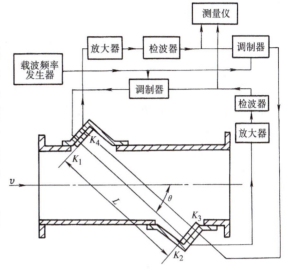

图 9-28　超声波流量计工作原理图

$$f_1 = \frac{C + v\cos\theta}{L}, \quad f_2 = \frac{C - v\cos\theta}{L}$$

它们的频率差为

$$\Delta f = f_1 - f_2 = \frac{2v\cos\theta}{L} = Kv \qquad (9\text{-}16)$$

式中，$K = 2\cos\theta/L$，在结构一定时为常数。

式（9-16）表示 Δf 只与流体的平均速度 v 成正比，而与声速 C 无关，因而其他参数（如介质温度变化等）对测量结果的影响也就消除了。

（3）超声波测液位或物位　如图 9-29 所示，在液位上方安装空气传导型超声波发射器和接收器。它的作用原理也是采用脉冲反射原理，如同超声波测厚一样，根据超声波的往返时间就可测出液体的液面。

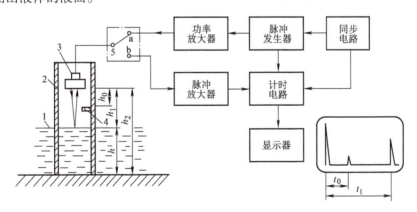

图 9-29　超声波液位计原理图

1—液面　2—直管　3—空气超声波探头　4—反射小板　5—电子开关

图中直管的作用是稳定液面，以免液面晃动可能产生反射波散射。另外，由于空气中的声速随温度改变会造成温漂，所以在直管内壁上设置了一个反射小板作为标准参照物，以便

计算修正。根据图示可求得声速 C 为

$$C = \frac{2h_0}{t_0} = \frac{2h_1}{t_1} \qquad (9-17)$$

所以有

$$h_1 = \frac{t_1}{t_0}h_0 \qquad (9-18)$$

h_0 为已知的安装距离，通过显示屏上得到 t_0、t_1，便可求得 h_1，也就求得液位 h。这种方法也可测量粉体和粒状体的物位。

（4）超声波无损探伤　工业中的超声波探伤主要是用于材料探测，尤其是金属材料内部的缺陷探测，如气孔、裂纹等。这些缺陷的存在将大大降低材料和构件的强度。超声波探伤属于无损探伤，它既可检测材料表面的缺陷，又可检测其内部几米深的缺陷，所以应用十分广泛。

超声波探伤的方法有许多种，这里仅介绍脉冲反射法，脉冲反射法根据超声波形的不同又可分为纵波探伤、横波探伤和表面波探伤。

纵波探伤采用超声直探头。检测时，将探头放置在被测工件上，并在工件表面来回移动。探头发射出超声波，以垂直方向在工件内部传播。如果传播路径上没有缺陷，超声波到达底部便产生反射，荧光屏上便出现始波脉冲 T 和底部脉冲 B，如图9-30a所示。如果工件有缺陷，一部分脉冲将会在缺陷处产生反射，另一部分则连续传播到达工件底部产生反射，因而在荧光屏上除始波脉冲 T 和底部脉冲 B 外，还出现缺陷脉冲 F，如图9-30b所示。荧光屏

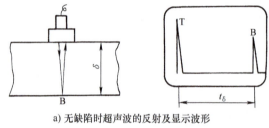

a) 无缺陷时超声波的反射及显示波形

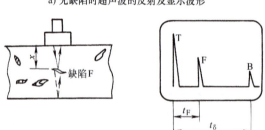

b) 有缺陷时超声波的反射及显示波形

图9-30　纵波探伤示意图

上水平扫描线为时基线，事先调整其长度与工件的厚度成正比，根据缺陷脉冲在扫描基线上的位置便可确定缺陷在工件中的深度。

当遇到纵深方向的缺陷时，采用直探头就很难真实反映缺陷的形状大小。此时，应采用斜探头探测，如图9-31所示。控制倾斜角度使斜探头发出的超声波以横波方式在工件的上下表面逐次反射传播直至端面为止。调节显示器的扫描时间，就可以很快地将整个试件粗检一遍，在可疑处，除了横波的探测，还应采用直探头再次仔细探测，因为试件的缺陷性质、取向是未知的。为了准确探测，应采用不同的探头反复探测，方可较准确地描绘出缺陷的形状和大小。

材料表面缺陷无论是采用直探头还是斜探头都很难确定，因为表面缺陷的反射波（F波）与始波脉冲波（T波）靠得很近，不易区别，此时可使用表面波探伤，如图9-32所示。由于表面波是沿材料表面作椭圆轨迹传播，且不受表面形状曲线的影响，当试件表面有缺陷，表面波将沿表面反射回探头，因此在显示器上显示出缺陷信号。反射信号的幅度随传播的距离增大而逐渐减小。综合考虑 F 波的幅度及距离，就可以粗略地判断缺陷的大小。

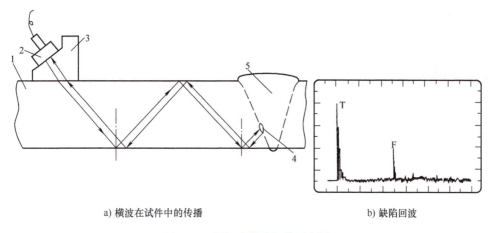

a) 横波在试件中的传播　　　　　　b) 缺陷回波

图 9-31　斜探头横波探伤示意图

1—试件　2—斜探头　3—斜楔块　4—缺陷（焊渣或气孔）　5—V 形焊缝的焊料

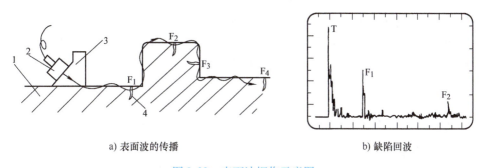

a) 表面波的传播　　　　　　b) 缺陷回波

图 9-32　表面波探伤示意图

1—试件　2—表面波探头　3—斜楔块　4—缺陷

以上只是超声探测应用中的一小部分，利用它还可以进行海底沉船、鱼群的探测，防盗以及医学上的 B 超、CT 等。

（5）超声波防盗报警器　图 9-33 是超声波防盗报警器电气原理框图，由超声波发射部分和接收部分组成。发射器发射出频率 $f = 40\text{kHz}$ 左右的连续超声波（选用 40kHz 工作频率可以获得较高灵敏度，并可避开环境噪声干扰）。如果有人进入信号的有效区域，相对速度为 v，由人体反射回接收器的超声波将由于多普勒效应而发生频率偏移 Δf。

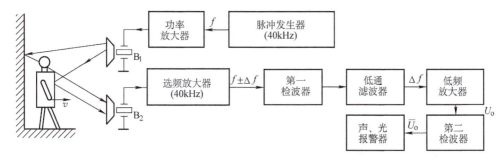

图 9-33　超声波防盗报警器电气原理框图

所谓多普勒效应，是指超声波源与传播介质之间存在相对运动时，接收器接收到的频率与超声波源发射的频率将有所不同。产生的频偏 $\pm \Delta f$ 与相对速度的大小及方向有关。当高速行驶的火车向你逼近或掠过时，所产生的变调声就是多普勒效应引起的。接收器将接收到两个不同频率所组成的差拍信号（40kHz 以及偏移的频率 40kHz $\pm \Delta f$）。这些信号由 40kHz 选频放大器放大，并经检波器检波后，由低通滤波器滤去 40kHz 信号，而留下 Δf 的多普勒信号。此信号经低频放大器放大后，由检波器转换为直流电压，去控制报警扬声器或指示器。

利用多普勒效应可以排除墙壁、家具的影响（它们不会产生 Δf），只对运动的物体起作用。由于振动和气流也会产生多普勒效应，故该防盗器多用于室内。还能运用多普勒效应去测量运动物体的速度，液体、气体流量，汽车防碰、防追尾等。

9.3 光纤传感器

光纤传感器技术是伴随着光导纤维和光纤通信技术发展而形成的一门崭新的传感技术。光纤传感器的传感灵敏度要比传统的传感器高许多倍，而且它可以在高电压、大噪声、高温、强腐蚀性等很多特殊环境下正常工作。目前在航天、航海、石油开采、电力传输、核工业、医疗及科学研究等众多领域都得到了广泛应用。

9.3.1 光纤的基本概念

1. 光的全反射　当一束光以一定的入射角 θ_1 从介质 1 射到介质 2 的分界面上时，一部分能量反射回原介质；另一部分能量则透射过分界面在另一介质内继续传播，称之为折射光，如图 9-34a 所示。反射光与折射光之间的相对比例取决于两种介质的折射率 n_1 和 n_2 的比。

当 $n_1 > n_2$ 时，若减小 θ_1，则进入介质 2 的折射光与分界面的夹角 θ_2 也将相应减小，折射光束将趋向界面。当入射角进一步减小时，将导致 $\theta_2 = 0°$，则折射光只能在介质分界面上传播，如图 9-34b 所示。将 $\theta_2 = 0°$ 时的入射角 θ_1 定义为临界角 θ_c。当 $\theta_1 < \theta_c$ 时，入射光线将发生全反射，能量不再进入介质 2，如图 9-34c 所示。光纤就是利用全反射的原理来高效地传输光信号的。

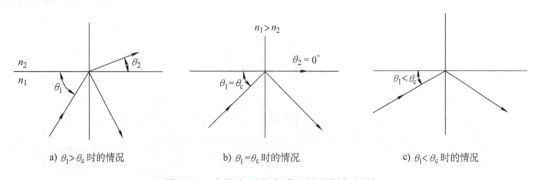

a) $\theta_1 > \theta_c$ 时的情况　　b) $\theta_1 = \theta_c$ 时的情况　　c) $\theta_1 < \theta_c$ 时的情况

图 9-34　光线在两种介质面的反射与折射

2. 光纤的结构与分类

（1）结构　光导纤维，简称光纤，是一种多层介质结构的对称圆柱体，是用比头发丝还细的石英玻璃丝制成的，目前使用的光纤大多是由纤芯、包层和外护套三个同心圆组成的结构形式，它的结构如图 9-35 所示。纤芯的直径约为 $5 \sim 75\mu m$，纤芯的折射率大于包层的折射率，这样光线就能在纤芯中进行全反射，从而实现光的传导；外护套处于光纤的最外

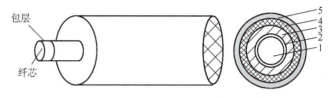

图 9-35　光纤的结构

1—纤芯　2—包层　3—缓冲层
4—加强层　5—PVC 外护套

层，它有两个功能：一是加强光纤的机械强度；二是保证外面的光不能进入光纤之中。图中所示结构还有缓冲层和加强层，进一步保护纤芯和包层，其总直径约在 $100 \sim 200\mu m$ 之间。

（2）光导纤维的种类　光导纤维分为两大类：一类是利用光纤本身的某种敏感特性或功能制成的传感器，称为功能型传感器；另一类是光纤仅仅起传输光波的作用，必须在光纤的端部或中间加装其他敏感元件才能构成的传感器，称为传光型传感器。

光纤按其折射变化情况可以分为三种。纤芯的直径和折射率决定光纤的传输特性，图 9-36 所示为三种不同光纤的纤芯直径和折射率对光传播的影响。

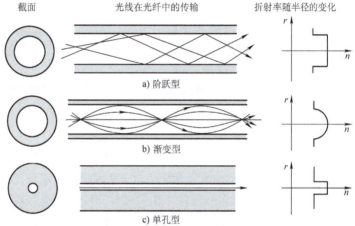

图 9-36　光纤类型及全反射形式

1）阶跃型：阶跃型光纤的折射率各点分布均匀一致。

2）渐变型：渐变型光纤的折射率呈聚焦型，即在轴线上折射率最大，离开轴线则逐步降低，至纤芯区的边沿时，降低到与包层区一样。

3）单孔型：由于单孔型光纤的纤芯直径较小（数微米），接近于被传输光波的波长，光以电磁场“模”的原理在纤芯中传导，能量损失很小，适于远距离传输，又称为单模光纤。

（3）光纤的损耗　设计光纤传感器时，总希望光纤在传递信号的过程中损耗尽量小且稳定。光纤损耗主要由三部分组成，如图 9-37 所示。

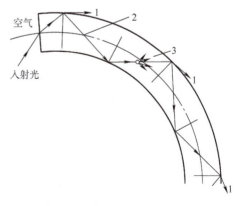

图 9-37　光纤的损耗

1—折射　2—全反射　3—散射

1）吸收损耗：石英玻璃中的微量金属（如 Fe、Co、Cr、M 等）对光有吸收作用。

2）散失损耗：由于光纤材料不均匀使光在传导中产生散射而造成的损耗。

3）机械弯曲变形损耗：光纤发生弯曲时，若光的入射角接近临界角，部分光向包层外折射而造成的损耗。

不同材料的光纤损耗是不同的。高纯度石英（SIC）玻璃纤维，最低损耗约为0.47dB/km；锗硅光纤，包层用硼硅材料，其损耗约为0.5dB/km；多组分玻璃光纤，用常规玻璃制成，最低损耗为3.4dB/km；塑料光纤，用人工合成导光塑料制成，其损耗较大，耗达100～200dB/km，适于短距离导光。

9.3.2　光纤传感器的应用

1. 医用内窥镜　医用内窥镜的示意图如图9-38所示，它由末端的物镜、照明光纤导管、图像光纤导管、顶端的目镜和控制手柄（图中未画出）组成。照明光通过图像导管外层光纤照射到被观察物体上，反射光通过传像束输出。由于光纤柔软，自由度大，末端通过手柄控制能自由偏转，传输图像失真小，因此它是检查和诊断人体某些部位疾病和进行某些外科手术的重要仪器。

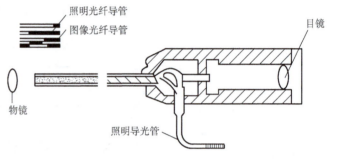

图9-38　医用内窥镜示意图

2. 光纤式混凝土应变传感器　光纤式混凝土应变传感器是利用了强度调制型光纤原理制成的，如图9-39所示。测量光纤作为应变传感器固定在钢板上，入射光纤左端的光纤插头与光源光纤（图中未画出）连接，出射光纤右端的插头与传导光纤（图中未画出）连接。当钢板由四个螺栓固定在混凝土表面时，它将随混凝土一起受到应力而产生应变，引起入射光纤与出射光纤之间的距离变大，使光电检测器接收到的发光强度变小，测量电路根据受力前后发光强度变化计算出对应的应力。若应力超标，将产生报警信号。

钢板也可以埋入混凝土构件内对桥梁建筑物进行长期监测。测量信号通过光纤进行远程传输（可超过40km），监测现场无须供电，从这个意义上说，该传感器属于无源传感器。

3. 光纤温度传感器　光纤温度传感器是利用强度调制型光纤荧光激励式原理制成的，如图9-40所示。

LED将0.64μm的可见光耦合投射到入射光纤中。感温壳体左端的空腔中充满彩色液晶，入射光经液晶散射后耦合到出射光纤中。当被测温度t升高时，液晶的颜色变暗，出射光纤得到的光强变弱，经光电晶体管及放大器后，得到输出电压U_o与被测温度t呈某一函数关系。光纤温度传感器特别适用于对远距离防爆场所的环境温度进行检测。

4. 光纤高电压传感器　光纤高电压传感器测量交流高电压的原理如图9-41所示。

光纤绕在棒状压电陶瓷（PZT锆钛酸铅晶体）上，PZT两端施加交流高电压。PZT在高压电场作用下产生电致伸缩，使光纤随PZT的长度变化而产生变形，光电探测器测得这一变化，输出与被测高电压呈一定函数关系的输出电压U_o。由于PZT和光纤的绝缘电阻很高，所以适合于高压的测量，其结构和体积比高压互感器小得多。

5. 血流速度测量　采用多普勒型光纤速度传感器测量皮下组织血流速度如图9-42所示。此装置利用了光纤的端面反射现象，测量系统结构简单。

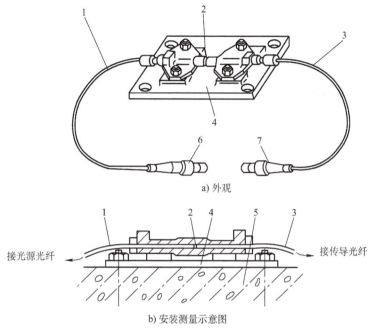

a) 外观

b) 安装测量示意图

图 9-39 光纤式混凝土应变传感器

1—入射光纤 2—气隙 3—出射光纤 4—钢板 5—混凝土 6—光源光纤连接头 7—传导光纤连接头

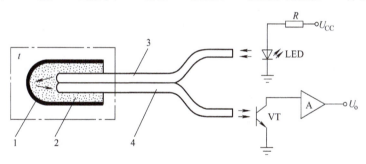

图 9-40 光纤温度传感器

1—感温黑色壳体 2—液晶 3—入射光纤 4—出射光纤

发光频率为 f 的激光经透镜、光纤被送到表皮组织。对于不动的组织，如血管壁，所反射的光不产生频移；而对于皮层毛细血管里流速为 t 的红细胞，反射光将产生频移，其频率变化为 Δf；发生频移的反射光强度与红细胞的浓度成比例，频率的变化值可与红细胞的运动速度成正比。发射光经光纤收集后，先在光检测器上进行混频，然后进入信号处理仪，从而得到红细胞的运动速度和浓度。

6. pH 值测量 用来测定活体组织和血液 pH 值的光纤光谱仪示意图如图 9-43 所示。其工作原理是利用发射光、透射光的强度随

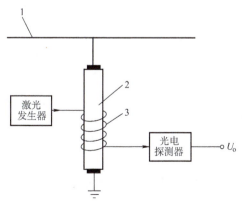

图 9-41 光纤高电压传感器测量交流高电压原理图

1—被测高压电线 2—棒状压电陶瓷 PZT
3—光纤线圈

波长的分布光谱进行测量。这种传感器将两根光纤插入可透过离子的纤维素膜盒中，膜盒内装有试剂，当把针头插入组织或血管后，体液渗入试剂，导致试剂吸收某种波长的光。用光谱分析仪测出此种变化，即可求得血液或组织的 pH 值。

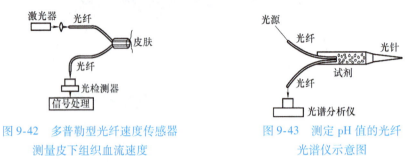

图 9-42　多普勒型光纤速度传感器　　　　图 9-43　测定 pH 值的光纤
　　　　测量皮下组织血流速度　　　　　　　　　　光谱仪示意图

复习思考题

1. 压电式传感器能否用于静态测量？为什么？

2. 压电片通常采用两片（或两片以上）粘接在一起。请画出它的几种接法，并写出连接后的输出电容、输出电压及输出电荷（与单片比较）。

3. 超声波空气传导探头的结构有什么特点？为什么这样考虑？

4. 超声探测中耦合剂的作用是什么？

5. 设超声波声源的直径 $D = 20mm$，垂直射入钢板的超声波频率为 5MHz。求指向角 θ。由此可以得出什么结论？

6. 由图 9-29 超声波液位计的显示屏上测得 $t_0 = 2.0ms$，$t_1 = 5.0ms$，已知超声波探头安装高度 $h_2 = 10m$，反射板与探头的间距 $h_0 = 1.0m$，求液位 h。

7. 光纤传感器是基于光的全反射原理，请说明光产生全反射的条件。

8. 信号在光纤中传导的损耗主要由哪几个方面组成？如何尽量降低损耗？

 延 伸 阅 读

▶ **北斗三号卫星导航系统建成暨开通仪式**

　　北斗闪耀，泽沐八方。北斗三号卫星导航系统建成暨开通仪式于 2020 年 7 月 31 日上午在北京举行。北斗系统是党中央决策实施的国家重大科技工程。工程自 1994 年启动，2000 年完成北斗一号系统建设，2012 年完成北斗二号系统建设。北斗三号卫星导航系统全面建成并开通服务，标志着工程"三步走"发展战略取得决战决胜，我国成为世界上第三个独立拥有全球卫星导航系统的国家。目前，全球已有 120 余个国家和地区使用北斗系统。工程启动以来，参与北斗系统研制建设的全体人员迎难而上、敢打硬仗、接续奋斗，发扬"两弹一星"精神，培育了新时代北斗精神。

　　相关短视频请参看随赠的教学辅助资源。

第10章 汽车常用传感器及其应用

企业案例引入 汽车是一种常见的代步工具，据人民日报2023年1月12日报道，2022年全国机动车保有量达4.17亿辆，其中，汽车为3.19亿辆，截至2022年底，全国机动车保有量扣除报废注销量，比2021年增加2129万辆，增长了5.39%。其中，汽车保有量占机动车总量76.59%，比2021年增加了1752万辆，增长了5.81%。汽车在行驶过程中需要时刻关注车速、发动机转速、水温，车辆发生碰撞时，安全气囊也要及时工作，确保驾乘人员的生命安全，这些功能都离不开车用传感器。有的一辆车上就装有50多个传感器，其中大部分用于动力传动系统、车身控制系统、通信系统及提高工作性能的系统上。目前为创造一个舒适的驾驶环境以及提升安全性能也用了很多传感器。

本章将对汽车中常用的传感器加以说明，并介绍汽车上所用的新型传感器。

◇◆ **本章学习的重点**：汽车常用传感器的应用。

◇◆ **本章学习的难点**：汽车常用传感器的工作原理。

10.1 转速传感器

转速传感器是汽车传感器中有代表性的传感器，顾名思义，它的作用是检测任意轴的转速，在车辆上用作测量发动机的转速及车轮转速，再依次推算车辆的速度。根据发动机转速表得到的转速信息还要用于车速表、ABS、发动机控制、耗油的计算等，所以要把转速信号变换成电信号，以方便微机读取。下面介绍几种车辆中常用的转速传感器。

10.1.1 电磁式转速传感器

这种传感器的作用是检测发动机的转速，其外形与结构如图10-1所示。它采用磁电式工作原理，当铁材齿轮在磁铁附近旋转时，通过线圈的磁力线发生变化，线圈中就会产生图10-2所示的感应电压。

转速传感器安装在发动机喷油泵的飞锤齿轮处，当发动机工作时，传感器的齿轮旋转，因此在信号线圈中就会产生交流电压。交流电压的频率与发动机的转速成正比。把此交流电压作为输入信号，经转速表内的IC电路放大、整形后就可以使转速表指示出发动机的转速。

图10-3所示为转速表电路的框图，当齿轮转动时，每一个齿就会产生图10-4a所示的一个周期的电压，此电压经过放大整形后就变成了图10-4b所示的矩形波。然后再通过单稳态电路变换，使得脉宽为一定值，经电流放大器放大后就可以输入到转速表中。又因输出的脉冲数是根据发动机的转速变化的，所以转速表就能按照脉冲电流的平均值来指示发动机的转速。

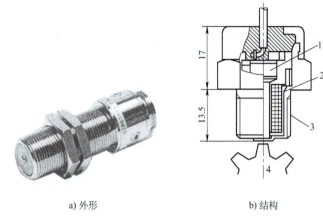

a) 外形　　　　　　　　　b) 结构

图 10-1　电磁式转速传感器的外形与结构
1—永久磁铁　2—线圈　3—外壳　4—铁材齿轮

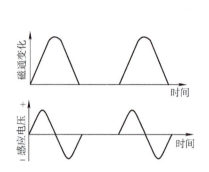

图 10-2　电磁式转速传感器的输出波形

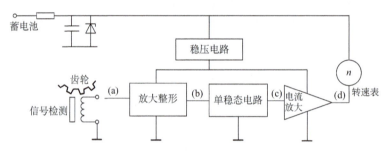

图 10-3　转速表电路框图

10.1.2　脉冲信号式转速传感器

脉冲信号式发动机转速传感器安装在分电器中，如图 10-5 所示。分电器内的信号转子、磁铁及信号线圈组成了这种传感器的信号发生装置，其结构如图 10-6 所示。它的用途主要有：在汽油喷射控制中作为发动机的转速和汽油喷射时间信号；在点火控制中做曲轴位置信号；在怠速控制中做发动机的转速信号。

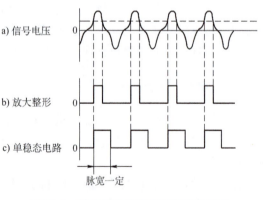

图 10-4　转速表电路中有关部位的波形

信号转子上带有凸起，当它转动时，与线圈铁心之间的气隙是变化的，由此通过线圈的磁通也是变化的，线圈两端就会产生感应电压。当发动机带动信号转子旋转时，图 10-7 所示信号转子的齿部将从信号线圈处通过，所以线圈中的磁通将按照转子的旋转角度（见图 10-8a）变化。即图 10-8a 中①、②、③处所示的状况恰好分别与图 10-7a、b、c 所示信号转子位置相对应。

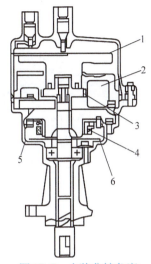

图 10-5　内装曲轴角度
传感器的分电器

1—分火头　2—基准信号用传感器线圈
3—信号转子　4—角度信号用传感器线圈
5—外齿轮　6—内齿轮

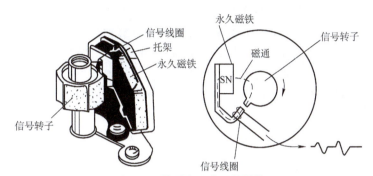

图 10-6　信号发生装置的结构

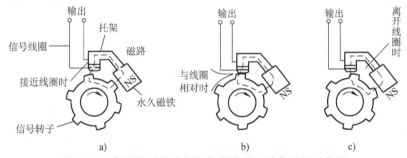

图 10-7　信号转子的齿部与信号线圈三种典型相对位置

　　根据线圈中的磁通的变化情况，信号线圈的两端就会产生相应的感应电动势，如图 10-8b 所示。在①处，磁通量是逐渐增加的，信号线圈在阻碍磁通变化的方向上产生了感应电动势，这时感应电动势最大。②处磁通的变化量为零，感应电动势为零。在图 10-7c 所示的情况下，线圈和信号转子的气隙逐渐增大，线圈中的磁通量将逐渐减小，但线圈中的磁通量变化最大，所以如图 10-8b 中的③处所示，在阻碍磁通变化的方向上产生最大的电动势，但方向与①处相反。

　　上面所说的感应电压变化情况可以用下面的公式表示：

$$e = -n \frac{\mathrm{d}\Phi}{\mathrm{d}t} \qquad (10\text{-}1)$$

式中，e 是感应电动势，单位为 V；Φ 是磁通，单位

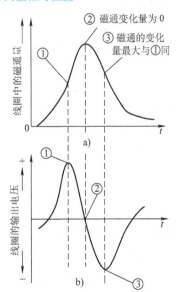

图 10-8　磁通变化量与电动势的关系

为 Wb；t 是时间，单位为 s；n 是线圈匝数。

单位时间内磁通变化越大，所产生的电压就越高。

图 10-9 是转子低速旋转与高速旋转时的磁通变化情况和电动势波形，由图可知，高速旋转时的感应电动势要大一些。

应用举例，日产车用脉冲信号式转速传感器的结构如图 10-10 所示，信号转子外围和导磁板上设有凸起，其数量与发动机气缸数相等。当发动机旋转时，信号转子也随之旋转，定子导磁板上的凸起与信号转子的凸起的相对位置是变化的，因此，环绕信号线圈磁路的磁通产生变化，通过电磁感应作用，在信号线圈内就会产生点火信号电压脉冲。导磁板与信号转子对应不同位置时，磁通与感应电动势的波形如图 10-11 所示。

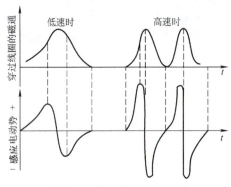

图 10-9　信号线圈上磁通量的变化与电动势的关系

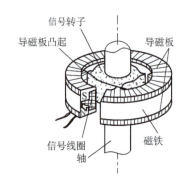

图 10-10　日产车用脉冲信号式转速传感器的结构

10.1.3　车速传感器

现代汽车上都装有发动机控制、ABS、电子仪表等装置，这些装置都需要汽车车速信号，车速传感器就可以产生所需要的信号。带齿的转子就设置在传感器的旋转体上，与齿形的凹凸相应产生输出信号，由此可以测出回转体的转速、加减速状态等。

如图 10-12 所示，车速传感器是由永久磁铁、铁心及线圈组成的。当传感器的顶端设置在靠近带齿的转子处，带齿的转子旋转时，传感头与转子之间通过的磁通量不是永久磁铁发出的固定磁通，而是变化的，所以线圈上就会产生交流信号，图 10-13 所示为速度传感器的工作原理。

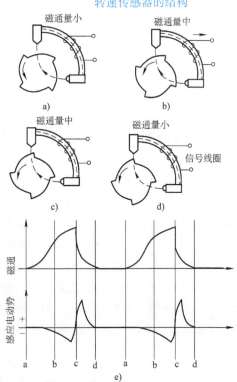

图 10-11　导磁板与信号转子相对位置不同时的磁通与感应电动势波形

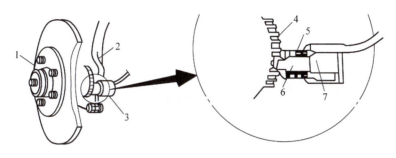

图 10-12　车速传感器的结构及安装位置

1—轮毂　2—肘杆　3—传感器　4—转子　5—线圈　6—铁心　7—永久磁铁

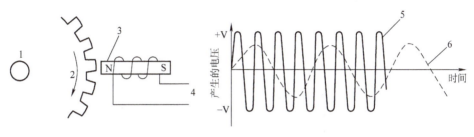

图 10-13　速度传感器的工作原理

1—轮毂　2—旋转　3—永久磁铁　4—输出电压　5—高速时　6—低速时

下面再介绍几种不同的车速传感器。

1. **磁阻元件式车速传感器**　这种传感器上采用了元件电阻随磁场变化的磁阻元件（MRE），用磁阻元件检测车速，其结构如图 10-14 所示。它主要有两个部件：磁环和内装磁阻元件（MRE）的混合集成电路。传感器的工作原理如图 10-15 所示，当齿轮驱动传感器轴旋转时，与轴连接在一起的多极磁环也同时旋转，磁环旋转引起磁通变化，使集成电路内的磁敏元件的阻值发生变化。

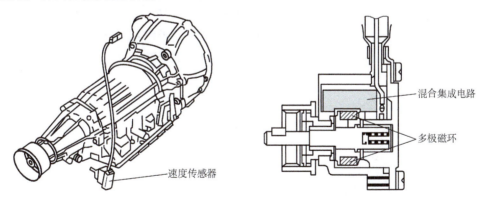

图 10-14　磁阻元件式车速传感器的结构

利用磁阻元件的阻值变化就可以检测出磁铁旋转引起的磁通变化。阻值的变化引起其上电压的变化，将电压的变化输入到比较器中进行比较，再由比较器输出信号控制晶体管的导通和截止。磁阻元件式车速传感器的电路原理如图 10-16 所示。

2. **光电式车速传感器**　光电式车速传感器的外观、结构如图 10-17 所示。传感器上有发光二极管、光电元件及速度表电缆驱动的遮光板。传感器的工作原理可用图 10-18 加以说明。当遮光盘没有遮光时，发光二极管的光射到光电晶体管上，光电晶体管的集电极有电流通过，该管导通，这时晶体管 VT 也导通，因此在 Si 端子上就有 5V 电压输出。脉冲频率取决于车速，当车速为 60km/h 时，仪表电缆的转速为 637r/h，仪表电缆每转一圈，传感器就有 20 个脉冲输出。

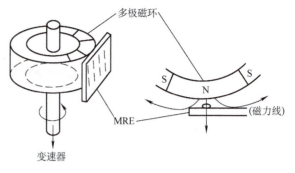

图 10-15　磁阻元件式车速传感器的工作原理

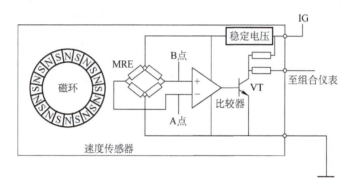

图 10-16　磁阻元件式车速传感器的电路

速度表的电路框图如图 10-19 所示，传感器产生的脉冲信号经整形后输入到计数器中，在记忆电路中被记忆下来。而定时电路输出信号决定计数器的记测时间和记忆电路的记忆时间。记忆电路的输出信号加到显示电路上，荧光管根据速度传感器输出的脉冲数显示车速。速度表的显示分解能力为 1km/h；当其显示的车速超过 101km/h 时，速度判断回路输出报警信号，点亮速度报警灯；当车速超过 105km/h 时，蜂鸣器鸣叫。电路中还有 1/5 分频电路部分，产生 4 个脉冲/转，输入到自动驾驶微机和恒速控制微机中。

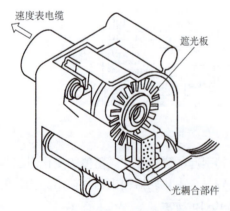

图 10-17　光电式车速传感器的外观、结构

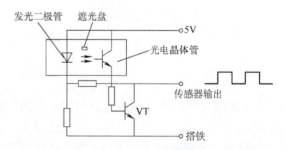

图 10-18　光电式车速传感器的工作原理

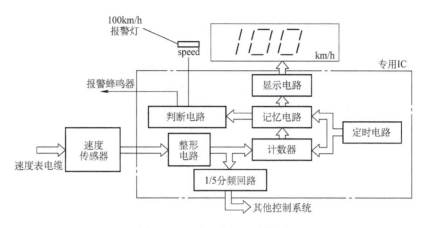

图 10-19　速度表的电路框图

10.2　液位传感器

大部分液位传感器不使用特殊的半导体器件，而是利用浮子和连杆，用机械方式判定液面水平使仪表动作的。下面分别介绍几种车辆中常用的液位传感器。

10.2.1　浮子笛簧开关式液位传感器

这种传感器可用于检测制动油油量，检测发动机机油油位，检测洗涤液液位，检测水箱冷却液液位等，需要指出的是，这种传感器一般仅仅显示液位是否达到标准值，不显示具体液位高度，当液位低于规定值时给予提示。

如图 10-20 所示，这种传感器是由树脂圆管制成的轴和可沿轴上下移动的环状浮子组成的。圆管状轴内装有由易磁化的强磁性材料制成的触头（笛簧开关），浮子内嵌有永久磁铁。笛簧开关的内部是一对很薄的金属触头，随浮子位置的不同触头之间或者闭合或者断开，由此可以判定液位是否达到规定量。

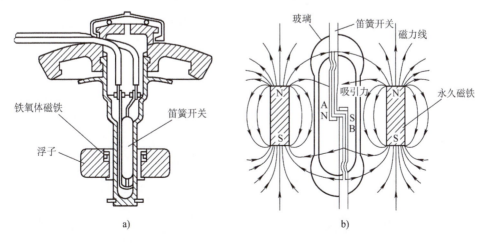

图 10-20　浮子笛簧开关式液位传感器

如图 10-21 所示，浮子笛簧开关可用来作为传感器检测制动液箱内的液位。当液位低于规定值时，笛簧开关和浮子的位置关系如图 10-22 所示。当永久磁铁接近笛簧开关时，有很多磁力线从笛簧开关中通过，如图 10-20b 所示，开关内的金属头 A ~ B 之间有吸引作用，所以笛簧开关闭合，报警灯形成通路，报警灯亮说明液位已经低于规定值。当液位达到规定值时，浮子至少上升到规定位置，没有磁力线穿过笛簧开关内的强磁性体，在触头本身弹力作用下，笛簧开关打开，报警灯熄灭，说明液位符合要求。

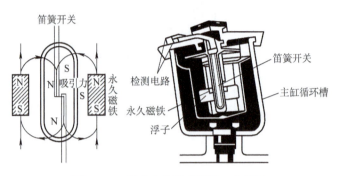

图 10-21　制动液位传感器的一个例子

10.2.2　热敏电阻式液位传感器

热敏电阻式液位传感器主要利用了热敏电阻上加有电压时就有微小的电流通过，在电流的作用下热敏电阻自身就要发热这一性质制成。热敏电阻的温度特性如图 10-23 所示，当将热敏电阻置于燃油中时，因为其上的热量容易散出，所以热敏电阻的温度不会升高而使其阻值增加；反之，当油量减少热敏电阻暴露在空气中时，其上的热量难以散出，所以热敏电阻的阻值降低。用热敏电阻与指示灯等组成电路，如图 10-24 所示，通过指示灯的亮、灭，就可以判断燃油量的多少。

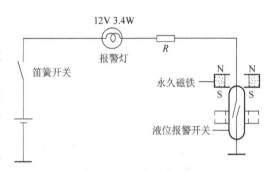

图 10-22　液位传感器的电路

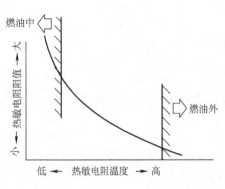

图 10-23　热敏电阻的温度特性

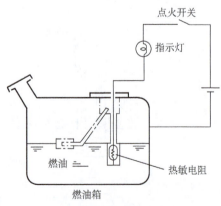

图 10-24　油位指示系统电路

10.2.3 可变电阻式液位传感器

可变电阻式液位传感器是由浮子、内装滑动电阻的本体及连接这两者的浮子臂构成，如图 10-25 所示。浮子可随液位上下移动，这时滑动臂就在电阻上滑动，从而改变搭铁与浮子之间的电阻值，利用这一阻值变化来控制回路中电流的大小，并在仪表上显示出来。

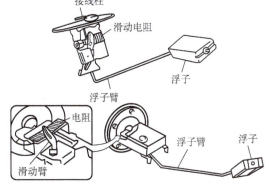

这种传感器可用于油量表。图 10-26 所示的就是汽油油量表的电路。图中仪表部分与浮子部分串联。当油箱内装满汽油时，浮子升到最高位置，滑动臂向阻值低的方向滑动，通过回路中电流增大，仪表部分的双金属片弯曲得较厉害，指针指示 F(Full)一侧。

图 10-25 可变电阻式液位传感器

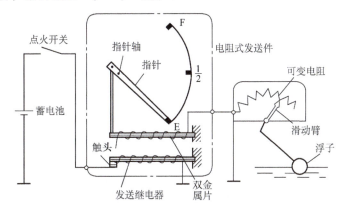

图 10-26 汽油油量表电路

当油箱内汽油量较少时，浮子降到较低位置，汽油表电路中的电流较小，仪表内的双金属片只是稍稍弯曲，指针指示 E(Empty)一侧。

10.2.4 电极式液位传感器

电极式液位传感器的结构如图 10-27 所示，其主要部件是装在蓄电池盖子上的铅棒，铅棒起到电极的作用。当蓄电池电解液低于规定值时，报警灯亮，以通知驾驶人员电解液不足。

蓄电池液位传感器、控制电路与报警灯的原理电路如图 10-28 所示。当蓄电池液位符合规定液位时，如图 10-28a 所示，传感器即铅棒浸在电解液中，铅棒上产生电动势，晶体管 VT_1 导通，电流从蓄电池正极按箭头方向经点火开关、晶体管 VT_1 再回到蓄电池的负极，因为 A 点电位接近于 0，

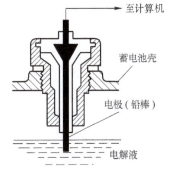

图 10-27 电极式液位传感器的结构

所以晶体管 VT_1 截止，报警灯不亮。当蓄电池液位低于规定液位时，如图 10-28b 所示，传感器即铅棒没有浸在电解液中，其上没有电动势产生，所以晶体管 VT_1 截止。这时 A 点电位上升，晶体管 VT_2 的基极中有箭头方向所示的电流通过，晶体管 VT_2 导通，报警灯亮，通报电解液不足。

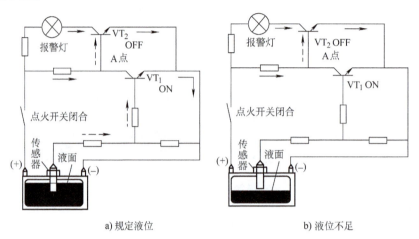

a) 规定液位   b) 液位不足

图 10-28 蓄电池液位传感器电路

10.3 氧量传感器

自从 1970 年一些国家制定了严格的汽车尾气排放法规以来，大大加快了汽车排放净化装置的研制步伐，一开始时出现了许多种类的净化装置，随着技术的不断革新，最后留下来的是可以同时净化 NO_x、CO 及 HC 三种有害物质的三元催化方式。在该系统中占主导地位的是催化剂技术的发展与氧量传感器的成功开发，氧量传感器是使系统有效地发挥作用必不可少的部件。

10.3.1 氧量传感器在三元系统中的作用

在汽车发动机控制系统中，氧量传感器、三元催化剂与电子控制供油系统为一套组合装置，即所谓的三元系统，此系统是现代发动机控制的核心内容。先来说明三元催化剂系统的基本原理与氧量传感器的作用。

现在大批量生产的氧量传感器都是检测理论空燃比的，它用于三元催化中，净化效率高且将废气控制于理论空燃比的反馈系统上，其结构框图如图 10-29 所示。三元催化的净化率如图 10-30 所示，净化率一般是用空气过剩率 λ 的函数来表示。$\lambda = 1$ 表示达到了理论空燃比，小于 1 时为浓状态，大于 1 时为稀状态。

装有氧量传感器的三元催化方式中，氧量传感器的输出信号 V_s 可以正确地检测出 $\lambda = 1$ 的位置，如图 10-30 所示，利用这点可以实现在 $\lambda = 1$ 的附近处（图 10-30 的窗口之内），在发动机燃烧时，三元催化剂对 NO_x、CO、HC 三种有害物质的净化率最高，即通过上述控制，实现排放气体的一次净化。所以说，在采用三元催化剂的反馈系统中，为了得到优秀的传感器特性，氧量传感器是非常重要的部件。下面主要对二氧化锆型与二氧化钛型氧量传感器加以说明。

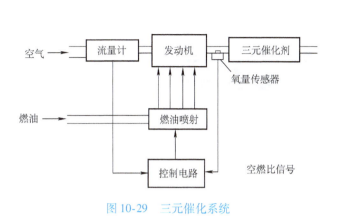

图 10-29　三元催化系统

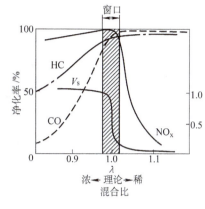

图 10-30　三元催化的净化率

10.3.2　二氧化锆型氧量传感器

二氧化锆型氧量（O_2）传感器可用于电子控制燃油喷射装置中的反馈系统，用以检测排放气体中的氧气浓度、空燃比的浓稀，监测气缸内是否按理论空燃比（15:1）进行燃烧，并向微机反馈。

二氧化锆型氧量传感器的基本元件是氧化锆陶瓷管（固体电解质），亦称锆管，如图 10-31 所示，其结构如图 10-32a 所示。锆管固定在带有安装螺纹的固定套中，内外表面均覆盖着一层多孔性的铅膜，其内表面与大气接触，外表面与废气接触。氧量传感器的接线端有一个金属护套，其上开有一个用于锆管内腔与大气相通的孔；通过导线将锆管内表面铂极经绝缘套从此接线端引出。氧化锆在温度超过 300℃ 后，才能进行正常工作。

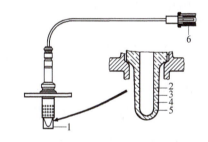

图 10-31　二氧化锆型氧量传感器
1—保护套管　2—内表面铂电极层　3—氧化锆层
4—外表面铂电极层　5—多孔氧化铝保护层　6—插头

现在，大部分汽车使用带加热器的氧量传感器，如图 10-32b 所示，这种传感器内有一个电加热元件，可在发动机起动后的 20～30s 内迅速将氧量传感器加热至工作温度。它有三根接线，一根接发动机电子控制单元（ECU，又称为"车载电脑"），另外两根分别接地和电源。

锆管的陶瓷体是多孔的，渗入其中的氧气在温度较高时发生电离。由于锆管内、外侧氧含量不一致，存在浓度差，因而氧离子从大气侧向排气一侧扩散，从而使锆管成为一个微电池，在两铂极间产生电压，如图 10-33 所示。

当混合气的实际空燃比小于理论空燃比，即发动机以较浓的混合气运转时，排气中氧含量少，但 CO、HC、H_2 等较多。这些气体在锆管外表面的铅催化作用下与氧发生反应，将耗尽排气中残余的氧，使锆管外表面氧浓度变为零，这就使得锆管内、外侧氧浓差加大，两铂极间电压陡增。因此，锆管氧量传感器产生的电压将在理论空燃比时发生突变：稀混合气

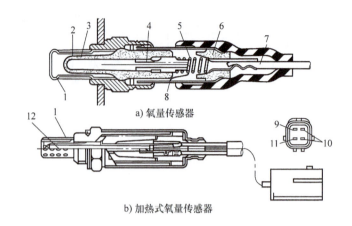

图 10-32　氧量传感器的结构

1—保护套管　2—废气　3—锆管　4—电极　5—弹簧　6—绝缘体　7—信号输出导线
8—空气　9—接地　10—加热器接线端　11—信号输出端　12—加热器

时，输出电压几乎为零；浓混合气时，输出电压接近 1V。

　　要准确地保持混合气浓度为理论空燃比是不可能的。实际上的反馈控制只能使混合气在理论空燃比附近一个狭小的范围内波动，故氧量传感器的输出电压在 0.1～0.8V 之间不断变化（通常每 10s 内变化 8 次以上）。如果氧量传感器输出电压变化过缓（每 10s 少于 8 次）或电压保持不变（无论保持在高电位或低电位），则表明氧量传感器有故障，需要检修。

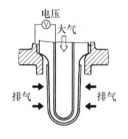

图 10-33　氧量传感器的
工作原理图

10.3.3　二氧化钛型氧量传感器

　　图 10-34 所示的二氧化钛型氧量传感器是利用二氧化钛材料的电阻值随排气中氧含量的变化而变化的特性制成的，故又称为电阻型氧量传感器。二氧化钛型氧量传感器的外形和二氧化锆型氧量传感器相似，在传感器前端的护罩内是一个二氧化钛厚膜元件。纯二氧化钛在常温下是一种高电阻的半导体，但表面一旦缺氧，便出现缺陷，电阻随之减小。由于二氧化钛的电阻也随温度的不同而变化，因此，在二氧化钛型氧量传感器内部也有一个电加热器，以保持二氧化钛型氧量传感器在发动机工作过程中的温度恒定不变。二氧化钛型氧量传感器的工作原理如图 10-35 所示：ECU 2 号端子将一个恒定的 1V 电压加在二氧化钛型氧量传感器的一端上，传感器的另一端与 ECU 4 号端子相接。当排出的废气中氧浓度随发动机混合气浓度变化而变化时，氧量传感器的电阻随之改变，ECU 4 号端子上的电压降也随着变化。当 4 号端子上的电压高于参考电压时，ECU 判定混合气过浓；当 4 号端子上的电压低于参考电压时，ECU 判定混合气过稀。通过 ECU 的反馈控制可保持混合气的浓度在理论空燃比附近。在实际的反馈控制过程中，二氧化钛型氧量传感器与 ECU 连接的 4 号端子上的电压也是在 0.1～0.9V 之间不断变化，这一点与二氧化锆型氧量传感器是相似的。

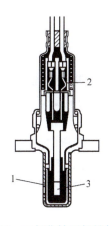

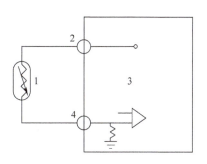

图 10-34　二氧化钛型氧量传感器
1—保护套管　2—连接线
3—二氧化钛厚膜元件

图 10-35　二氧化钛型氧量传感器的工作原理图
1—二氧化钛型氧量传感器　2—1V 电压端子
3—ECU　4—输出电压端子

10.3.4　氧量传感器的检测

氧量传感器的基本电路如图 10-36 所示。

1. **氧量传感器加热器电阻的检测**　将点火开关置于"OFF"，拔下氧量传感器的导线连接器，用万用表欧姆档测量氧量传感器接线端中加热器端子与自搭铁端子（图 10-36 的端子①和②）间的电阻，如图 10-37 所示。其电阻值应符合标准值（一般为 4 ~ 40Ω；具体数值参见具体车型说明书）。如不符合标准，应更换氧量传感器。测量后，接好氧量传感器线束连接器，以便做进一步的检测。

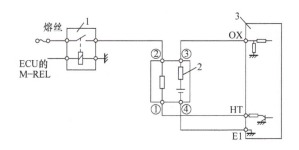

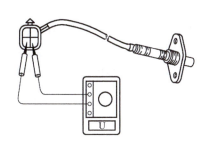

图 10-36　氧量传感器的基本电路
1—主继电器　2—氧传感器　3—发动机 ECU

图 10-37　测量氧量传感器加热器电阻

2. **氧量传感器反馈电压的检测**　测量氧量传感器的反馈电压时，应先拔下氧量传感器线束连接器插头，对照被测车型的电路图，从氧量传感器反馈电压输出端引出一条细导线，然后插好连接器，在发动机运转时从引出线上测量反馈电压。有些车型也可以从故障诊断插座内测得氧量传感器的反馈电压，如丰田汽车公司生产的小轿车，可从故障诊断插座内的 OX1 或 OX2 插孔内直接测得氧量传感器的反馈电压（丰田 V 型六缸发动机两侧排气管上各有一个氧量传感器，分别和故障检测插座内的 OX1 和 OX2 插孔连接）。在对氧量传感器的反馈电压进行检测时，最好使用指针型电压表，以便直观地反映出反馈电压的变化情况。此外，电压表应是低量程（通常为 2V）和高阻抗（阻抗太低会损坏氧量传感器）的。

10.4　空气流量传感器

电子控制汽油喷射系统的空气流量传感器有多种型式，目前常见的空气流量传感器按其结构型式可分为叶片（翼板）式、量芯式、热线式、热膜式和卡门涡旋式等几种。空气流量传感器是测定吸入发动机空气流量的传感器。电子控制汽油喷射发动机为了在各种运转工况下都能获得最佳浓度的混合气，必须正确地测定每一瞬间吸入发动机的空气量，以此作为ECU 计算（控制）喷油量的主要依据。如果空气流量传感器或线路出现故障，ECU 得不到正确的进气量信号，就不能正常地进行喷油量的控制，从而造成混合气过浓或过稀，导致发动机运转不正常。

10.4.1　叶片式空气流量传感器

1. 叶片式空气流量传感器的结构及工作原理　传统的 L 型汽油喷射系统及一些中档车型采用叶片式空气流量传感器，其结构如图 10-38 所示，它主要由空气流量计和电位计两部分组成。空气流量计在进气通道内有一个可绕轴摆动的旋转翼片（测量片），作用在轴上的卷簧可使测量片关闭进气通路。发动机工作时，进气气流经过空气流量计推动测量片偏转，使其开启。测量片开启角度的大小取决于进气气流对测量片的推力与测量片轴上卷簧弹力的平衡状况。进气量的大小由驾驶人操纵节气门来改变。进气量越大，气流对测量片的推

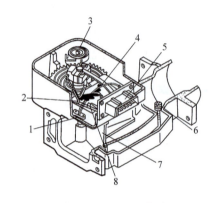

图 10-38　叶片式空气流量传感器的结构
1—进气温度传感器　2—电动汽油泵动触头
3—卷簧（回位弹簧）　4—电位计　5—导线连接器
6—CO 调节螺钉　7—旋转翼片（测量片）
8—电动汽油泵静触头

力越大，测量片的开启角度也就越大。在测量片轴上连着一个电位计，电位计的滑动臂与测量片同轴同步转动，把测量片开启角度的变化（即进气量的变化）转换为电阻值的变化。电位计通过导线连接器与 ECU 连接。ECU 根据电位计电阻的变化量或作用在其上的电压的变化量测得发动机的进气量。

在叶片式空气流量传感器内通常还有一电动汽油泵开关，如图 10-38 所示。当发动机起动运转时，测量片偏转，该开关触头闭合，电动汽油泵通电运转；发动机熄火后，测量片在回转至关闭位置的同时，电动汽油泵开关断开。此时，即使点火开关处于开启位置，电动汽油泵也不工作。流量传感器内还有一个进气温度传感器，用于测量进气温度，为进气量做温度补偿。叶片式空气流量传感器导线连接器一般有 7 个端子，如图 10-39 中的 39、36、6、9、8、7、27。但也有将电位计内部的电动汽油泵控制触头开关取消后，变为 5 个端子的。

2. 叶片式空气流量传感器的故障检测　以丰田 PREVIA（大霸王）车 2TZ - FE 发动机用叶片式空气流量传感器的检测为例。图 10-40 所示为丰田 PREVIA（大霸王）车叶片式空气流量传感器电路原理图。其检测方法有就车检测和动态检测两种。

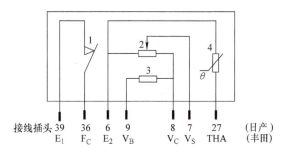

图 10-39　叶片式空气流量传感器电路原理图

1—电动汽油泵开关　2—可变电阻　3—固定电阻　4—热敏电阻（进气温度传感器）

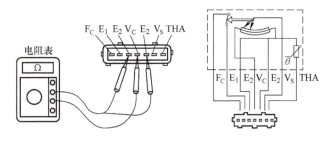

图 10-40　丰田大霸王车叶片式空气流量传感器的原理图

（1）就车检测　将点火开关置"OFF"，拔下该流量传感器的导线连接器，用万用表欧姆档测量连接器内各端子间的电阻。其电阻值应符合表 10-1 所列数值；如不符，则应更换空气流量传感器。

表 10-1　丰田 PREVIA 车空气流量传感器各端子间的电阻

端子	标准电阻/kΩ	温度/℃
$V_S - E_2$	0.20 ~ 0.60	任何温度
$V_C - E_2$	0.20 ~ 0.60	任何温度
	10.00 ~ 20.00	− 20
	4.00 ~ 7.00	0
THA − E_2	2.00 ~ 3.00	20
	0.90 ~ 1.30	20
	0.40 ~ 0.70	60
$F_C - E_1$	不定	—

（2）动态检测　将点火开关置"OFF"，拔下空气流量传感器的导线连接器，拆下与空气流量传感器进气口连接的空气过滤器，拆开空气流量传感器出口处空气软管的卡箍，拆除固定螺栓，取下空气流量传感器。首先检查电动汽油泵开关，用万用表欧姆档测量 $F_C - E_1$ 端子：在测量片全关闭时，$F_C - E_1$ 间不应导通，电阻为 ∞；在测量片开启后的任一开度上，$F_C - E_1$ 端子间均应导通，电阻为 0。然后用一字螺钉旋具推动测量片，同时用万用表欧姆档测量电位计滑动触头 V_S 与 E_2 端子间的电阻。在测量片由全闭至全开的过程中，电阻值应逐渐变小，且符合表 10-2 所列数值；如不符，则须更换空气流量传感器。

表 10-2　丰田 PREVIA 车空气流量传感器端子间的电阻

端子	标准电阻/Ω	测量片位置
$F_C - E_1$	∞	测量片全关闭
	0	测量片开启
$V_S - E_2$	20 ~ 600	全关闭
	20 ~ 1200	从全关到全开

10.4.2　卡门涡旋式空气流量传感器

1. 卡门涡旋式空气流量传感器的结构和工作原理　卡门涡旋式空气流量传感器的结构和工作原理如图 10-41 所示。在进气管道正中间设有一流线形或三角形的涡流发生器，当空气流经该涡流发生器时，在其后部的气流中会不断产生一列不对称却十分规则的被称为卡门涡流的空气涡流。根据卡门涡流理论，这个旋涡行列紊乱地依次沿气流流动方向移动，其移动的速度与空气流速成正比，即在单位时间内通过涡流发生器后方某点的旋涡数量与空气流速成正比。因此，通过测量单位时间内涡流的数量就可计算出空气流速和流量。测量单位时间内旋涡数量的方法有反光镜检出式和超声波检出式两种。图 10-42 所示是反光镜检出式卡门涡旋空气流量传感器，其内有一只发光二极管和一只光电晶体管。发光二极管发出的光束被一片反光镜反射到光电晶体管上，使光电晶体管导通。反光镜安装在一个很薄的金属簧片上。金属簧片在进气气流旋涡的压力作用下产生振动，其振动频率与单位时间内产生的旋涡数量相同。由于反光镜随簧片一同振动，因此被反射的光束也以相同的频率变化，致使光电晶体管也随光束以同样的频率导通、截止。发动机电子控制单元（ECU）根据光电晶体管导通、截止的频率即可计算出进气量。凌志 LS400 小轿车就是用了这种型式的卡门涡旋式空气流量传感器。

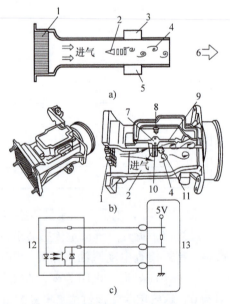

图 10-41　卡门涡旋式空气流量传感器的结构和工作原理

1—整流栅　2—涡流发生器　3—生成波发生器　4—卡门涡旋　5—进气管连接头　6—至超声波接收器　7—反光镜
8—发光二极管　9—簧片　10—压力传递孔　11—光电晶体管　12—流量计内部电路　13—ECU

　　图 10-43 所示为超声波检出式卡门涡旋式空气流量传感器。在其后半部的两侧有一个超声波发射器和一个超声波接收器。在发动机运转时，超声波发射器不断地向超声波接收器发出一定频率的超声波。当超声波通过进气气流到达接收器时，由于受气流中旋涡的影响，使超声波的相位发生变化。ECU 根据接收器测出的相应变化的频率计算出单位时间内产生的旋涡数量，从而求得空气流速和流量，然后根据该信号确定基准空气量和基准点火提前角。

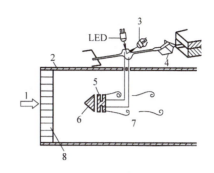

图 10-42　反光镜检出式卡门涡旋空气流量传感器

1—空气进口　2—进气管　3—光电晶体管　4—簧片
5—压力基准孔　6—涡旋发生器　7—卡门涡旋
8—整流栅

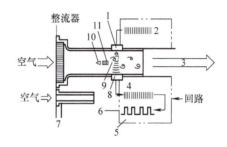

图 10-43　超声波检出式卡门涡旋式空气流量传感器

1—超声波发射器　2—超声波发生器　3—通往发动机　4—与涡旋数对应的疏密声波　5—整形后的矩形波（脉冲）
6—接 ECU　7—旁通气道　8—超声波接收器　9—卡门涡旋　10—涡流发生器　11—涡流稳定板

　　2. 卡门涡旋式空气流量传感器的故障检测　以丰田凌志 LS400 轿车 1UZ－FE 发动机用反光镜检出式空气流量传感器的检测为例。该传感器与 ECU 的连接电路如图 10-44 所示。

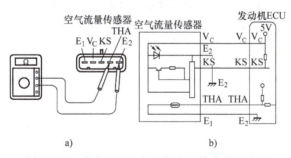

图 10-44　凌志 LS400 车空气流量传感器电路图

　　（1）检测电阻　将点火开关置"OFF"，拔下空气流量传感器的导线连接器，用万用表电阻档测量传感器上"THA"与"E_1"端子之间的电阻，其标准值见表 10-3。如果电阻值不符合标准值，则更换空气流量传感器。

　　（2）检测空气流量传感器的电压　插好此空气流量传感器的导线连接器，用万用表电压档检测发动机 ECU 端子 THA－E_2、KS－E_1、V_C－E_1 间的电压，其标准电压值见表 10-4。

　　若电压不符合要求，则检查传感器与 ECU 之间的导线是否短路或断路。若导线正常，则说明空气流量传感器损坏，应更换空气流量传感器。

表 10-3　丰田凌志 LS400 轿车空气流量传感器 THA – E₁ 端子间的电阻

端子	标准电阻/kΩ	温度（℃）
THA – E₁	10.0	– 20
	4.0 ~ 7.0	0
	2.0 ~ 3.0	20
	0.9 ~ 1.3	40
	0.4 ~ 0.7	60

表 10-4　丰田凌志 LS400 轿车空气流量传感器各端子间的电压

端子	电压/V	条件
THA – E₂	0.5 ~ 3.4	怠速、进气温度为20℃
	4.5 ~ 5.5	点火开关置 ON
KS – E₁	2.0 ~ 4.0（脉冲发生）	怠速
V_C – E₁	4.5 ~ 5.5	点火开关置 ON

10.4.3　热线式空气流量传感器

1. 热线式空气流量传感器的基本结构　热线式空气流量传感器由感知空气流量的白金热线（铂金属线）、根据进气温度进行修正的温度补偿电阻（冷线）、控制热线电流并产生输出信号的控制电路板及空气流量传感器的壳体等元件组成。根据白金热线在壳体内的安装部位不同，热线式空气流量传感器分为主流测量、旁通测量两种结构形式。图 10-45 所示是采用主流测量方式的热线式空气流量传感器的结构。它两端有金属防护网，取样管置于主空气通道中央，取样管由两个塑料护套和一个热线支承环构成。热线线径为 $70\mu m$ 的白金丝（R_H），布置在支承环内，其阻值随温度变化，是惠斯顿电桥电路的一个臂，如图 10-46 所示。热线支承环前端的塑料护套内安装一个白金薄膜电阻器，其阻值随进气温度变化，称为温度补偿电阻（R_K），是惠斯顿电桥电路的另一个臂。热线支承环后端的塑料护套上粘接着一只精密电阻（R_A），此电阻能用激光修整，也是惠斯顿电桥的一个臂。该电阻上的电压降即为热线式空气流量传感器的输出信号电压。惠斯顿电桥还有一个臂的电阻 R_B 安装在控制电路板上。

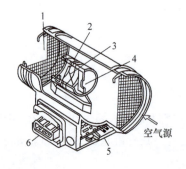

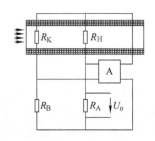

图 10-45　热线式空气流量传感器的结构　　　图 10-46　热线式空气流量传感器电路

1—防护网　2—取样管　3—白金丝热线　4—温度补偿电阻　　　A—混合集成电路　R_H—热线电阻　R_K—温度补偿电阻
　　　5—控制电路板　6—电连接器　　　　　　　　　　　　　　　　R_A—精密电阻　R_B—电桥电阻

热线式空气流量传感器的工作原理：热线温度由混合集成电路 A 保持其温度与吸入空气温度相差一定值，当空气质量流量增大时，混合集成电路 A 使热线通过的电流加大；反之，则减小。这样，就使得通过热线电阻 R_H 的电流为空气质量流量的单一函数，即热线电流 I_H 随空气质量流量增大而增大，或随其减小而减小，一般在 50～120mA 之间变化。波许 LH 型汽油喷射系统及一些高档小轿车采用这种空气流量传感器，如别克、日产 Maxima（千里马）和沃尔沃等。

2. 热线式空气流量传感器的故障检测

（1）检查空气流量传感器输出信号　拔下此空气流量传感器的导线连接器，拆下空气流量传感器；按图 10-47a 所示将蓄电池的电压施加于空气流量传感器的端子 D 和 E 之间（电源极性应正确），然后用万用表电压档测量端子 B 和 D 之间的电压。其标准电压值为（1.6±0.5）V。如其电压值不符，则须更换空气流量传感器。在进行上述检查之后，给空气流量传感器的进气口吹风，同时测量端子 B 和 D 之间的电压，如图 10-47b 所示。在吹风时，电压应上升至 2～4V。如电压值不符，则须更换空气流量传感器。

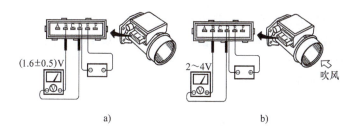

（1.6±0.5）V　　　　2～4V　　　　吹风

a)　　　　　　　　　　b)

图 10-47　热线式空气流量传感器输出信号检查

（2）检查自清洁功能　装好热线式空气流量传感器及其导线连接器，拆下此空气流量传感器的防尘网，起动发动机并加速到 2500r/min 以上。当发动机停转后 5s，从空气流量传感器进气口处可以看到热线自动加热烧红（约 1000℃）约 1s。如无此现象发生，则须检查自清信号或更换空气流量传感器。

10.5　安全气囊系统及碰撞传感器

当汽车速度在 30km/h 以上受到正面碰撞（碰撞角度与汽车中轴线成 30°之内）或侧面碰撞时，安装在汽车前部或侧面的碰撞传感器检测到碰撞强度。安全气囊系统电子控制单元（SRS ECU）将碰撞传感器送来的碰撞信号与 ECU 内储存的碰撞触发数据进行比较，如果判定碰撞强度达到或超过其规定值，则指令接通安全气囊引爆管的工作电路，引爆管迅速爆炸燃烧，并引燃气体发生器内的气体发生剂。气囊鼓起后很快就从气囊背面的小孔排出部分气体而变瘪，如果膨胀后有弹性的安全气囊在受到驾驶人或乘员的反冲压迫时还不放气变瘪，则有可能因驾乘人员的头部埋在气囊中无法呼吸，憋气死亡；或内部有压力气体使很强弹性的气囊将驾乘人员反弹回去，与汽车上其他零部件产生二次碰撞，造成驾乘人员的二次伤害。

从引燃气体发生剂安全气囊开始膨胀鼓起到受到驾驶人或乘员反冲压迫迅速泄气变瘪的时间很短，仅有约 0.1s。安全气囊从充满气体膨胀到泄气只有如此短暂的时间，因此必须具备极迅速地完成充气和放气动作的功能，才能有效保护驾驶人和乘员的安全。德国博世（BOSCH）公司生产的 SRS 在奥迪轿车上进行的试验表明，当汽车以 50km/h 的速度撞击前方障碍物时，安全气囊系统的保护动作过程可分为图 10-48 所示的 4 步。碰撞约 120ms 后，汽车碰撞产生的动能危害完全解除，车速降低直至为零。

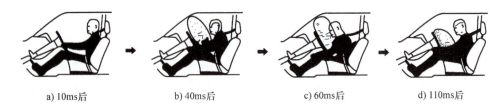

a) 10ms后   b) 40ms后   c) 60ms后   d) 110ms后

图 10-48 安全气囊系统的保护动作过程

10.5.1 碰撞传感器

碰撞传感器是一个自动控制开关，按功能可分为碰撞强度传感器和碰撞防护传感器。碰撞强度传感器分别安装在汽车左前部、右前部、侧面和 SRS ECU 内部，其功能是在汽车碰撞时检测汽车减速度，从而感知碰撞强度。碰撞防护传感器一般安装在 SRS ECU 内部，其功能是控制安全气囊引爆管是否触发点火。汽车碰撞发生时，只有在碰撞防护传感器与任一碰撞强度传感器同时接通时，引爆管点火电路才接通引爆并点燃气体发生器中的叠氮化钠药片，使气囊瞬间充气膨胀。两种传感器的结构和工作原理相同，但碰撞防护传感器设定的电路接通阈值要稍微小一点。

碰撞强度传感器有机电开关式、水银开关式和电子开关式三大类型。常用的机电开关式碰撞传感器有滚轴式、滚球式和偏心锤式，它利用机械运动（滚轴或滚球的滚动和偏心锤的转动）控制触头的开合，通过触头的断开或闭合控制安全气囊引爆管点火电路的接通或断开，从而使点火电路触发。

1. 滚轴机电开关式碰撞传感器 汽车未碰撞时，传感器处于静止状态（见图 10-49a），此时，滚轴在弹起的片簧作用下靠向止动销一侧，滚动触头与固定触头形成的开关处于断开状态，传感器电路不接通，无碰撞信号输入 SRS ECU。当汽车碰撞且减速度达到碰撞强度设定的阈值时（见图 10-49b），滚轴由于惯性产生的惯性力大于片簧的弹力，滚轴就会压下

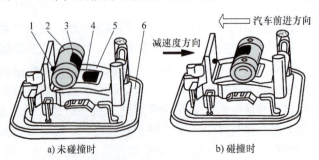

a) 未碰撞时   b) 碰撞时

图 10-49 滚轴机电开关式碰撞传感器

1—止动销 2—滚轴 3—滚动触头 4—固定触头 5—片簧 6—底座

片簧克服片簧的弹力向右滚动，使滚轴上的滚动触头与片簧上的固定触头接触，将传感器电路接通，碰撞强度信号即输入 SRS ECU。如果该传感器作为防护传感器使用，则将安全气囊引爆管电源电路接通。滚轴机电开关式碰撞传感器在日本丰田、本田、三菱等轿车和美国福特林肯城市轿车的 SRS 上均有使用。

2. 滚球机电开关式碰撞传感器　汽车未碰撞时如图 10-50a 所示，传感器处于静止状态，滚球被永久磁铁吸引，静止于右侧，两个固定触头未搭接，传感器电路未接通，无碰撞信号输入 SRS ECU。当汽车碰撞且减速度达到碰撞强度设定的阈值时（见图 10-50b），滚球由于惯性产生的惯性力大于永久磁铁的磁力，滚球克服磁力在柱状滚道内滚动到两个固定触头侧，将两个固定触头搭接，使传感器电路接通，碰撞强度信号即输入 SRS ECU。滚球机电开关式碰撞传感器在日本尼桑、马自达轿车的 SRS 上均有使用。该碰撞传感器由德国博世（BOSCH）公司生产。

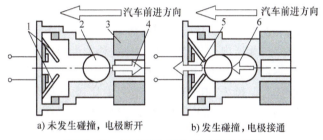

图 10-50　滚球机电开关式碰撞传感器

1—固定触头　2—滚球　3—永久磁铁　4—磁力　5—碰撞惯性力　6—合力

3. 偏心锤机电开关式碰撞传感器　汽车未碰撞时如图 10-51a 所示，传感器处于静止状态，在复位弹簧的作用下，偏心锤与挡板接触，转子总成也处于静止状态。转动触头与固定触头不接触，传感器电路未接通，无碰撞信号输入 SRS ECU。当汽车碰撞且减速度达到碰撞强度设定的阈值时（见图 10-51b），偏心锤由于碰撞惯性产生的惯性力大于复位弹簧的弹性力，使转子总成在惯性力矩作用下克服复位弹簧力矩沿逆时针转动一个角度。同步转动的转动触头也沿逆时针转动一个角度，于是固定触头与转动触头接触，将传感器电路接通，碰撞强度信号即输入 SRS ECU。偏心锤机电开关式碰撞传感器在日本丰田、马自达轿车的 SRS 上均有使用。其结构如图 10-51c 所示。

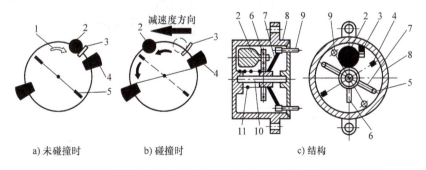

图 10-51　偏心锤机电开关式碰撞传感器

1—复位弹簧力矩　2—偏心锤　3—挡板　4—固定触头　5—转动触头　6—偏心锤臂　7—转动触头臂　8—壳体
9—固定触头引线端子　10—传感器轴　11—复位弹簧

4. 水银开关式碰撞传感器　水银开关式碰撞传感器利用水银的良好导电性控制气囊引爆管点火电路的接通，一般用作碰撞防护传感器。汽车未碰撞时如图 10-52a 所示，传感器处于静止状态，水银珠在重力作用下处于壳体下端，传感器的两电极断开，传感器电路未接通，无碰撞信号输入 SRS ECU。当汽车碰撞且减速度达到碰撞强度设定的阈值时（见图 10-52b），水银珠由于碰撞产生

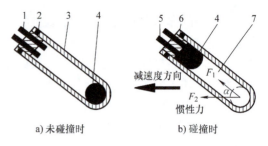

a) 未碰撞时　　　　b) 碰撞时

图 10-52　水银开关式碰撞传感器
1—接引爆管点火电极　2—密封圈　3—壳体　4—水银
5—接电源电极　6—螺塞　7—水银运动方向力

的惯性力在壳体轴线方向的分力克服水银珠重力在壳体轴线方向的分力，将水银珠抛向传感器电极一端，变形并将两电极接通，碰撞强度信号即输入 SRS ECU。

5. 电子开关式碰撞传感器　电子开关式碰撞传感器一般用作中心碰撞，常用的电子开关式碰撞传感器有压阻效应式和压电效应式两种，分别利用半导体的压阻效应和压电效应制成。在压阻效应式碰撞传感器中，应变电阻受到碰撞压力会产生变形，其阻值随之发生变化，经过信号处理电路处理后，输入 SRS ECU 的信号电压就会发生变化。在压电效应式碰撞传感器中，压电晶体受到碰撞压力作用其输出电压就会发生变化，作用力越大，晶体变形量越大，输出电压就越高。

10.5.2　气体发生器

气体发生器又称为充气泵，是安全气囊系统中非常重要而又复杂的一个部件，要求它在被引爆管点燃后的 0.03～0.05s 时间内产生大量压缩气体，充填到 SRS 气囊中使其鼓起，其气体最高膨胀压力一般为 160kPa 以上。汽车安全气囊系统的气体发生器有机械式气体发生器和电子式气体发生器两种，如图 10-53 和图 10-54 所示。

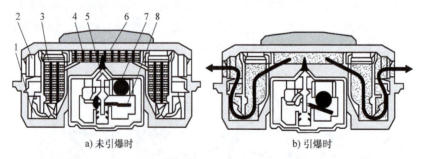

a) 未引爆时　　　　b) 引爆时

图 10-53　机械式气体发生器
1—过滤器　2—出气孔　3—气体发生剂　4—增压剂　5—撞针
6—机械式雷管　7—触发钢球　8—触发杠杆

10.5.3　SRS 气囊组件

SRS 气囊组件按功能分为正面气囊组件和侧面气囊组件，安装位置分为驾驶人席、副驾驶人席、后排乘员席气囊组件。SRS 气囊组件将安全气囊和机械式气体发生器或电

子式气体发生器组合起来。驾驶人席与副驾驶
人席气囊组件结构和工作原理大体相同，一般
用同一个安全气囊电子控制单元（SRS ECU）
控制。

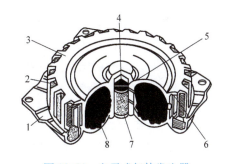

图 10-54　电子式气体发生器

1—下盖　2—出气孔　3—上盖　4—引爆雷管
5—电热丝　6—过滤器　7—药筒　8—气体发生器

SRS ECU 是安全气囊系统的核心部件，主要
由专用 CPU、备用电源、稳压保护电路、信号处
理电路、保护电路、监测电路和点火电路等组成。
图 10-55 所示是韩国现代轿车的 SRS ECU 电路示
意图。

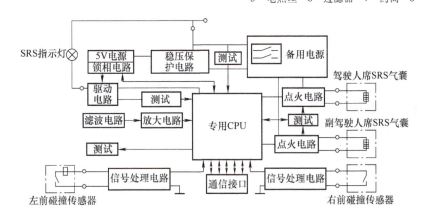

图 10-55　韩国现代轿车的 SRS ECU 电路示意图

1. 专用 CPU　在汽车行驶过程中，专用 CPU 不断监测汽车上的碰撞传感器，一旦获
得传感器信号则判断汽车是否为减速行驶或是发生了碰撞。当判断结果为发生碰撞，且
汽车减速度信号反映汽车碰撞强度达到或超过设定阈值时，专用 CPU 立即执行控制引爆
管点火的软件程序，向引爆管点火电路发出引爆指令。专用 CPU 还对 SRS ECU 中的关键
部件和电路（如传感器、备用电源、点火电路、SRS 指示灯及驱动电路等）进行不间断
地监视，如这些部件或电路发生故障，则闪亮 SRS 指示灯并存储故障代码，以提醒驾驶人
及时维修。

2. 信号处理电路　信号处理电路的功能是对碰撞传感器检测到的信号进行整形和滤波
处理，以便 SRS ECU 能够接收与识别。信号处理电路主要由放大器和滤波器组成。

3. 备用电源　备用电源由电容器构成，其功能是在汽车碰撞时，如蓄电池或发电设备
损坏而不能给安全气囊系统供电的情况下，紧急提供保证安全气囊系统工作所需要的电力。
备用电源的供电时间虽然只能延续 6s，但在此供电时间内，却能保证 SRS ECU 测出碰撞强
度、发出引爆指令点燃气体发生剂，使安全气囊保护作用可靠启动。当时间超过 6s 以后，
备用电源的供电能力下降，不能保证安全气囊系统正常工作。汽车点火开关接通 10s 之后，
如果汽车蓄电池电压或发电电压高于 SRS ECU 的最低工作电压，则对备用电源的电容器进
行充电，直至电容器电能储存足够为止。

4. 稳压保护电路　稳压保护电路的功能是保证供给各电子元器件的电压不至于发生大
的波动而损坏电子元器件。由于汽车电器部件中有许多电感线圈，当电路中的开关器件接通

或断开使负载电流发生突然变化时，都会产生瞬时的脉冲高压，对 SRS 电路中的元器件造成损害。为了防止 SRS 元件损坏造成 SRS 保护作用失效，保证汽车电源电压波动时 SRS 也能正常工作，必须设置稳压保护电路。

复习思考题

1. 请列举车速传感器的类型并分别说明它们的基本原理。
2. 请简述氧量传感器存在的意义和重要性。
3. 三元系统包括哪些部分？简要说明三元系统的工作原理。
4. 请解释"卡门涡旋"现象，并说明此现象的应用场合。
5. 安全气囊系统里的碰撞传感器包括哪些种类？

▶ 大国交通"车路智行——智能车时代"

中国既是世界最大的汽车生产国，也是最大的汽车消费国。全球汽车产业正朝着电动化、智能化、网联化的方向发展，一个以智能为驱动方式的汽车时代到来了。无人驾驶汽车在行驶过程中会有各种各样的颠簸，这会使得传感器发生失真，产生很多误差，这些误差必须经过标定来进行校正。传统在野外进行的标定，需要依赖相应的特征参照物，整个标定过程需要 4～5h，而在标准化标定车间里面，只需要 4～5min 就可以完成相应的任务。标定车间的设计和布置以及所有验证经过了工程师近些年来上万次实验打磨。从摄像头到激光雷达，毫米波雷达，从进口零部件到国产，中国的自动驾驶车辆历经发展，不仅外形更加流畅美观，价格也越来越亲民，标准化、高精度、零误差，自动驾驶技术越来越接地气。

相关短视频请参看随赠的教学辅助资源。

第11章　智能视觉系统及其应用

智能视觉检测技术顺应现代制造业发展的要求，已经在世界范围内得到了广泛的应用。智能制造离不开智能视觉，智能视觉检测是实现工业自动化和智能化的必要手段。视觉传感器是用来收集图像和视觉信息的工具，在我们生活的各行各业发挥着重要作用。

企业案例引入　自动生产线上的视觉引导工业机器人定位抓取系统。当产品位于工业机器人抓取作业区时，CCD/CMOS相机对工作区进行拍照，获取产品图像数据。视觉处理软件对采集到的图像进行数字处理，通过图像识别方法提取目标产品的特征，进行数据识别和计算，对目标产品进行视觉定位，并将目标产品的位置信息发送给工业机器人，机器人接收位置信息并实施抓取。

本章将学习机器视觉的基本概述，视觉传感器、机器人智能视觉系统等内容。

◆ **本章学习的重点**：视觉传感器、机器人智能视觉系统在工业中的典型应用。

◆ **本章学习的难点**：视觉传感器的工作原理。

11.1　机器视觉基本概述

11.1.1　机器视觉的定义及特点

11.1.1.1　机器视觉的定义

人类感知外部世界主要是通过视觉、触觉、听觉和嗅觉等感觉器官，其中约80%的信息是由视觉获取的。在现代工业自动化生产中，涉及各种各样的检验、生产监视及零件识别工作，如零配件批量加工的尺寸检查，自动装配的完整性检查，电子装配线的元件自动定位，IC上的字符识别等。通常人眼无法连续、稳定地完成这些高度重复性和智能性的工作，其他物理量传感器也难独立完成。因此，人们开始考虑利用光电成像系统采集被控目标的图像，而后经计算机或专用图像处理模块进行数字化处理，根据图像的像素分布、亮度和颜色等信息，进行尺寸、形状、颜色等的判别。这样，就把计算机的快速性、可重复性与人眼视觉的高度智能化和抽象能力相结合，由此产生了机器视觉的概念。机器视觉的发展不仅将大大推动智能系统的发展，也将拓宽计算机与各种智能机器的研究范围和应用领域。

什么是机器视觉？如图11-1所示，机器视觉跟人类视觉是相似的，例如，我们要检验一个零件合格还是不合格。首先将一束光线照射在物体表面，光线通过反射后进入到检测者的眼睛（眼睛要看到这个零件）；眼睛获取图像信息后传送给大脑，大脑就会判断它合格还是不合格（检测者前期有个认知），再指挥检测者做出相应的动作。那么，同样的动作机器视觉系统怎样完成呢？首先搭建好机器视觉系统，由相机进行拍照，获取图像信息，再通过电缆传递给计算机，通过图像处理软件对图像进行处理，以获取物体的目标特征值。再传递给执行机构，最后由执行机构完成对工件的相应操作。

通过比较我们发现，机器视觉是模拟人类视觉的，整个过程分析：看东西的时候需要光，机器视觉中有光源；人类看到东西的核心部件是眼睛，对应机器视觉是镜头和相机；人类对看到的东西进行分析和处理的是大脑，对应机器视觉系统采用计算机和图像处理软件；大脑会指挥人类的肢体做出相应的动作，同样机器视觉中，执行机构根据图像处

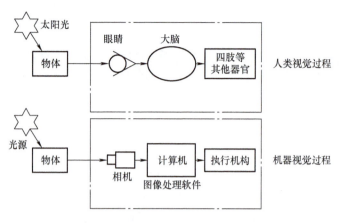

图 11-1　人类视觉与机器视觉对比过程

理结果完成相应的任务。因此，简单来说，机器视觉就是用机器代替人眼和大脑获取图像，并对图像进行分析，从而做出测量和判断。

美国制造工程协会（American Society of Manufacturing Engineers，ASME）机器视觉分会和美国机器人工业协会（Robotic Industries Association，RA）的自动化视觉分会对机器视觉下的定义为"机器视觉（Machine Vision）是指通过光学的装置和非接触的传感器自动地接收和处理一个真实物体的图像，通过分析后获得所需信息或用于控制机器运动的装置"。

简单地说，机器视觉是指基于视觉技术的机器系统或学科。广义来说，机器人、图像系统、基于视觉的工业测控设备等统属于机器视觉范畴。从狭义角度来说，机器视觉更多地指基于视觉的工业测控系统设备。机器视觉系统的特点是提高生产的产品质量和生产线的自动化程度。尤其是在一些不适合人工作业的危险工作环境或人眼难以胜任的场合，常采用机器视觉来替代人工视觉。同时，在大批量工业生产过程中，用人工视觉检查产品质量效率低且精度不高，用机器视觉检测则可以大大提高生产效率和生产的自动化程度。而且机器视觉易于实现信息集成，是实现计算机集成制造的基础技术。

11.1.1.2　机器视觉的特点

机器视觉系统的功能是通过机器视觉产品（即图像摄取装置）抓拍图像，然后将该图像传送至处理单元，通过数字化处理，并根据像素分布和亮度、颜色等信息进行尺寸、形状颜色等的判别，进而根据判别的结果来控制现场的设备动作。

因此，可以将机器视觉系统的特点概括如下：

1）非接触测量。对观测与被观测者都不会产生任何损伤，从而提高了系统的可靠性。

2）具有较宽的光谱响应范围。机器视觉可以利用专用的光电元件，可以观察到人类无法看到的世界，从而扩展了人类的视觉范围。例如，可使用人眼看不见的红外线进行检测。

3）长时间稳定工作。人类难以长时间地对同一对象进行观察。机器视觉系统则可以长时间地执行观测、分析与识别任务，并可工作于恶劣的环境中。

4）灵活、易于实现信息集成，能够进行各种不同的测量。当应用对象发生变化后，只须通过软件做相应的调整或升级软件以适应新的需求即可。

5）准确度高、效率高。人眼在连续目测产品时，能发现的最小瑕为 0.3mm，而机器视觉的检测准确度可达到千分之一英寸，用机器视觉检测可以大大提高生产效率和生产的自动化程度。

11.1.2　机器视觉系统的构成

从机器视觉系统的运行环境来看，典型的机器视觉系统可以分为 PC – BASED 视觉系统（PC – Based Vision System）和嵌入式视觉系统，亦称"智能相机"（Smart Camera）两大类。

1. 基于 PC – BASED 的视觉系统　典型的 PC – BASED 机器视觉系统通常由图 11-2 所示的几部分组成。

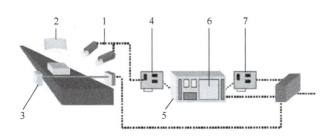

图 11-2　PC – BASED 机器视觉系统基本组成

1—相机与镜头　2—光源　3—传感器　4—图像采集卡　5—PC 平台　6—视觉处理软件　7—控制单元

（1）相机与镜头　这部分属于成像器件，视觉系统通常都是由一套或者多套这样的成像系统组成。按照不同标准可分为标准分辨率数字相机和模拟相机。应根据不同的应用场合选择不同的相机，如线扫描 CCD 和面阵型 CCD，单色相机和彩色相机。镜头选择应注意焦距、目标高度、影像高度、放大倍数、影像至目标的距离、畸变等。

（2）光源　光源用于为视觉系统提供足够的亮度，作为轴助成像器件，对成像质量的好坏起到至关重要的作用。常用的光源的种类有 LED、荧光灯、卤素灯（光纤光源）、特殊光源等。不同光源的特点也有所不同。

（3）传感器　通常以光电开关、接近开关等形式出现，用以判断被测对象的位置和状态，指导视觉传感器进行正确的采集。

（4）图像采集卡　通常以插入卡的形式安装在 PC 中。图像采集卡的主要工作是把相机输出的图像输送给计算机主机，它将来自相机的模拟或数字信号转换成一定格式的图像数据流，同时它可以控制相机的一些参数，如触发信号、曝光积分时间、快门速度等。

（5）PC 平台　计算机是 PC – BASED 视觉系统的核心，用于完成图像数据的处理和绝大部分控制逻辑，用于检测时，通常都需要较高频率的 CPU，可以减少处理的时间。同时，为了减少工业现场电磁、振动、灰尘、温度等的干扰，必须选择工业级的计算机。

（6）视觉处理软件　机器视觉软件用来完成对输入图像数据的处理，然后通过一定的运算得出结果，这个输出的结果可能是"PASS/FAIL"信号、坐标位置，字符串等。工业视觉当前的比较流行的开发模式是"软件平台 + 视觉开发包"，开发包是基于软件平台对常用各种图像处理算法进行了封装，软件工程师可以直接调用封装好的算法实现各种复杂的图像处理功能，以降低二次开发难度和工作量。

（7）控制单元　包含 I/O 接口、运动控制、电平转换单元等，当视觉软件完成图像分析（除非仅用于监控）后，就需要和外部单元进行通信以完成对生产过程的控制。简单的控制可以直接利用部分图像采集卡自带的 I/O 接口，相对复杂的逻辑运动控制则必须依靠附加可编程控制单元运动控制卡来实现必要的动作。

上述的 7 个部分是一个基于 PC 的视觉系统的基本组成，在实际的应用中针对不同的场合可以有不同的增加或删减。

2. 嵌入式视觉系统　在嵌入式系统中，视觉系统的作用更像是一个智能化的传感器，也称之为智能相机。它是一个同时具有图像采集、图像处理和信息传递功能的小型机器视觉系统。它将图像采集单元、图像处理单元、信息通信单元和其他外设集成到一个相机之内，嵌入式视觉系统的基本组成如图 11-3 所示。

（1）图像采集单元　在智能相机中，图像采集单元相当于普通意义上的 CCD/CMOS 相机和图像采集卡。它将光学图像转换为模拟/数字图像，并输出至图像处理单元。

（2）图像处理单元　图像处理单元类似于图像采集/处理卡。它可对图像采集单元传送来的图像数据进行实时存储，并在图像处理软件的支持下进行图像处理。

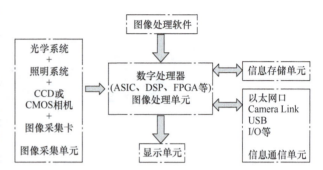

图 11-3　嵌入式视觉系统的基本组成

（3）图像处理软件　图像处理软件主要在图像处理单元硬件环境的支持下完成图像处理功能。如几何边缘的提取、Blob、灰度直方图、OCV/OVR、简单的定位和搜索等。在智能相机中，以上算法都封装成固定的模块，用户可直接调用而无须编程。

（4）信息通信单元　网络通信装置是智能相机的重要组成部分，主要完成控制信息、图像数据的通信任务。智能相机一般均内置以太网通信装置，并支持多种标准网络和总线协议，从而使多台智能相机构成更大的机器视觉系统。

3. 基于 PC – BASED 的视觉系统与嵌入式视觉系统的比较

（1）PC – BASED 视觉系统　PC – BASED 视觉系统是一种基于个人计算机（PC）的视觉系统，一般由光源、光学镜头、CCD 或 CMOS 相机、图像采集卡、图像处理软件及一台 PC 构成。基于 PC 的机器视觉应用系统结构复杂、体积相对庞大、安装难度相对较大、便携性差。这种系统的软件一般完全或部分由用户自己开发，难度相对较大，大大减慢了视觉系统的应用开发速度。

（2）嵌入式视觉系统　嵌入式视觉系统具有易学、易用、易维护、易安装等特点，可在短期内构建起可靠而有效的机器视觉系统。这种智能相机结构紧凑、尺寸小，易于安装在生产线和各种设备上，便于装卸和移动；高度的系统集成大大降低了系统的安装和调试难度，提高了系统的稳定性，系统使用简单方便；系统配置了功能齐全、性能强大的图像分析处理软件，无须编程，极大提高了应用系统的开发速度。

11. 1. 3　机器视觉系统的一般工作过程

机器视觉检测系统采用 CCD/CMOS 相机将被检测的目标信息转换成图像信号，传送给专用的图像处理系统；图像处理系统根据像素分布和亮度、颜色等信息，将其转换成数字信号，并对这些信号进行各种运算以抽取目标的特征（如面积、数量、位置、长度），再根据预设的允许度和其他条件输出结果（包括尺寸、角度、个数、合格/不合格、有/无等），从而实现自动识别功能。

图 11-4 所示为典型机器视觉系统。其主要工作流程为：零件到达检测位置→触发传感器发出脉冲→摄像单元打开照明→拍摄零件图像→摄像单元输出图像数据→图像数据被传递到处理器→处理器对图像进行分析、识别→获取测量结果（尺寸、角度、偏移量、个数、合格/不合格、有/无等）→通过现场总线与 PLC 通信，离散输出→指挥执行机构（如气泵）弹出不合格产品。

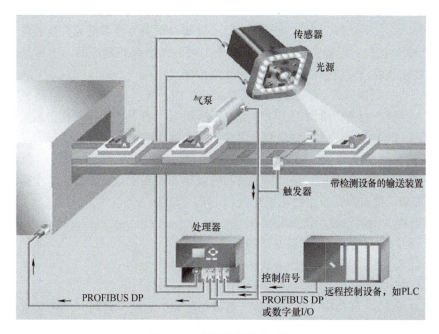

图 11-4　典型机器视觉系统

从上述的工作流程可以看出，机器视觉系统是一种相对复杂的系统。大多监控对象都是运动物体，系统与运动物体的匹配和协调动作尤为重要，所以给系统各部分的动作时间和处理速度带来了严格的要求。在某些应用领域，如机器人、飞行物体制导等，对整个系统或系统一部分的重量、体积和功耗都会有严格的要求。

尽管机器视觉系统各异，但归纳起来都包括以下几个过程。

① 图像采集：光学系统采集图像，将图像转换成数字格式并传入计算机存储器。

② 图像处理：处理器运用不同的算法来提高对检测有重要影响的图像像素。

③ 特征提取：处理器识别并量化图像的关键特征，如位置、数量、面积等。然后将这些数据传送到控制程序。

④ 判决和控制：处理器的控制程序根据接收到的数据做出结论。例如，位置是否符合要求，或者执行机构如何移动去拾取某个部件。

11.1.4　机器视觉系统的应用领域及发展趋势

1. 机器视觉的发展历程　机器视觉技术是计算机学科发展的一个重要分支，其功能及应用领域随着工业自动化的快速发展而变得更加广泛和全面。机器视觉技术的发展经历了以下几个阶段。

机器视觉技术起源于20世纪60年代。美国学者罗伯兹（Roberts）提出了从2D图像中提取三维结构的观点，引发了美国麻省理工学院（MIT）人工智能实验室及其他机构对机器视觉的关注，并标志着三维机器视觉的开始。20世纪70年代中期，MIT人工智能实验室正式开设"机器视觉"课程，研究人员开始大力进行"物体与视觉"相关课题的研究，推动了机器视觉技术的发展。

20世纪80年代开始，机器视觉掀起了全球性的研究热潮，方法理论迭代更新，OCR和智能摄像头等均在这一阶段问世，并逐步引发了机器视觉相关技术更为广泛的传播与应用。

20世纪90年代初，视觉公司成立，并研发出第一代图像处理产品。上百家企业开始大量销售机器视觉系统，完整的机器视觉产业逐渐形成。

2000年至今，更高速的3D视觉扫描系统和热影像系统等逐步问世，机器视觉的软硬件产品蔓延至生产制造的各个阶段，应用领域也不断扩大。当下，机器视觉作为人工智能的底层产业及电子、汽车等行业的上游行业，仍处于高速发展的阶段，具有良好的发展前景。

2. 机器视觉的发展趋势　随着机器视觉技术及其相关技术的不断提升，机器人与正常人之间的视觉能力差距在不断缩小，视觉技术的成熟和发展使其在制造企业中得到越来越广泛的应用。未来，机器视觉技术将主要呈现以下几大趋势：

① 对机器视觉的需求将呈上升趋势。

② 统一开放的标准是机器视觉发展的原动力。

③ 基于嵌入式的产品将取代板卡式产品。

④ 一体化解决方案是机器视觉的必经之路。

3. 机器视觉的应用领域　机器视觉虽然只有几十年的发展时间，但随着全球新一轮科技革命与产业变革浪潮的兴起，机器视觉行业顺势迎来了快速发展。机器视觉的应用已经从最初的汽车制造领域扩展至如今的消费电子、制药、食品包装、工业、农业、军事、交通、国防等各个领域。

（1）在半导体电子制造领域中的应用　在半导体电子制造领域中，机器视觉的应用正在走向普及化和多元化。面对越来越高的集成度、越来越密集的线路和元件、越来越快的制造速度，用机器视觉检测、定位、导引几乎是唯一的选择，如图11-5所示的PCB参数检测和图11-6所示的SMT表面贴片机。基于机器视觉技术的AOI（自动光学检测）已成为高精度PCB制板不可缺少的检测设备，如对PCB的焊点质量、丝印质量及钻孔对位进行检查，SMT表面贴装，SPI锡膏检测，回流焊和波峰焊等，都离不开机器视觉技术。

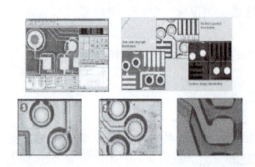

图11-5　PCB参数检测

图11-6　SMT表面贴片机

（2）在农业中的应用　采用机器视觉技术可以对农产品进行快速地自动分级分拣。例如，采用机器视觉中的色选技术可以将大米中的黑粒、异物等剔除，以提高大米的等级，给企业带来高额的效益。如图 11-7 所示的果蔬采摘和图 11-8 所示的农产品分选，都是机器视觉技术在农业中的应用。

图 11-7　果蔬采摘

图 11-8　农产品分选

（3）在交通系统中的应用　机器视觉技术在交通系统中可以执行监控、车牌检测与安全检查、智能交通等任务。机器视觉系统通过数字图像处理、计算机分析交通图像序列，并对车辆、行人等交通目标的运动进行检测、定位、识别和跟踪，以及对目标的交通行为进行分析、理解和判断，从而完成对各种交通数据的采集、交通事件的检测，并快速进行相应处理，图 11-9 所示为机器视觉技术在车辆监控中的应用。

（4）在医学中的应用　机器视觉技术利用数字图像处理技术、信息融合技术，不仅可对 X 射线透视图、磁共振图像、CT 图像进行适当叠加、综合分析，还可对其他医学影像数据进行统计和分析。如图 11-10 所示的手部 X 光片图像，机器视觉系统利用数字图像的边缘检测与图像分割技术自动完成细胞个数的计数或统计，不但大大节省了人力、物力，准确率和效率也大大提高。

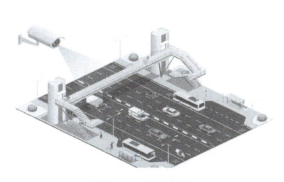

图 11-9　车辆监控

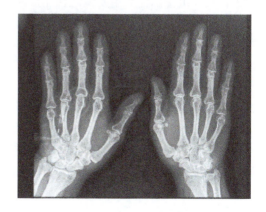

图 11-10　手部 X 光片图像

（5）在人脸识别技术中的应用　如图 11-11 所示，人脸识别（Face Recognition）是基于人的面部特征信息进行身份识别的一种生物识别技术。它通过采集含有人脸的图片或视频流，并在图片中自动检测和跟踪人脸，进而对检测到的人脸进行面部识别。人脸识别可提供图像或视频中的人脸检测定位、人脸属性识别、人脸比对及活体检测等功能。

（6）在国防军事中的应用　机器视觉技术在国防军事中的应用包括对运动目标的跟踪、精准定位、无人机侦察等。搭载了嵌入式机器视觉技术的攻击武器可以通过图像采集环节获取目标物的准确信息，进行相应的图像处理，并控制指令信息修正攻击弹药的运行路线与爆破点。精准制导的实现，大幅提高了弹药的打击准确度，降低了误伤率及支出，图11-12所示为机器视觉技术在无人机侦察中的应用。

图 11-11　人脸识别

图 11-12　无人机侦察

（7）在工业中的应用　机器视觉技术在工业中主要应用于检测、测量、识别和定位。

1）检测。包括瑕疵和色彩检测、部件有无检测、目标位置和方向检测等。例如，检查工件表面是否有划痕、产品包装和印刷是否有缺陷、是否为残次品、字符印刷是否完整、电路板焊点是否完善、啤酒瓶盖是否安装正确等。检测生产线上产品有无质量问题，该环节也是取代人工最多的环节。

2）测量。包括尺寸和容量测量。预设标记的测量（如孔位到孔位的距离）是机器视觉技术在制造业中的常见应用。例如，对外形轮廓、孔径面积等数值的测量。应用机器视觉技术进行尺寸测量的优势主要体现在非接触，能够长时间稳定工作等方面。

3）识别。机器视觉对图像进行处理、分析和理解，以识别各种不同模式的目标和对象。可以达到数据的追溯和采集，在汽车零部件、食品、药品等领域应用较多。例如，字符识别（OCR）和确认（OCV）、印刷体字符识别、条码（一维码、二维码）识别、颜色识别、形状识别等。

4）定位。视觉定位要求机器视觉系统能够快速准确地找到被测零件并确认其位置，上下料使用机器视觉来定位，引导机械手臂准确抓取。在半导体封装领域，设备需要根据机器视觉取得的芯片位置信息调整拾取头，准确拾取芯片并进行绑定，这就是视觉定位在机器视觉工业领域中最基本的应用。

11.2　视觉传感器

视觉传感技术是传感技术七大类中的一个，视觉传感器是指：通过将摄像机拍摄到的光学图像转换为计算机所能处理的电信号并进行图像处理，计算被测对象的特征量（面积、重心、长度、位置等），并输出数据和判断结果。

视觉传感器是将景物的光信号转换成电信号的器件。大多数机器人视觉都不必通过胶卷等媒介物，而是直接把景物摄入。过去经常使用光导摄像等电视摄像机作为机器人的视觉传感器。近年来开发了 CCD（电荷耦合器件）和 CMOS（金属氧化物半导体）器件等组成的固体视觉传感器。固体视觉传感器又可以分为一维线性传感器和二维线性传感器，目前二维线性传感器已经能做到 4000 像素以上。由于固体视觉传感器具有体积小、重量轻等优点，因此应用日趋广泛。

11.2.1 CCD 视觉传感器

CCD（Charge Coupled Device）是利用内光电效应原理集成的一种光电元件。它具有电荷存储、移位和输出等功能。CCD 有一维和二维之分，前者用于位移、尺寸的检测，后者主要作为固态摄像器件，用于图形、文字的传递，如无线传真、可视电话、生产过程监视及安全监视等。要构成视觉传感器，必须能将图像记录下来并传递出去。图像是由像素组成行，由行组成帧。CCD 就是利用光电单元（即像素）的光电转换特性将投射到光电单元上的光信号转成电信号记录并存储下来，然后再将信息传送出去的。

11.2.1.1 CCD 的基本工作原理

1. 感光原理 CCD 的基本结构是 MOS（即金属—氧化物 – 半导体）电容，是由 MOS 电容构成像素实现上述功能的。在 P 型硅衬底上通过氧化在表面形成 SiO$_2$ 层，然后再沉积小面积的金属铝作为电极，如图 11-13 所示。在 P 型硅里的多数载流子是带正电荷的空穴，少数载流子是带负电荷的电子，当金属电极上施加正电压时，其电场透过 SiO$_2$ 绝缘层对这些载流子进行排斥和吸引，于是空穴被排斥到远离电极处，而电子则被吸引到 SiO$_2$ 层的表面上来，这种现象

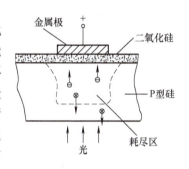

图 11-13 CCD 基本结构示意图

便形成对电子而言的陷阱，电子一旦进入就不能复出，故又称为电子势阱，势阱深度与施加电压大小有关。

当器件受到光照时（光可从各电极的缝隙间经 SiO$_2$ 层射入，或经衬底的薄 P 型硅射入），光子的能量被半导体吸收，产生光生电子 – 空穴对，这时光生电子被吸引并存储在势阱中，光越强，势阱中收集到的电子越多，光弱则反之，这样就把光的强弱变成电荷的多少，实现了光和电的转换。势阱中的电子是被存储状态，即使停止光照，一定时间内也不会损失，这就实现了对光照的记忆。

2. 电荷传输原理 组成一帧图像的像素总数很多，且只能用串行方式依次传送，在光导像管里是靠电子来扫描的方法工作的，而 CCD 器件只需在固态光电单元上（即像素）施加多相脉冲电压就能扫描各像素，从而实现信息（电荷）的串行传送。由于不是电子束扫描，所以它的图像失真极小。由 CCD 构成的图像摄像器称为固态摄像器。图 11-14 所示为读出移位寄存器的结构原理及波形图，在排成直线的一维 CCD 器件里，将电极①~⑨分成三组①、④、⑦为一组，②、⑤、⑧为一组，③、⑥、⑨为一组，每组的电极连在一起，分别接三相脉冲波 Φ_1、Φ_2、Φ_3。

当 $t = t_1$，即 $\Phi_1 = U$、$\Phi_2 = 0$、$\Phi_3 = 0$ 时，半导体硅片上的势阱形状如图 11-15a 所示，此时只有在 Φ_1 的极下形成势阱，如果有光照，这些势阱里就会收集到光生电荷，电的数量

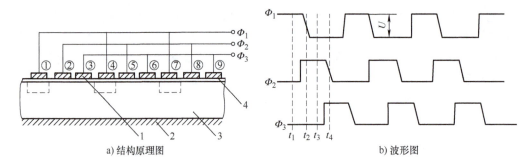

图 11-14 读出移位寄存器的结构原理及波形图

1—金属电极 2—遮光层 3—P型硅 4—二氧化硅

与光照成正比（光照强的地方电荷多，光照弱的地方电荷少，改有光照就没有电荷）。

当 $t = t_2$ 时，即 $\Phi_1 = 0.5U$，$\Phi_2 = U$，$\Phi_3 = 0$ 时，半导体硅片上的势阱形状如图 11-15b 所示，此时 Φ_1 极下的势阱变浅，Φ_2 极下的势阱最深，Φ_3 极下没有势阱。根据势能原理，原来在 Φ_1 极下的电荷逐渐向 Φ_2 的极下转移。到 $t = t_3$ 时，如图 11-15c 所示，Φ_1 极下的电荷向 Φ_2 极下转移完毕。

当 $t = t_4$ 时，如图 11-15d 所示，Φ_2 极下的电荷向 Φ_3 极下转移，如此下去，势阱中的电荷沿着 $\Phi_1 \rightarrow \Phi_2 \rightarrow \Phi_3 \rightarrow \Phi_1$ 的方向转移。在 CCD 器件的末端就能依次接收到原先存储在各个 Φ 极下的光生电荷，这就是 CCD 器件的电荷传送原理。

事实上，同一个 CCD 器件既可以按并行方式同时感光形成电荷潜影，又可以按串行方式依次传送电荷。但是分时使用同一个 CCD 器件时，在传送电荷期间就不应再受光照，以免因多次感光而破坏原有图像，这就必须用快门控制感光时刻，而且感光时不能传送，传送时不能感光，工作速度受到限制。现在通用的办法是把两个任务由两套 CCD 器完成，感光

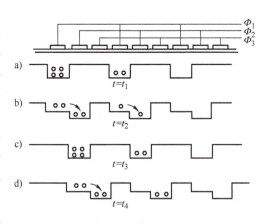

图 11-15 电荷传输过程

用的 CCD 器件有窗口，传送用的 CCD 器件是被遮蔽的，感光完成后把电荷并行转移到专供传送的 CCD 器件里串行送出，这样就不必用快门了，而且感光时间可以加长，传送速度也更快。

由此可见，通常所说的扫描已在依次传递过程中体现，全部都由固化的 CCD 器件完成。

11.2.1.2 CCD 器件

一个完整的 CCD 器件由光电元件、转移栅、移位寄存器及一些辅助输入、输出电路等组成。CCD 器件按结构可分为两大类：线阵型 CCD 和面阵型 CCD，如图 11-16 所示。

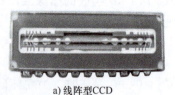

a) 线阵型CCD

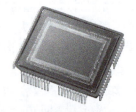

b) 面阵型CCD

图 11-16 CCD 器件

　　线阵型 CCD 用于获取线图像，主要用于直线型图像的检测，如传真机、扫描仪、光电字符阅读机等；面阵型 CDD 用于获取面图像，主要用于数码相机，CCD 摄像机等摄像领域。

　　1. 线阵型 CCD　对于线阵型 CCD，它可以直接接收一维光信息，而不能将二维图像转换为一维的电信号输出，为了得到整个二维图像，必须采取扫描的方法来实现。线阵型 CCD 视觉传感器由线阵光电区、转移栅、移位寄存器、偏置电荷电路、输出和信号读出电路等组成。线阵型 CCD 视觉传感器有两种基本形式，即单沟道和双沟道线阵型 CCD 视觉传感器，其结构如图 11-17 所示。

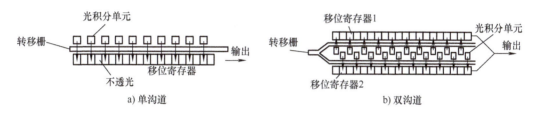

图 11-17　线阵型 CCD 视觉传感器的结构

　　如图 11-17a 所示，单沟道线阵型 CCD 视觉传感器的感光区由一列（N 个像元数）形状和大小完全相同的光电单元组成，每个光电单元为 MOS 电容结构。每一个光电元件上都有一个梳状公共电极，称之为光栅。MOS 电容的衬底电极为半导体 P 型单晶硅，在硅表面，相邻光电单元用沟阻隔开，以保证 N 个 MOS 电容相互独立。

　　传输区由与之对应的转移栅（多路开关）及一列（N 个像元数）动态移位寄存器组成，转移栅与光栅一样做成长条结构，位于感光和移位寄存器之间，用来控制光电单元势阱中的信号电荷向移位寄存器中转移，当入射光照射在光电元件阵列上，梳状电极施加高电压时，光电元件聚集光电荷，进行光积分，光电荷与光照强度和光积分时间成正比。

　　目前，实用的线阵型 CCD 视觉传感器为双沟道结构，如图 11-17b 所示。单、双数光电元件中的信号电荷分别转移到上、下方的移位寄存器中，然后，在控制脉冲的作用下自左向右移动，在输出端交替合并输出，这样就形成了原来光电信号电荷的顺序。

　　2. 面阵型 CCD　面阵型 CCD 视觉传感器的感光单元呈二维矩阵排列，能检测二维平面图像。按传输和读出方式不同，可分为行传输、帧传输和行间传输三种。

　　行传输（Line Transmission，LT）面阵型 CCD 视觉传感器的结构如图 11-18a 所示。它由行选址电路、感光区和输出寄存器组成。当感光区光积分结束后，由行选址电路一行一行地将信号电荷通过输出寄存器转移到输出端。行传输的特点是有效光电面积大，转移速度快，转移效率高。但需要行选址电路，结构较复杂，且在电荷转移过程中必须加脉冲电压，与光积分同时进行，会产生"拖影"，故较少采用。

　　帧传输（Frame Transmission，FT）面阵型 CCD 视觉传感器的结构如图 11-18b 所示。它由感光区、暂存区和输出寄存器三部分组成。感光区由并行排列的若干电荷耦合沟道组成，各沟道之间用沟阻隔开，水平电极条横贯各沟道。假设有 M 个转移沟道，每个沟道有 N 个光电单元，则整个感光区共有 $M \times N$ 个光电单元。在感光区完成光积分后，先将信号电荷迅速转移到暂存区，然后再从暂存区一行一行地将信号电荷通过输出寄存器转移到输出端。设置暂存区是为了消除"拖影"，以提高图像的清晰度和与电视图像扫描制式相匹配。帧传输

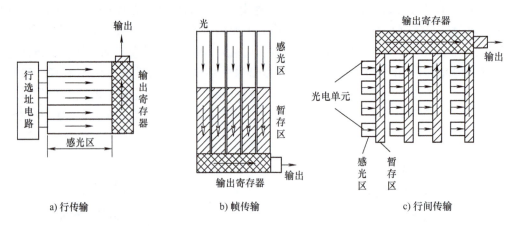

a) 行传输　　　　　　　　b) 帧传输　　　　　　　　c) 行间传输

图 11-18　面阵型 CCD 视觉传感器的结构

面阵型 CCD 视觉传感器的特点：光电单元密度高，电极简单，但增加了暂存区，器件面积相对于行传输型增大了一倍。

行间传输（Interline Transmission，ILT）面阵型 CCD 视觉传感器的结构如图 11-18c 所示。它的特点是感光区和暂存区行与行相间排列。在感光区结束光积分的同时将每列信号电荷转移入相邻的暂存区中，然后进行下一帧图像的光积分，并同时将暂存区中的信号电荷逐行通过输出寄存器转移到输出端。其优点是不存在"拖影"问题，但这种结构不适宜光从背面照射。行间传输面阵型 CCD 视觉传感器的特点：光电单元面积小、密度高、图像清晰，但单元结构复杂。它是用得最多的一种结构形式。

11. 2. 1. 3　彩色图像的获取

CCD 芯片按比例将一定数目的光子转换为一定数目的电子，但光子的波长，也就是光线的颜色，却没有在这一过程中被转换为任何形式的电信号，因此 CCD 无法区分颜色，即获取的是灰度图像。

为获取彩色图像，一种方法是采用分光棱镜和三个 CCD 器件实现。如图 11-19 所示，棱镜将光线中的红、绿、蓝三个基本色分开，使其分别投射在一个 CCD 上，每个 CCD 就只对一种基本色分量感光。实际应用中的效果非常好，但结构复杂，价格昂贵。

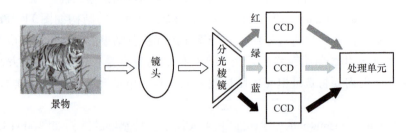

图 11-19　三个 CCD 彩色成像原理图

另一种方式是采用单一 CCD 器件实现。将马赛克滤光片（也称拜尔滤光片）加装在 CCD 上，每四个像素形成一个单元，一个过滤红色、一个过滤蓝色，两个过滤绿色（因为人眼对绿色比较敏感）。每个像素都接收到感光信号，但色彩分辨率不如感光分辨率。采用每四个感光单元为一组，分别获取 G、B、R、G 光度信号并合成为一个像素点色彩信息，如图 11-20 所示。图 11-21 所示为采用拜尔滤光片的 CCD 结构示意图。

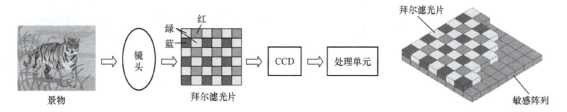

图 11-20　单 CCD 彩色成像原理图　　　　　图 11-21　采用拜尔滤光片的结构

11.2.1.4　CCD 视觉传感器的主要性能参数

1. 光谱灵敏度　CCD 接收光的方式有正面光照和背面光照两种；正面有很多电极，其反射、散射和吸收作用使得正面照射的光谱灵敏度比背面照射时低；所以，背面光照方式比正面光照的光谱响应要好得多。

2. 动态范围　动态范围定义为像敏单元的势阱中可存储的最大电荷量和噪声决定的最小电荷量之比。

3. 非均匀性　CCD 芯片全部像素对同一波长、同一强度信号响应能力的不一致性。

4. 非线性度　CCD 芯片对于同一波长的输入信号，其输出信号强度与输入信号强度比例变化的不一致性。

5. 分辨率　二维面阵型 CCD 的输出信号一般遵守电视系统的扫描制式。它在水平方向和垂直方向上的分辨率是不同的，水平分辨率的要求往往高于垂直分辨率。在评价面阵 CCD 的分辨率时，只评价它的水平分辨率，且利用电视系统的评价方法为电视线数的评价方法。电视线数评价方法表明，在一幅图像的水平方向能够分辨出黑白线的条数为其分辨率。

11.2.1.5　CCD 视觉传感器的应用

CCD 视觉传感器主要应用在以下几个方面。

1）计量检测仪器：工业生产产品的尺寸、位置、表面缺陷等非接触式在线检测、距离测定等。

2）光学信息处理：光学字符识别（Optical Character Recognition，OCR）、标记识别、图形识别、传真、摄像等。

3）生产过程自动化：自动工作机械、自动售货机、自动搬运机、监视装置等。

4）军事应用：导航、跟踪、侦查（带摄像机的无人驾驶飞机、卫星侦查）。在自动化生产线上，经常需要进行物体尺寸的在线检测。例如，零件的几何尺寸检验、轧钢厂钢板宽度的在线检测和控制等。

11.2.2　CMOS 视觉传感器

20 世纪 70 年代初，人们针对 CCD 的不足，开发了其他几种全新固态视觉传感器。其中，采用标准 CMOS（Complementary Metal-Oxide Semiconductor）制造工艺制造的 CMOS 视觉传感器是最有发展潜力的。与 CCD 视觉传感器相比，其优点是功耗小、成本低、速度快，但由于受到早期制造工艺技术水平的限制，CMOS 视觉传感器的分辨率低、噪声大、光照灵敏度弱、图像质量差，没有得到充分的重视和发展，而 CCD 器件因为光照灵敏度高等优点一直主宰着视觉传感器市场。20 世纪 90 年代初，随着超大规模集成电路设计技术和工艺水平的提高，采用 CMOS 工艺可在单芯片内集成图像感应单元、信号处理单元、模/数转换器，信号处理电路等功能，大大减小了系统复杂度。CMOS 视觉传感器过去存在的缺点都在被有效地克服，而其固有的优点更是 CCD 器件无法比拟的，因而再次成为研究的热点，获得了迅速的发展，有着广阔的应用前景。表 11-1 列出了 CMOS 视觉传感器与 CCD 视觉传感器的性能比较。

表 11-1　CMOS 视觉传感器与 CCD 视觉传感器的性能比较

类别	CMOS 视觉传感器	CCD 视觉传感器
灵敏度	高	高
信噪比	良	优
动态范围	小	大
最大帧频/帧/s	1000	30
集成度	高	低
加工工艺	一般工艺	特殊工艺
电路结构	简单	复杂
模块体积	小	大
可靠性	高	低
成本	低	高

11.2.2.1　CMOS 视觉传感器的组成

CMOS 视觉传感器一般由光电单元阵列（像元阵列）、行选通逻辑、列选通逻辑、定时和控制电路、片上模拟信号处理器构成，如图 11-22a 所示。更高级的 CMOS 视觉传感器还集成了片上 A/D 转换器，如图 11-22b 所示，它将光电单元阵列、行选择、列选及放大、模拟信号处理电路、A/D 转换电路、视频时序产生电路、曝光及白平衡等控制、I^2C 控制接口、数据总线输出接口及控制接口等部分采用传统的芯片工艺方法集成在一块硅片板上。

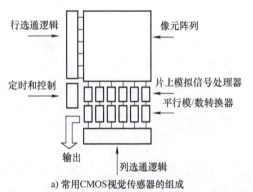

a) 常用 CMOS 视觉传感器的组成

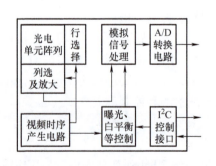

b) 带 A/D 转换器的 CMOS 视觉传感器的组成

图 11-22　CMOS 视觉传感器

11.2.2.2　CMOS 视觉传感器的像元结构

CMOS 视觉传感器的每一个基本感光单元也称为像素单元（简称为像素或像元），主要是由 MOS 电容和 P－N 结光电二极管组成，采用阵列式结构，有线型和面型之分。

CMOS 视觉传感器像素结构目前主要有无源像素视觉传感器和有源像素视觉传感器两种。

无源像素视觉传感器如图 11-23a 所示，其信噪比低、成像质量差，所以目前绝大多数 CMOS 视觉传感器采用的是有源像素视觉传感器结构。

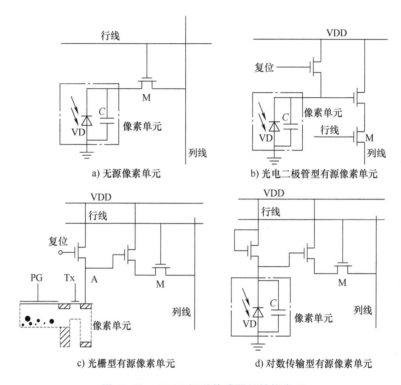

a) 无源像素单元　　　　b) 光电二极管型有源像素单元

c) 光栅型有源像素单元　　　d) 对数传输型有源像素单元

图 11-23　CMOS 视觉传感器的结构类型

有源视觉传感器的像素内部集成了一个或多个放大器（有源器件），使信号在像素内就得到放大。有源传感器又可细分为光电二极管型（见图 11-23b）、光栅型（见图 11-23c）及对数传输型（见图 11-23d）有源视觉传感器。

11.2.2.3　CMOS 视觉传感器的应用

随着 CMOS 集成电路工艺技术的不断进步和完善，CMOS 视觉传感器芯片获得了迅速的发展和广泛应用。CMOS 视觉传感器具有集成度高、耗电量低、价格便宜等优势，目前在图像产品应用市场占据重要的地位，以 PC 摄像头及数码手机相机为主。随着因特网及多媒体技术的蓬勃发展，CMOS 视觉传感器在视频会议、图像电话、视频通信、手机、PDA、指纹识别器等产品中的应用也日益广泛，这也是 CMOS 视觉传感器的主要发展领域。

11.2.3　智能相机

典型的机器视觉系统是一种基于个人计算（PC）的视觉系统，一般由光源、相机、图像采集卡、图像处理软件及一台 PC 构成。其中，图像采集功能由相机及图像采集卡完成，图像处理则是在图像采集卡的支持下，通过软件在 PC 中完成。基于 PC 的机器视觉系统尺寸庞大、结构复杂、应用系统开发周期长、成本较高。目前，一种新型智能相机的出现，解决了上述难题。图 11-24 所示为智能相机外观。

图 11-24　智能相机

11.2.3.1　什么是智能相机

智能相机（Smart Camera）是近年来机器视觉领域发展最快的一项新技术产品。智能相机是一种同时具有图像采集、图像处理和信息传递功能的小型机器视觉系统，是一种嵌入式机器视觉系统。它将视觉传感器、数字处理器、通信模块和其他外设集成到一个单一的相机之内，使相机能够完全替代传统的基于 PC 视觉系统，可独立地完成预先设定的图像处理和分析任务。由于采用一体化设计，可降低系统的复杂度，并可提高系统的可靠性，同时，系统的尺寸大为缩小。智能相机的出现，开启了机器视觉技术研究的新篇章，也拓宽了机器视觉技术的应用范围。

11.2.3.2　智能相机的分类

1. 按芯片类型分类　分为 CCD 相机和 CMOS 相机。

（1）CCD 相机　CCD 是一种半导体器件，集光电转换、电荷存储、电荷转移、信号读取于一体。CCD 上植入的微小光电物质称作像素（Pixel）。一块 CCD 上包含的像素数越多，其提供的画面分辨率就越高。CCD 相机的特点：以电荷为信号，不同于其他器件以电流或电压为信号。这类成像器件通过光电转换形成电荷包，而后在驱动脉冲的作用下转移、放大、输出图像信号。CCD 相机主要由 CCD 芯片、时序产生电路模块、信号处理电路模块及电子接口等组成。

（2）CMOS 相机　CMOS 是互补金属氧化物半导体，CMOS 实际上是将晶体管放在硅块上的技术。CMOS 芯片将光电元阵列、图像信号放大器、信号读取电路、模/数转换电路、图像信号处理器及控制器集成在一块芯片上，提高了 CMOS 芯片的集成度和设计的灵活性。CMOS 相机主要由 CMOS 芯片、外围控制电路及数据采集处理模块组成。

2. 按传感器的结构特性分类　分为线阵相机和面阵相机。

（1）线阵相机　其像元是一维线状排列的，即只有一行像元，每次只能采集一行图像数据，只有当相机与被摄物体在纵向相对运动时才能得到我们平常看到的二维图像。

（2）面阵相机　面阵相机是常见的形式，其像元是按行列整齐排列的，每个像元对应图像上的一个像素点，一般所说的分辨率就是指像元的个数。

3. 按输出信号分类　分为模拟相机、数字相机。

（1）模拟相机　模拟相机输出的信号形式为标准的模拟量视频信号，需要通过专用的图像采集卡将模拟量视频信号转换为计算机可以处理的数字信号，以便对视频信号进行处理与应用。模拟相机的优点是通用性好、成本低。缺点是分辨率低、采集速度慢，并且在图像传输中容易受到噪声干扰，导致图像质量下降，所以多用在对图像质量要求不高的机器视觉系统中。目前，在主要的高清机器视觉应用场景中，模拟相机的使用越来越少。

（2）数字相机　数字相机，顾名思义，相机的视频输出信号为数字信号。数字相机也称为数码相机。数码相机的内部集成了 A/D 转换电路，可直接将模拟量的图像信号转换为数字信号，具有抗干扰能力强、视频信号格式多样、分辨率高、视频输出接口丰富等特点。

4. 按输出色彩分类　分为黑白相机、彩色相机。

（1）黑白相机　黑白相机将光信号转换成图像灰度值，生成的图像为灰度图像。灰度图像只包含亮度信息，不包含色彩信息。在计算机中，一个字节为 8 位，所以灰度图像可以包含 256（$2^8 = 256$）个信息。

（2）彩色相机　彩色相机能获得对象的红、绿、蓝三个分量的光信号，输出彩色图像。彩色相机能够提供比黑白相机更多的图像信息。彩色相机的实现方法主要有两种，棱镜分光法和 Bayer 滤波法。

11.2.3.3　智能相机的优点

智能相机具有易学、易用、易维护、安装方便等特点，可在短期内构建起可靠而有效的机器视觉系统。其特点主要体现在：①智能相机结构紧凑、尺寸小，易于安装在生产线和各种设备上，且便于装卸和移动；②智能相机实现了图像采集单元、图像处理单元、图像处理软件、网络通信装置的高度集成，通过可靠性设计可以获得较高的效率及稳定性；③由于智能相机已固化了成熟的机器视觉算法，用户无须编程就可实现有/无判断、表面缺陷检查、尺寸测量、OCR/OCV、条形码阅读等功能，从而极大地提高了应用系统的开发速度。

智能相机与基于 PC 的视觉系统在功能和技术上的差别主要表现在以下几个方面：①体积比较。智能相机与普通相机的体积相当，易于安装在生产线和各种设备上，便于装卸和移动；而基于 PC 的视觉系统一般由光源、CCD 或 CMOS 相机、图像采集卡、图像处理软件及 PC 构成，其结构复杂、体积相对庞大。②硬件比较。智能相机集成了图像采集单元、图像处理单元、图像处理软件、网络通信装置等，经过专业人员进行可靠性设计，其效率及稳定性都较高。同时，由于其硬件电路均已固定，缺少了设计的灵活性；基于 PC 的视觉系统主要由相机、采集/处理卡及 PC 组成。用户可根据需要选择不同类型的产品，因此，其设计灵活性较大。但是，当产品来自于不同的生产厂家时，这种设计的灵活性可能会带来部件之间不兼容性或与可靠性下降等问题。③软件比较。从某种程度上来说，智能相机是一种比较通用的机器视觉产品，它主要解决的是工业领域的常规检测和识别应用，其软件功能具有一定的通用性，由于智能相机已固化了成熟的机器视觉算法，用户无须编程就可实现有无判断、表面缺陷检查、尺寸测量、边缘提取、Blob、灰度直方图、OCR/OCV、条形码阅读等功能，基于 PC 的视觉系统的软件一般完全或部分由用户直接开发，用户可针对特定应用开发适合自己的专用算法。另一方面，由于用户的软件研发水平及硬件支持的不同，导致由不同用户开发的同一种应用系统的差异较大。

11.3　机器人智能视觉系统

机器人智能视觉系统由视觉控制器及监视显示器等组成。CCD 视觉传感器用于识别工件的特性，如数字、颜色、形状、姿态方位等，提供机器人所需的装配信息，如让机器人按工件序号、颜色将工件放置到相应工/库位，对工件放置的姿态方位进行调整等。

11.3.1　信捷智能视觉系统的组成

图 11-25 所示为信捷智能视觉系统整体图。本系统安装于托盘流水线中，当托盘货物到视觉检测工位时，X - SIGHT 机器视觉系统对托盘内的货物进行视觉识别，并把识别的位

置、形状等特征数据发送到中央控制器和
六关节机器人，由机器人根据目标存放位
置执行相应的动作。

智能相机

背光源

本系统选用信捷公司的 X – SIGHT SV4 –
30ml 智能视觉传感器。该系统包括镜头、
智能相机和光源控制器三部分，系统框图
如图 11-26 所示。

系统中智能相机和 PC 之间使用 RJ45
网口连接，智能相机的默认 IP 地址为
192. 168. 8. 3，计算机的 IP 地址需要与智能
相机 IP 地址在同一个网段内。

图 11-25 信捷智能视觉系统整体图

图 11-26 信捷智能视觉系统框图

PC 主要用于智能相机图像的处理、编程、程序下载、监控等；智能相机可通过 SIC –
242 光源控制器与 PLC 连接实现控制，SIC – 242 型光源控制器通过双绞线与 PLC 通信。

11. 3. 1. 1 硬件接线

图 11-27 所示为视觉系统的硬件接线图。

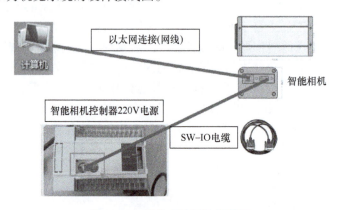

图 11-27 视觉系统硬件接线图

11. 3. 1. 2 软件安装

本系统使用的视觉编程上位机软件是 X – SIGHT STUDIO 信捷智能相机开发软件，版本
为 2.4.6，如图 11-28 所示。本软件适合运行于 Windows 2000、Windows XP、Windows Vista
及以上平台。

打开 X – SIGHT STUDIO 信捷智能相机开发软件，图 11-29 所示为软件的初始界面。连
接相机，配置相机，可实时查看监控现场，在软件界面使用工具箱设定作业方式，并输出监
控，具体操作步骤及方法参考 X – SIGHT 使用手册。

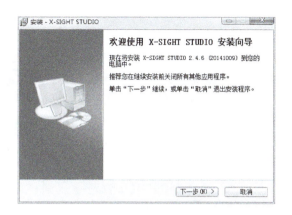

图 11-28　软件安装

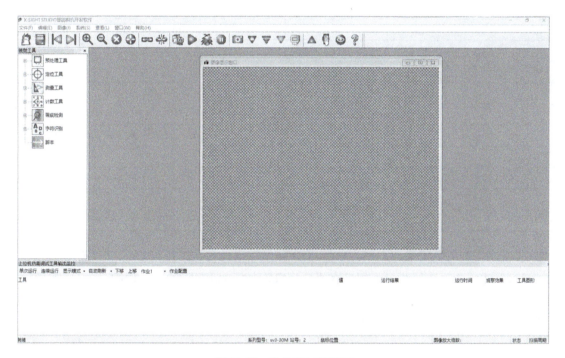

图 11-29　软件的初始界面

　　X - SIGHT 系列相机内置采集和处理单元，能脱离 PC 对图像进行运算处理。智能相机采集图像，被采集到的物体图像会以 BMP 文件的格式传送到 PC，用户通过 PC 端专用的分析软件（X - SIGHT）平台进行工具配置，对图像进行分析处理，得出被检测对象的特性信息（坐标、形状等），程序下载到相机后可进行独立检测。

　　对不同形状物体的识别需要用到 X - SIGHT STUDIO 软件中的视觉工具，在本系统中，选用定位工具中的图案定位，将每种形状的物体分配一个图案定位，每个图案定位工具都自带一个学习框，框中要识别的物体，然后单击"学习"选项，完成后相机就具有了识别框中物体的能力，因此，有多少种形状的物体，就要建立多少种图案定位工具。

　　通过视觉工具完成对每种形状的物体的学习，使得相机具有识别物体的能力。

11.3.2 信捷智能相机

1. 相机规格与型号表 本系统选用的相机为智能化一体相机，通过内含的 CCD/CMOS 传感器采集高质量现场图像，内嵌数字图像处理（DSP）芯片，能脱离 PC 对图像进行运算处理，PLC 在接收到相机的图像处理结果后，进行动作输出。选用的智能相机型号为 SV4 – 30ML，外形及尺寸如图 11-30 所示。表 11-2 所示是相机的性能参数。

图 11-30 SV4 – 30ML 型智能相机

表 11-2 相机性能参数表

型号	SV4 – 30ML
分辨率	640 × 480
照相元件	1/3CMOS
像素尺寸	$6.0\mu m \times 6.0\mu m$
扫描方式	逐行扫描
曝光方式	全局曝光
帧率	60 帧/s
快门	电子快门（0.1 ~ 15ms）
通信方式	100Mbit/s 以太网/RS485
工作温度	0 ~ 50℃
保存温度	– 10 ~ 60℃
外形尺寸	118 × 60 × 43
质量	290g
功耗	3.5W

2. 连接端口与通信协议 相机有两个接口，分别为 RJ45 网口与 DB15 串口。连接时，用交叉网线连接相机与计算机，用 SW – IO 串口线连接相机与电源控制器。图 11-31 所示为串口线外观与串口各针脚的定义图。

DB15针脚定义图

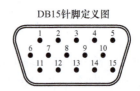

1 X0	黑色	6 X1	绿色	11 24V	粉红色
2 Y2	土黄色	7 Y1	蓝色	12 24V	青色
3 Y3	红色	8 Y0	紫色	13 24V	浅蓝色
4 RS485-A	橙色	9 Y4	灰色	14 GND	黑白
5 GND	黄色	10 RS485-B	白色	15 GND	蓝白

a) 外观   b) 针脚定义

图 11-31 SW – IO 串口线外观与针脚定义

相机支持的通信方式包括 RS485、Modbus/TCP。相机通过 100M 以太网可以与所有支持 Modbus/TCP 通信协议的 100M 以太网设备通信。

3. 光源控制器　光源控制器的型号为 SIC - 242，其内置两路可控光源输出、两路相机触发端及五路相机数据输出端。AB 端子为 RS485 通信端口，两路光源手动调节开关，预留 7 路站号选择。图 11-32 所示为光源控制器各部分说明。光源控制器端子说明见表 11-3。

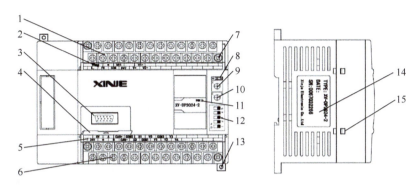

图 11-32　光源控制器示意图

1—光源控制端子排　2—光源控制端子标签　3—相机连接串口　4—串口盖板　5—相机输出/入端子标签
6—相机输出/入端子排　7—端子台安装/拆卸螺钉　8—光源控制模式转换开关　9—光源亮度手动调节 1
10—光源亮度手动调节 2　11—电源指示灯　12—通信波特率/站号拨码开关　13—安装孔（2 个）
14—机身标签　15—上盖拆卸卡扣

表 11-3　光源控制器端子说明

	端子标签	说明
光源控制端子	N L　FG	L，N，FG 接 220V 交流电源，FG 为接地
相机输出端子	0V 24V	24V、0V 须外接电源输入，给相机的输入/输出点供电
	A B	A、B 为 RS485 通信口
	CAN+ CAN-	CAN +、CAN - 为 CAN 总线通信口
	COM0　X1 X0	COM0、X0、X1 为相机的输入端子，开关电平为直流 24V，输入信号形式为接点输入或 NPN 型集电极开路输出
	Y0 COM1　Y1	COM1 和 Y0、Y1 为相机的第一段输出端子，为 NPN 型集电极开路输出
	COM2　Y3 Y2　Y4	COM2 和 Y2 ~ Y4 为相机的第二段输出端子，为 NPN 型集电极开路输出

11.3.3　镜头及光源

1. 镜头　镜头是机器视觉系统中的重要组件，对成像质量起着关键性的作用，对成像质量的几个主要指标都有影响，包括分辨率、对比度、景深及各种像差。可以说，镜头在机器视觉系统中起到了关键性的作用。工业镜头的选择一定要慎重，因为镜头的分辨率直接影响到成像的质量。选购镜头首先要了解镜头的相关参数：分辨率、焦距、光圈大小、明锐度、景深、有效像场、接口形式等。采用 computar 的 H0514 – MP2（1/2″）外形如图 11-33 所示。

2. 镜头特点

1）1/2″寸靶面，C 接口，焦距 $f = 5$ mm，手动光圈，定焦高清工业镜头，监控镜头，光圈值 $F = 1.4 \sim 16$C。

2）视角（水平）$= 65.5°$。

3）适用于百万像素以上摄像机。

4）实现低变形率（1.0%以下）。

5）采用固定金属螺钉，抗振动。

本系统选用白色背光光源，如图 11-34 所示。

图 11-33　computar 镜头　　　　　　图 11-34　白色背光光源

11.3.4　智能相机的安装

生产线包括托盘生产线和工件盒生产线两部分，采用 PLC 控制，托盘生产线上放置托盘的情况如图 11-35 所示。

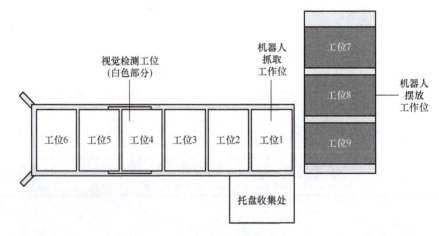

图 11-35　托盘生产线

现场中智能相机及其安装参考尺寸如图 11-36 所示，可根据需要调整相机安装高度。

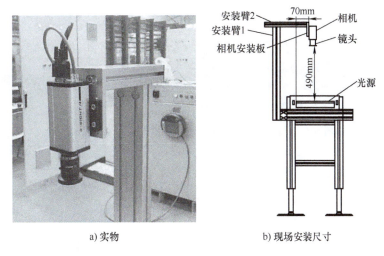

a) 实物　　　　　　　　　b) 现场安装尺寸

图 11-36　智能相机及其安装尺寸

智能相机连接示意图如图 11-37 所示。

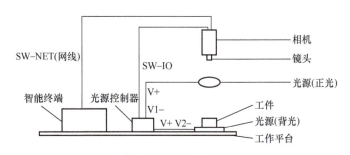

图 11-37　智能相机连接示意图

11.3.5　数字图像采集

1. 相机进行图像采集的工作流程

1）传送带将托盘传送到智能相机的拍照位置处，检测产品位置的光电传感器对托盘位置进行检测，当托盘到位后发出信号到 PLC 控制器，PLC 通过光源控制器的 X_0 发出拍照指令。

2）当光源控制器得到拍照指令后启动相机拍摄产品图像。

3）智能相机拍照完成后向光源控制器的 Y_0 端输出拍照完成信号。相机程序需要利用 X – SIGHT STUDIO 图像处理软件对光源控制器进行预先编程，将采集到的图像转换成系统所需的数字量信息。

2. 托盘上工件的数据采集要点

（1）智能相机的连接　打开 X – SIGHT STUDIO 软件并单击连接相机按钮，此时会弹出"连接相机"对话框，单击"确定"按钮即可，如图 11-38 所示（注：当出现连接错误时，请更改计算机本地连接的 IP 地址）。

（2）图像显示　先单击图像显示按钮，然后单击采集按钮，此时会显示出智能相机拍摄到的图片，如图 11-39 所示。

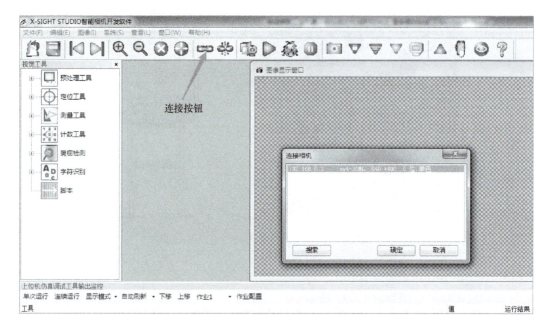

图 11-38　PC 与智能相机连接

（3）设定拍照信号　通过光源控制器上的 X_0 点启动智能相机拍照，外部触发需要在"作业配置"中选择"外部触发"方式，如图 11-40 所示。

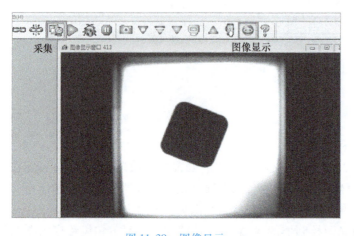

图 11-39　图像显示

图 11-40　作业配置

（4）特征值的学习　相机需要对工件比对的特征值进行学习采样，并做成模板。相机正常运行时，将拍照完成后的工件信息与模板中的工件信息进行比对并显示相应的结果。首先，在视觉工具栏中选择"定位工具"，然后在定位工具子菜单下选择"图案定位"，如图 11-41 所示。

如图 11-42 所示，选择需要学习的工件有效区域。在弹出的对话框中设置"目标搜索的最大个数"和"相似度阈值"，"相似度阈值"一般默认为 60，可根据学习的具体工件进行调整。

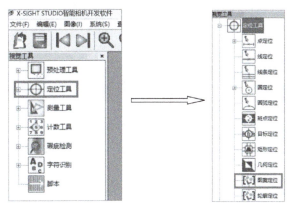

图 11-41 选择定位工具

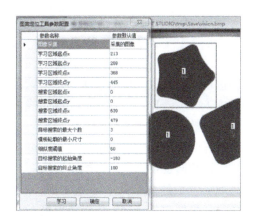

图 11-42 参数配置

在进行工件学习时，一种工件对应一个工具（tool），如图 11-43 所示。例如，长方体工件选用 tool4，那么长方体的相关学习信息就放在 tool4 中。

（5）脚本的编写

1）脚本的建立。脚本作为视觉工具，在进行工件学习时，一般都作为最后一个 tool。脚本 tool 的主要作用是根据相关要求对前面所有 tool 进行信息处理。在相机进行 Modbus 配置时，变量一般都采用脚本 tool 里的变量，有利于进行变量分配（变量都在一个 tool 中，在进行变量分配时变量寻找比较方便，不需要去不同的 tool 中寻找不同变量）。

在"视觉工具"中选择"脚本"，然后双击，弹出如图 11-44 所示的界面，即创建了一个新的脚本。脚本创建完成后，就需要添加变量用于编写脚本程序，添加变量的方法：单击视觉脚本左侧的"添加"按钮，弹出"添加变量参数"对话框，可以设置变量名、变量类型和初始值，设定完成后单击"确定"按钮即可，如图 11-45 所示。

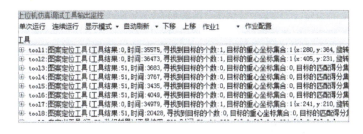

图 11-43 工件特征学习

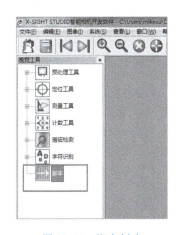

图 11-44 脚本创建

在脚本中用的变量除了自定义的变量，还需要用到软件内部用于存储检测结果的两个变量，分别为：① 寻找到目标的个数 tool1. Out. objectNum；② 目标的重心坐标集合 tool1. Out. centroidPoint，包括：目标重心 X 轴坐标 tool1. Out. centroidPoint [i] . x；目标重心 Y 轴坐标 tool1. Out. centroi。

2）脚本程序。例如，需要对8种工件进行学习采样，因此建立8个 tool（tool1～tool4）对不同工件进行学习采样，最后还建立一个脚本 tool（tool9），对 tool1～tool8的变量数据进行管理。本系统中设计的托盘最多可放置三个工件，工件可以相同也可以不同；相机的输出数据为工件数量及中心点坐标，中心点坐标包括 X、Y 及旋转角度 A。在编写脚本时，为方便数据处理，采用数组变量。

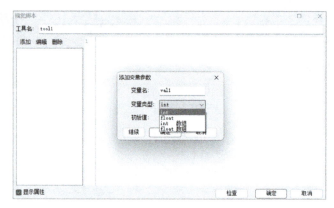

图 11-45　添加变量

在编写脚本时，对于工件1，选用 tool1 进行工件的学习，那么工件1的相关信息就存储在 tool1 中，如图 11-46 所示。建立工件1的相关变量：①mb1（int）：0：变量 mb1 为 tool1 中工件1的个数。当托盘里没有工件1时，那么 mb1 的值为0，当托盘中三个工件都为工件1时，那么 mb1 的值为3，赋值程序见脚本，0 为 mb1 的初值。②mb1x（float［3］）：0：用于存放工件中心点坐标的 X 值，由于托盘中最多出现同一工件的个数为3，因此设置数组长度为3，0 为数组的初值。③mb1y（float［3］）：0：同上，用于存放工件中心点坐标的 Y 值。④mb1a（float［3］）：0：同上，用于存放工件中心点坐标的旋转角度值 A。tool1. Out. objectNum 是工具 tool1 中的输出结果，是 tool1 采集到工件1的个数，将 tool1. Out. objectNum 的值赋给 tool9. mb1。

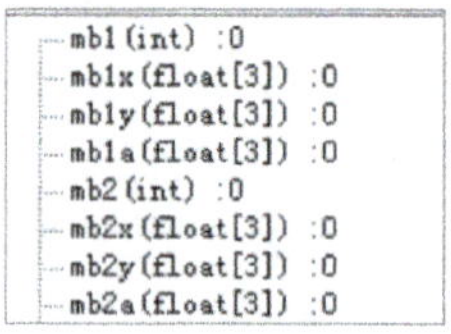

```
mb1(int) :0
mb1x(float[3]) :0
mb1y(float[3]) :0
mb1a(float[3]) :0
mb2(int) :0
mb2x(float[3]) :0
mb2y(float[3]) :0
mb2a(float[3]) :0
```

图 11-46　工具变量

脚本程序编写如下：

```
tool9. mb1 = tool1. Out. objectNum;
for( int i = 0;i < 3;i + + ) //由于 tool1 采集到工件 1 的个数最多为 3 个,
//因此 i 的值最大为 3
{
tool9. mb1x[i] = 0; //将上一次工件 1 的拍照数据清除(对应地址内数据)
tool9. mb1y[i] = 0; //将上一次工件 1 的拍照数据清除(对应地址内数据)
tool9. mb1a[i] = 0;// 将上一次工件 1 的拍照数据清除(对应地址内数据)
}
for( int i = 0;i < tool9. mb1;i + + )
{
tool9. mb1x[i] = tool1. Out. centroidPoint[i]. x;
//将 tool1 中采集到工件 1 的中心坐标的 X 值分配给对应地址内
tool9. mb1y[i] = tool1. Out. centroidPoint[i]. y;
//将 tool1 中采集到的工件 1 的 Y 值分配给对应地址内
tool9. mb1a[i] = tool1. Out. centroidPoint[i]. angle;
// 将 tool1 中采集到的工件 1 的旋转角度值分配给对应地址内
}
```

（6）Modbus 配置　光源控制器与 PLC 采用 Modbus 通信方式，因此在相机的 Modbus 配置中将需要输出的变量配置相应的地址，以便 PLC 寻址并读取数据。

配置方法：单击窗口选择 Modbus 配置，在变量表格中双击，在弹出的对话框中选择相应的变量，并分配地址，如图 11-47 所示。

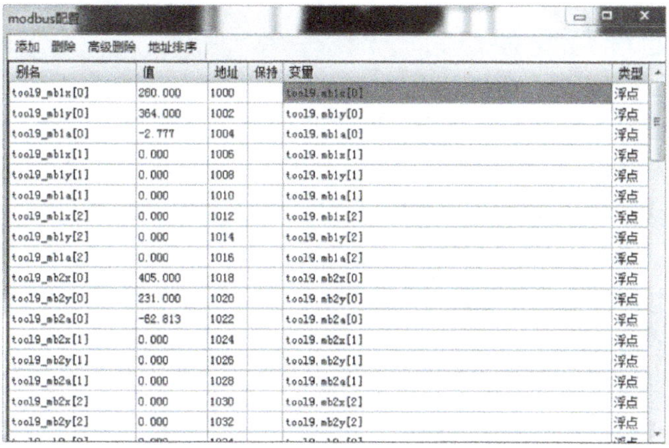

别名	值	地址	保持	变量	类型
tool9_mb1x[0]	280.000	1000		tool9.mb1x[0]	浮点
tool9_mb1y[0]	364.000	1002		tool9.mb1y[0]	浮点
tool9_mb1a[0]	-2.777	1004		tool9.mb1a[0]	浮点
tool9_mb1x[1]	0.000	1006		tool9.mb1x[1]	浮点
tool9_mb1y[1]	0.000	1008		tool9.mb1y[1]	浮点
tool9_mb1a[1]	0.000	1010		tool9.mb1a[1]	浮点
tool9_mb1x[2]	0.000	1012		tool9.mb1x[2]	浮点
tool9_mb1y[2]	0.000	1014		tool9.mb1y[2]	浮点
tool9_mb1a[2]	0.000	1016		tool9.mb1a[2]	浮点
tool9_mb2x[0]	405.000	1018		tool9.mb2x[0]	浮点
tool9_mb2y[0]	231.000	1020		tool9.mb2y[0]	浮点
tool9_mb2a[0]	-62.813	1022		tool9.mb2a[0]	浮点
tool9_mb2x[1]	0.000	1024		tool9.mb2x[1]	浮点
tool9_mb2y[1]	0.000	1026		tool9.mb2y[1]	浮点
tool9_mb2a[1]	0.000	1028		tool9.mb2a[1]	浮点
tool9_mb2x[2]	0.000	1030		tool9.mb2x[2]	浮点
tool9_mb2y[2]	0.000	1032		tool9.mb2y[2]	浮点

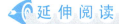

图 11-47　Modbus 配置

（7）图像坐标处理　相机提供的中心点坐标值为像素点，需要将像素点转换为 mm 单位的实际值，以便 PLC 获取位置坐标并将此数据发送给机器人动作。测量方法：取物体，用标尺测量出物体实际长度（如实测为 70mm），然后将物体置于相机工作区内，在相机工作区内测量出物体的对应像素点长度（如实测为 135 个像素点），则比例系数 = 物体实际长度/物体实际像素点 = 70/135 = 0.52。

复习思考题

1. 什么是机器视觉？机器视觉有什么特点？试述机器视觉在工业领域中的应用。
2. 典型的机器视觉系统一般由哪几部分组成？试详细论述之。
3. CCD 的基本工作原理是什么？CCD 芯片如何获取色彩图像？
4. 请描述 CCD 视觉传感器和 CMOS 视觉传感器的差异。
5. 什么是智能相机？智能相机有什么优点？
6. 请阐述信捷智能视觉检测的一般工作过程。

延伸阅读

口罩外观检测

以“机器视觉检测设备助力口罩质量把控”为切入点，口罩主要应用于医疗卫生等领域作为安全防护的屏障，佩戴口罩可起到较好预防和降低有毒有害飞沫传播的风险性，因此就需要对口罩表面脏污、口罩耳带、鼻梁条位置、尺寸是否存在缺损等进行检测，如果采用传统人工来检验是无法满足高标准、高效率的要求，采用机器视觉检测技术可实现高质量自动化检测。

相关短视频请参看随赠的教学辅助资源。

第12章　信号的处理、变换及抗干扰技术

12.1　信号的处理与变换

从能量的观点看，传感器可以分为自励式和他励式两大类。自励式传感器有两个能量口：一个被测量输入口和一个电信号输出口，如图12-1a所示。它输出的电能是从输入的被测量取得的，因而大多受到输入量的限制，需要进行适当的处理。他励式传感器有三个能量口：被测量输入、电信号输出和激励电源输入，如图12-1b所示。它增加了一个自由度，可以用激励电源来增加输出信号的电平，例如，应变片电桥的输入电平为 $xE/2$（差动电桥）。但是，在对测量要求日益严格的情况下，往往仍然需要对输出的电信号加以处理，至于处理的内容则取决于传感器的电特性和信号的用途，特别是在要求高性能的情况下，信号处理电路的性能是十分重要的。

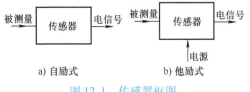

图 12-1　传感器框图

12.1.1　电桥电路

电桥电路是传感器接口电路中应用极其普遍的基本电路。电桥电路有两种基本工作方式：平衡电桥（即零检测器）和不平衡电桥。在传感器应用中主要是不平衡电桥。平衡电桥主要用在静态参数测量和反馈系统中。在反馈系统中，它相当于一个比较器，反馈强迫平衡元器件随被测量变化，以保持电桥的平衡工作状态，出现零输出，从而强迫工作元器件的变化反映被测量的变化。对于大多数应用不平衡电桥电路的传感器，电桥中的一个或几个桥臂阻抗对其初始值的偏差相当于被测量的大小或变化。

根据对电桥电路的分析，不平衡电桥的输出电压是电桥的激励电压和桥臂阻抗对其初始偏差值 x 的函数。因而有两点值得**注意**：激励电压的变化或不精确都会影响电桥输出；在高精度应用中，虽然运算放大器有高的共模抑制比（CMRR），由激励电压所引入的共模误差仍可能影响测量准确度。当需要远距离采样时，连接激励电压的导线上的电压降将影响电桥的激励电压。

为了保证激励电压的稳定，电桥电路的激励都采用恒压源或恒流源。一般的恒压源可以做到 0.5% 的稳定度。图12-2 所示的电路可以提供稳定度为 0.01% 的电源，作为远端驱动的电桥电源。

图中对电桥的激励电源采用四线法，其中两根导线传送电桥的工作电

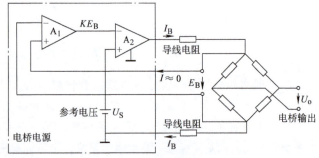

图 12-2　高稳定度远端驱动的电桥电路

流 I_B，另外两根将电桥实际的激励电压 E_B 反馈至运算放大器 A_1，此电压经放大后与参考电压 U_S 相比较，当电桥的激励电压 E_B 偏低时，比较器 A_2 的输出增加，调整输出电压 U_o 来维持电桥激励电压稳定在要求的电压值。由于运算放大器的高输入阻抗，反馈导线上的电流近似为零，而电桥反馈的激励电压是从电桥处取出的，它与驱动导线的长短（电阻）无关，所以克服了远端驱动的导线以及环境变化的影响。

激励电压所形成的共模误差可以采用将电源中心抽头接地的方法来抑制，如图 12-3 所示。图 12-3a 中共模电压近似为 $E_b/2$，而如果采用图 12-3b 所示电路结构可以有效地将共模电压降低到接近为零，这是一种简便的方法，但是它不能克服时漂和温漂的影响，也不能改善动态共模误差。

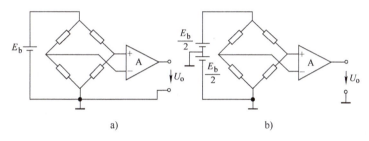

图 12-3　抑制共模电压的两种方法

抑制共模电压的另一种方法是采用隔离放大器。隔离放大器主要用于要求使用安全（如医用的监护仪器）和高共模电压并存的情况，它的输入、输出电路的电源之间没有相互的电路耦合，交流耦合也很小。隔离放大器能够得到极高的共模抑制比，它的漂移也可以与仪器放大器相比。目前产品的性能指标可以达到：

共模抑制比：交流 > 120dB，直流 > 160dB。

共模电压：> 1000V 直流。

温漂：±（0.01 ~ 0.001）%/℃。

时漂：±（0.02 ~ 0.001）%/1000h。

电源：±0.01%。

12.1.2　模拟开关

模拟开关是电路中应用最普遍的控制元件。在过去的电气和电子测量系统中，模拟开关主要用于电源的通断和量程变换电路中，所以结构很简单。如今，随着现代测试技术的进步，模拟开关的应用领域有了很大的发展，例如，取样 - 保持电路、斩波器、D/A 和 A/D 转换器、多路转换器等，工作方式也从手动操作发展为自动控制，对性能的要求更为严格和复杂了。模拟开关的基本电路如图 12-4 所示，它能接通或断开模

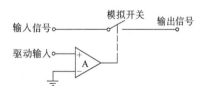

图 12-4　模拟开关的基本电路

拟输入信号，在导通时输出信号跟随输入信号且无失真，而断开时输出信号应为零。

12.1.2.1　主要性能要求

1. 导通电阻　理论上要求开关的导通电阻为零，实际的机电式开关，如舌簧开关，在开始导通时有非常低的导通电阻，典型值为几十毫欧。随着使用时间的增加，它的电阻值可

以增大到 100 倍以上。电子开关有较高的导通电阻，例如，场效应晶体管开关导通电阻的典型值为几十欧，双极型晶体管在饱和导通时的电阻值可以达到小于 $100\mathrm{m}\Omega$。导通电阻的另一要求是信号电平变化时阻值保持不变，不产生调制影响。

2. 断开隔离　理论上要求断开时开关具有无限大的电阻值。场效应晶体管有良好的关断性能，可以达到 $1\mathrm{G}\Omega$ 以上的关断电阻。双极型晶体管的漏电流大体上与结电压的二次方根成比例。除此之外，它们与温度有关，随着温度增加，漏电流也增加。

3. 开关速率　电子开关的开关速率通常可以达到每秒 10^6 次以上，而舌簧开关的切换时间是毫秒级的。值得注意的是，要考虑电路中分布电容的影响。

4. 最大导通电流　目前，场效应晶体管开关最大导通电流可以达到 10A 以内，双极型晶体管高达 100A。不同的器件有不同的允许值，超过允许值时会损坏器件，且是破坏性的。

5. 最大断开电压　受器件的击穿电压限制。

6. 最小模拟信号电平　受开关误差限制，同时与开关的工作方式有关。

舌簧开关的误差源主要是触头之间的热电动势和触头跳动所引起的动态噪声。前者约为几十微伏，后者在开始时峰 - 峰值高达几百微伏，几秒钟后衰减到几十微伏。

双极型晶体管开关需要一定的集 - 射极电压来维持导通，这个电压值至少为几毫伏，从而限制了开关模拟电压的最小值。

场效应晶体管影响开关最小模拟信号电平的因素是栅极进入沟道的开关瞬态和沟道导通电阻的热噪声。

7. 寿命　对于机电式开关，如舌簧开关，它们的寿命与工作条件有关。例如，在电感性负荷时，开关断开电路时感应的反电动势将产生电弧；在电容负荷时，开关接通将产生浪涌电流，这些都将加速触头的磨损，影响工作寿命。舌簧开关在 100Hz 的开关速度下可以做到 10^8 次开关操作。值得注意的是，这仅相当于 300h 左右。这也是在许多场合机电式开关不适合使用的原因。

电子开关的寿命不受机械磨损的限制。按规范，电子开关的平均无故障时间（MTBF）可以达到 100000h，这是电子开关被普遍采用的原因之一。

常用的电子开关器件有双极型晶体管、结型场效应晶体管（JFET）和 MOS 场效应晶体管（MOSFET）。

12.1.2.2　开关驱动电路

必须注意，用作开关器件的电子器件，如晶体管或场效应晶体管，它们的工作状态与作为放大器工作时不同。结型场效应晶体管作开关用时工作在夹断电压轨迹的左面——非饱和区，双极型晶体管为了减小偏移，时常采用反向工作状态而不追求它的电流增加。

12.1.2.3　误差

开关电路引入的误差可以分为两类：

1）由于泄漏电流和开关电阻引起的低频或直流误差。

2）由于器件和分布电容引起的高频误差。

12.1.2.4　噪声

理论上讲，任何虚假的信号包括上述的各种误差源都可以被认为是一种噪声信号。在这里主要讨论引起开关误动作的噪声电平和持续时间，它包括：

1）来自驱动电路或参考电压的噪声。

2）来自电源的噪声。

3）来自模拟输入信号的噪声。

对噪声的防卫度取决于瞬态噪声的能量、持续时间和噪声变换速度。某些噪声信号可以有大的电压幅值，但是它的能量很低，因而没有能力改变开关电路的工作状态。为了便于讨论，假定在最恶劣的情况下，即噪声具有足够的能量。

对来自驱动电压或参考电压的噪声防卫，可以从开关驱动电路的转移特性获得，有的驱动电路，控制信号来自 TTL 逻辑电平 V_+ = 5V，对于它假定高电平 > 4.5V，低电平 < 0.8V。可以看到电路的安全余量，低输入电平时为 2.2V，高输入状态时为 1V。对于瞬态干扰最好通过实际试验，前面的数据是不能使用的。

电源线上的噪声影响与开关工作方式有关。例如，对 N 沟道耗尽型 FET 开关，栅极为负电压时，开关为断开状态，此时只要不超过击穿电压极限，电源线上的任何负侵扰将不产生影响。反之，正侵扰则可能引起误动作，使开关导通。

模拟通道从另一侧面影响开关的工作状态，因为开关的工作状态取决于 FET 的源 – 栅间的电位状态。因此，模拟通道中噪声的影响相似或相反于电源线上的噪声。

12.1.3 放大器

传感器的输出通常需要接入放大器，以便进行缓冲、隔离、放大和电平转换等处理。这些功能大多可应用运算放大器来实现。关于运算放大器的原理和应用有许多资料可以参考，这里不再叙述。下面主要讨论在测量系统中相关的一些问题。

因为大量传感器所产生的电信号是低电压的和（或）低功率电平的，因此在其传输之前总是需要放大的。又因为传送的电信号是用来量度的。由此可见，测量系统中用的放大器应当有准确和稳定的增益。一般放大器的增益可以通过它的外接电阻来调节，所以要获得准确的增益值是容易做到的。更重要的是，在放大器的工作条件下保持增益值的稳定，因而要求放大器有良好的线性度、低的漂移、高的输入阻抗、高的共模抑制比和低的输出阻抗。

在实际应用中，传感器接入放大器会对输入信号产生一定影响，如图 12-5 所示。由图可见，放大器的输入电压 U_i 是传感器输出 U_t 在它的内阻 R_t、电缆电阻 R_c 和放大器的输入阻抗 Z_i 上的分压，而负载 R_L 上的输出电压 U_o 则是放大器输出 $U_a + U_b$ 在输出阻抗 Z_o 和 R_L 上的分压。其中，U_a 是对应于差分输入的输出电压，它与放大器的增益成比例；U_b 是对应于共模输入的输出电压。由于信号源内阻的存在，或者放大器输入阻抗实际上不是无穷大，以及放大器的输入阻抗不是零，使放大器的输出信号引入了一定的误差。但是，这种误差可以通过调节放大器的增益来加以校正或补偿，对测量的结果不致造成严重的影响。放大器增

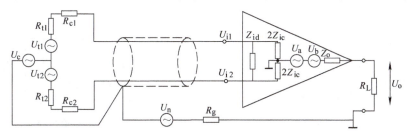

图 12-5　放大器对输入信号的影响

益的非线性不可能通过初始调节来克服，因此这将更需要重视。

　　失调电流流过信号源内阻形成一个附加电压，因此它可以作为一个附加的失调电压来考虑，初始失调电压通常是可以调节到零，但它是随着时间和温度的变化而漂移的，这些同样是不能通过初始调节来解决的。图中的 U_c 为共模电压，如电桥电路的激励电压，U_n 为噪声电压，通常是作为共模信号来考虑的。因此，放大器要求有较高的共模抑制能力和低的漂移。

12.1.4　信号转换电路

12.1.4.1　调制和解调

　　为了抑制噪声和提高信息传递的能力，在测量系统中常采用调制和解调技术。常用的方法有以下几种

　　1. 斩波调幅　主要有两种：斩波调制器和环形调制器。通常要求输入信号的最高频谱不得超过载波频率的 10% ~ 20%，以保证在解调之后可以不失真地恢复原信号。斩波调制器的电路原理图及其工作波形如图 12-6 所示，结型场效应晶体管是在这种电路中目前普遍采用的开关器件；环形调制器的电路原理图及其波形如图 12-7 所示，为了保证二极管的有效导通，要求 $u_c \gg u_i$。

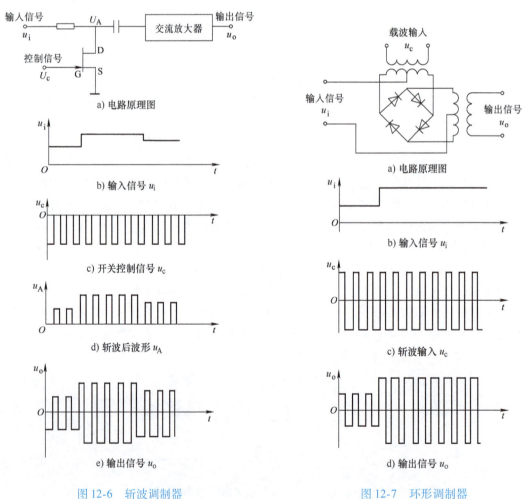

图 12-6　斩波调制器　　　　　　　图 12-7　环形调制器

2. 相敏解调　图 12-8 为二极管环形解调器的电路原理图及其工作波形。

当 u_c 与 u_i 同相时，输出为正；反之，输出为负。因此，输出电压的极性与输入信号的相位有关，即具有相敏特性。同时，相敏解调电路的载波信号必须与调制电路的载波信号完全同步，任何频率和相位的漂移（通常主要是相位）都要引入测量误差。由于解调器的输入信号一般都较大，直流漂移的影响可以忽略。通常解调器的输出端接有低通滤波器，用以消除电路的残余高频分量。

3. 电压 – 频率和频率 – 电压转换电路　电压 – 频率转换器是将直流输入电压转换为与之幅值成比例的频率信号。电压 – 频率的转换过程实质上是频率调制的形式，它被广泛应用于遥控系统、数字电压表和磁带记录装置中，频率信息可以远距离传递并具有优良的抗干扰能力，在采用光电隔离和变压器隔离时不会损失准确度，频率信号是数字信号的一种表现形式，所以电压 – 频率转换也是模/数转换的一种。

12.1.4.2　模/数（A/D）和数/模（D/A）转换器

传感器的输出信号大部分是模拟信号，但在与微机和控制技术相结合后就具有许多数字信号的优点，因此，A/D 和 D/A 转换技术目前已被广泛应用。

1. 模/数（A/D）转换　模/数转换就是把连续变化的模拟信号转换为阶跃变化的数字信号。模/数转换的过程包括量化和编码。量化就是模拟量按数字量的单位量（即最低有效位所代表的量值）进行量度；编码是将量化后的数字量按数制的要求写成所需要的数字形式。

A/D 转换器的输入/输出关系可以表示为

$$D \approx \frac{A}{Q} \tag{12-1}$$

式中，A 是输入模拟量；D 是输出的数字编码；Q 是量化单位。

式（12-1）中近似符号的含义是：D 是最逼近 A/Q 的值。

集成化 A/D 转换器为采用模/数转换技术提供了极大的方便，采用的转换方法有两种：逐次逼近法和积分法。

2. 数/模（D/A）转换　所有常规的 D/A 转换器的基本结构都包括一个精密的电阻网络、一组开关和某些电平平移电路，以使逻辑电平适合于驱动开关的需要。几乎所有的集成化 D/A 转换器都采用梯形电阻网络，它的电路原理图如图 12-9a 所示。

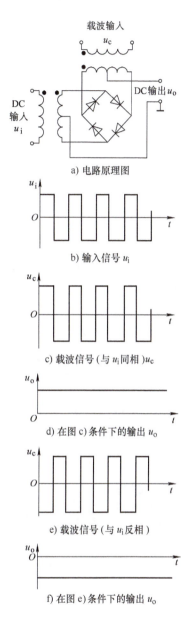

a) 电路原理图

b) 输入信号 u_i

c) 载波信号（与 u_i 同相）u_c

d) 在图 c) 条件下的输出 u_o

e) 载波信号（与 u_i 反相）

f) 在图 e) 条件下的输出 u_o

图 12-8　二极管环形解调器

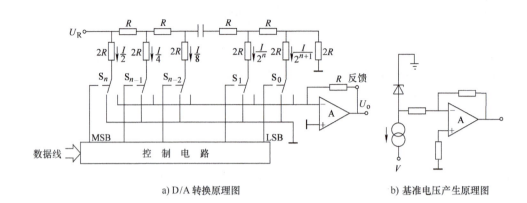

a) D/A 转换原理图   b) 基准电压产生原理图

图 12-9　梯形电阻网络 D/A 转换器电路原理图

转换器的准确度主要取决于基准电压 U_R 和网络电阻的准确度。电阻的制作采用了激光修整技术，从而保证了准确度的要求，基准电压较普遍的采用恒流源 – 齐纳二极管稳压方式，如图 12-9b 所示，它的温度稳定性可以做到 $\pm 15 \times 10^{-6}/℃$ 范围内。更高性能的基准电压电路如图 12-10 所示。

参考放大器是一个混合器件，硅晶体管和齐纳二极管做在一个公共基底上，用以实现热平衡，通过调节硅晶体管的集电极电流，可以使其基 – 射极的压降达到一个特定数值，使得在一定的温度范围内，基准电压的温度系数几乎为 0。因为参考放大器的硅晶体管具有很高的增益，所以后级放大后的漂移可以降到小于 1/100，它的长期稳定性可达到 $0.25 \times 10^{-6}/$月。

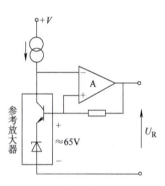

图 12-10　高性能的基准电压电路

12.1.5　线性化

在非电量电测系统中，大多数传感器的输出电信号与被测量之间的关系是非线性的，其原因之一是传感器转换原理的非线性，例如，测温用铂电阻的温度系数为 $(1 + At + Bt^2)$，变隙式电感传感器的电感 L 与氧隙 l_δ 的关系为 $L = \omega^2 \mu_0 A/l_\delta$；电容式传感器中电容量 C 与极板间距离 d 的关系为 $C = \varepsilon A/(d_0 + \Delta d)$；振弦式传感器的振动频率 f 与张力 T 的关系为 $f = \sqrt{T/m}/2l$ 等。

另一个原因是接口电路的非线性。例如，电桥电路在不平衡状态时的输出电压 U_o 与电阻变量 ΔR 的关系为 $U_o = E(\Delta R)/[2(2R + \Delta R)]$；晶体管的电流放大系数的非线性；积分器由于有限开环增益 A_o 引起的积分电压 U_c 的非线性为 $U_c = -t[1 - (t/2RCA_o) + \cdots]U_o/RC$，等等。

输入与输出间的非线性关系有时是要求的，例如，对数放大器。这里我们只讨论对所要求的而且是可预知的非线性的线性化处理。

12.1.5.1　模拟量的非线性校正

对来自传感器的信号进行线性化处理的方法之一是根据传感器信号的特点修改接口电路，具体方法如下。

1. 电桥电路的线性化　已知电桥电路的输出 $U_o = E_i f(x)$，采用图 12-11 所示的电路可

以得到线性化的输出信号。图中电桥的激励电压
$E_i = U_R + \beta U'_o$，输出信号电压 U'_o 为

$$U'_o = A_o E_i f(x) = A_o(U_R + \beta U'_o)f(x) \quad (12\text{-}2)$$

式中，A_o 是运算放大器的闭环增益。

由式(12-2)可得

$$U'_o = \frac{A_o U_R f(x)}{1 - A_o \beta f(x)} \quad (12\text{-}3)$$

已知电桥输出 $U_o = (E_i/4)/(1+x/2)$，式中 $x = \Delta R/R$，经过理论推导可得

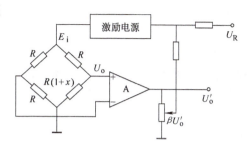

图 12-11　电桥电路的线性化电路

$$U'_o = \frac{A_o U_R x}{1 + x\left(\dfrac{1}{2} - A_o\beta\right)} \quad (12\text{-}4)$$

为了消除非线性，令分母中 $A_o\beta = 1/2$，即

$$U'_o = A_o U_R x \quad (12\text{-}5)$$

此方法可以应用于类似的传感器电路。

2. 热敏电阻的非线性校正　已知热敏电阻的阻值与温度的关系为 $R_T = R_0 e^{B\left(\frac{1}{T} - \frac{1}{T_0}\right)}$，如果采用恒流源激励时，它的输出为

$$U'_o = U_o e^{\phi} \quad (12\text{-}6)$$

式中，$U_o = IR_0$；$\phi = B(1/T - 1/T_0)$。

将该信号接入对数放大器就可以得到它的输出电压 U_o 的关系式，即

$$U_o = A_o \ln\frac{U_o e^{\phi}}{U_i} = A_o\left(\ln\frac{U_o}{U_i} + \phi\right) \quad (12\text{-}7)$$

即 U_o 与 ϕ 呈线性关系。

3. 折线逼近法　对于任意形式的非线性曲线，可以用折线逼近法来近似地修正。图 12-12 所示是将传感器的输出特性曲线 $y = f(x)$ 根据线性度的要求，用有限的线段来近似，然后根据各线段的斜率和转折点来设计电路。

对于任意曲线，运用折线逼近法可以写出如下关系式：

$$y = k_1 x \pm k_2(x > x_1) \pm k_3(x > x_2) \pm k_4(x > x_3) \pm \cdots \quad (12\text{-}8)$$

式中，k_n 是折线的斜率，$k_n = \tan\alpha_n$。$\pm k_n(x > x_{n-1})$ 表示 $x > x_{n-1}$ 时 x 有效，前面的符号依据曲线的形状而定。

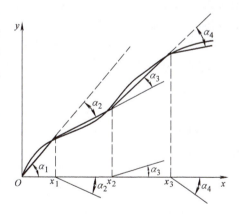

图 12-12　折线逼近法示意图

在图 12-12 中，k_2、k_4 为负，k_1、k_3 为正。由式(12-8)可得，基本的电路单元是一个比例放大器。与普通放大器的区别是输入量大于某一定值时有效，具体电路原理图如图 12-13 所示。

12.1.5.2 数字量的非线性校正

如果被测量已经数字化并需要进行线性化处理，通常会运用一些计算方法结合微处理器、存储器（ROM）和程序来实现。关于这方面的内容将在后面介绍，只有简单的修正才能通过硬件来完成。例如，在计数累积到一定数目后进行增加或减少一个最低有效位数，可以利用计数器的置位端强制置数的方法来实现。

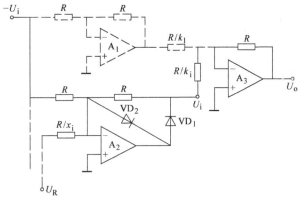

图 12-13　折线逼近法电路原理图

12.2　抗干扰技术

干扰在测试系统中是无用信号，它会为测量结果带来误差。因此，要获得良好的测量结果，就必须研究干扰的来源及抑制措施。

12.2.1　电子测量装置的两种干扰

各种噪声源产生的噪声必然要通过各种耦合通道进入仪表，引起测量误差。根据干扰进入测量电路方式的不同，可将干扰分为差模干扰与共模干扰两种。

1. **差模干扰**　差模干扰是使信号接收器的一个输入端子电位相对另一个输入端子电位发生变化，即干扰信号与有用信号叠加在一起。

常见到的差模干扰有：外交变磁场对传感器的一端进行电磁耦合；外高压交变电场对传感器的一端进行漏电耦合等。针对具体情况可以采用双绞信号传输线、传感耦合端加滤波器金属隔离线屏蔽等措施来消除差模干扰。

2. **共模干扰**　共模干扰是相对于公共的电位基准地（接地点）在信号接收器的两个输入端子上同时出现的干扰。虽然它不直接影响测量结果，但是当信号接收器的输入电路参数不对称时将会引起测量误差。

常见的共模干扰耦合有下面几种：在测试系统附近有大功率电气设备、因绝缘不良漏电、三相动力电网负载不平衡、零线有较大的电流时，都存在着较大的地电流和地电位差，这时若测试系统有两个以上的接地点，地电位差就会形成共模干扰。当电气设备的绝缘性能不良时，动力电源会通过漏电阻耦合到测试系统的信号回路形成干扰。在交流供电的电子仪表中，动力电源会通过电流变压器的一、二次绕组间的杂散电容、整流滤波电路、信号电路与地之间的杂散电容构成回路，形成工频共模干扰。

总之，为了消除共模干扰可采用对称信号接收器的输入电路和加强导线绝缘的办法。对于工频共模干扰的防护，将在后面的内容中讲述。

抗电磁干扰技术有时又称为电磁兼容控制技术。下面介绍几种常用的抗干扰措施，如屏蔽、接地、浮置、滤波和光电隔离等技术。

12.2.2　屏蔽技术

将收音机放在用铜网或不锈钢网(网眼密度与纱窗相似)包围起来的空间里,并将铜网接大地时,可以发现,原来收得到电台的收音机变得寂静无声了,即广播电台发射的电磁波被接地的铜网屏蔽掉了,或者说被吸收掉了。这种现象在火车、电梯、地铁、矿山坑道里都会发生。这种利用金属材料制成容器,将需要防护的电路包围在其中,可以防止电场或磁场耦合干扰的方法称为屏蔽。屏蔽可以分为静电屏蔽、低频磁屏蔽和高频电磁屏蔽。下面分别论述它们屏蔽的对象、使用的方法和所起到的效果。

1. **静电屏蔽**　根据电磁学原理,在静电场中,密闭的空心导体内部无电力线,即内部各点等电位。静电屏蔽就是利用这个原理,用铜或铝等导电性能良好的金属材料制作成密封的金属容器,并与地线连接,把需要屏蔽的电路置于其中,使得外部的干扰电场不影响其内部的电路,反过来,内部电路产生的电力线也无法外逸去影响外电路,如图 12-14 所示。

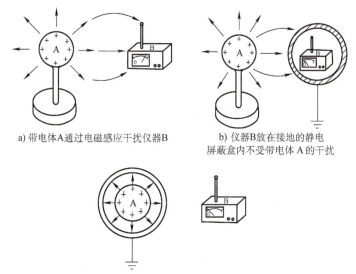

a) 带电体A通过电磁感应干扰仪器B
b) 仪器B放在接地的静电
屏蔽盒内不受带电体A的干扰

c) 带电体(干扰源)A放在静电屏蔽盒内,而盒外无电力线

图 12-14　静电屏蔽原理

必须说明的是,静电屏蔽的容器壁上允许有较小的孔洞(作为引线或调试孔),它对屏蔽的影响不大。在电源变压器的一次侧和二次侧之间插入一个留有缝隙的导体,并将它接地也属于静电屏蔽,它可以防止两只绕组间的静电耦合干扰。

静电屏蔽不但能够防止静电干扰,还能够防止交变电场的干扰,所以许多仪器的外壳采用导电材料制作并接地。现在虽然越来越多的仪器采用工程塑料(ABS)制作外壳,但当打开外壳后,仍然会看到在机壳的内壁粘贴了一层接地的金属薄膜,它起到与金属外壳一样的静电屏蔽作用。

2. **低频磁屏蔽**　低频磁屏蔽是用来隔离低频(主要指 50Hz)磁场和固定磁场(也称静磁场,其幅度、方向不随时间变化,如永久磁铁产生的磁场)耦合干扰的有效措施。我们知道,任何通过电流的导线或线圈周围都存在磁场,它们可能对检测仪器的信号线或仪器造成磁场耦合干扰。静电屏蔽线或静电屏蔽盒对低频磁场不起隔离作用。

这时必须采用高导磁材料做屏蔽层，以便让低频干扰磁力线从磁阻很小的磁屏蔽层上通过，使低频磁屏蔽层内部的电路免受低频磁场耦合干扰的影响。例如，仪器的铁皮外壳就起到低频磁屏蔽作用。若进一步将其接地，又同时起静电屏蔽作用。在干扰严重的地方常使用复合屏蔽电缆，其外层是低磁导率、高饱和的铁磁材料，内层是高磁导率、低饱和铁磁材料，最里层是铜质电磁屏蔽层，以便一步一步地消耗干扰磁场的能量。在工业中常用的办法是将屏蔽线穿在铁质蛇皮管或普通铁管内，达到双重屏蔽的目的，如图 12-15 所示。

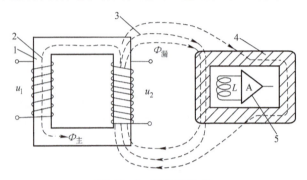

图 12-15　低频磁屏蔽

1—50Hz 变压器铁心　2—主磁通　3—漏磁通　4—导磁材料屏蔽层　5—内部电路

3. 高频电磁屏蔽　高频电磁屏蔽也是采用导电良好的金属材料做成屏蔽罩、屏蔽盒等，将被保护的电路包围在其中。它屏蔽的干扰对象不是电场，而是高频（1MHz 以上）磁场。干扰源产生的高频磁场遇到导电良好的电磁屏蔽层时，就在其外表面感应出同频率的电涡流，从而消耗了高频干扰源磁场的能量。其次，电涡流也将产生一个新的磁场，根据楞次定律，其方向恰好与干扰磁场的方向相反，又抵消了一部分干扰磁场的能量，从而使电磁屏蔽层内部的电路免受高频干扰磁场的影响。

由于无线电广播的本质是电磁波，所以电磁屏蔽层也能吸收掉它们的能量，这就是我们在汽车（钢板车身,但并未接地）里收不到电台，而必须将收音机天线拉出车外的原因。

若将电磁屏蔽层接地，它就同时兼有静电屏蔽作用，对电磁波的屏蔽效果就更好，这种情况又称为电磁屏蔽。通常作为信号传输线使用的铜质网状屏蔽电缆接地时就能同时起电磁屏蔽和静电屏蔽作用，如图 12-16 所示。

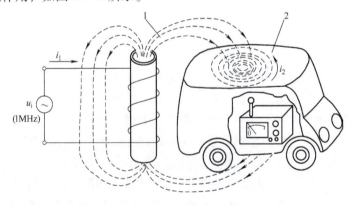

图 12-16　高频电磁屏蔽

1—交变磁场　2—电磁屏蔽层

12.2.3　接地技术

12.2.3.1　地线的种类

接地起源于强电技术,它的本意是接大地,主要着眼于安全。但对于仪器、通信等电子技术来说,"地线"多指电信号的基准电位,也称为"公共参考端",通常也将仪器设备中的公共参考端称为信号地线。

信号地线可分为以下几种。

1. 模拟信号地线　模拟信号地线是模拟信号的零信号电位公共线。因为模拟信号电压多数情况下均较弱、易受干扰,易形成级间不希望的反馈,所以模拟信号地线的横截面积应尽量地大。

2. 数字信号地线　数字信号地线是数字信号的零电平公共线。由于数字信号处于脉冲工作状态,动态脉冲电流在接地阻抗上产生的压降往往成为微弱模拟信号的干扰源,为了避免数字信号对模拟信号的干扰,两者的地线应分别设置。

3. 信号源地线　传感器可看作是测量装置的信号源,多数情况下信号较为微弱,通常传感器安装在生产设备现场,而测量装置设在离现场一定距离的控制室内,从测量装置的角度看,可将认为传感器的地线就是信号源地线,它必须与测量装置进行适当的连接才能提高整个检测系统的抗干扰能力。

4. 负载地线　负载电流一般比前级信号电流大得多,负载地线上的电流有可能干扰前级微弱的信号,因此负载地线必须与其他信号地线分开。例如,若误将扬声器的负极(接地线)与扩音机传声器的屏蔽线碰在一起,就相当于负载地线与信号地线合并,可能引起啸叫。

12.2.3.2　一点接地原则

对于上述四种地线,一般应分别设置,在电位需要连通时,也必须仔细选择合适的点,在一个地方相连,才能消除各地线之间的干扰。

1. 单级电路一点接地原则　如图 12-17 所示,这是一个单调谐选频放大器电路,图中有 11 个元件的一端需要接地,从原理图上看,这 11 个元件可以接在接地母线上的任意点上,但可能相距较远,如图 12-17a 所示,不同点之间的电位差就有可能成为这一级电路的干扰信号,因此应采取图 12-17b 所示的一点接地方式。在实际的印制电路板设计中,只能做到各接地点尽量靠近,并加大地线的宽度,如图 12-17c 所示。

2. 多级电路的一点接地原则　图 12-18a 所示的多级电路的地线逐级串联,形成公共地线。在这段地线上存在着 G_1、G_2、G_3 三点不同的对地电位差,虽然其数值很小,但仍有可能产生共阻抗干扰。只有在数字电路或放大倍数不大的模拟电路中,为布线简便起见,才可以采用上述电路,但也应**注意下面的原则**:一是公用地线的截面积应尽量大些,以减少地线的内阻;二是应把电流最大的电路放在距电源接地点最近的地方。

图 12-18b 采取并联接地方式,这种接法不易产生共阻抗耦合干扰,但需要很多根地线,在低频时效果较好,但在高频时反而会引起各地线间的互感耦合干扰,因此只在频率为 1MHz 以下时才采用。当频率较高时,应采取大面积地线,这时允许"多点接地",这是因为接地面积十分大,内阻很低,事实上相当于一点接地,不易产生级与级之间的共阻耦合。

3. 检测系统一点接地原则　检测系统通常由传感器(一次仪表)与二次仪表构成,两者

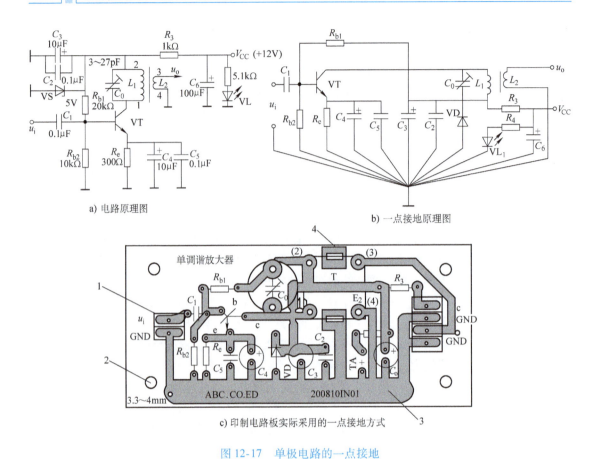

a) 电路原理图

b) 一点接地原理图

c) 印制电路板实际采用的一点接地方式

图 12-17　单极电路的一点接地

1—接线端子　2—印制电路板安装孔　3—接地母线　4—高频变压器金属屏蔽外壳接地点

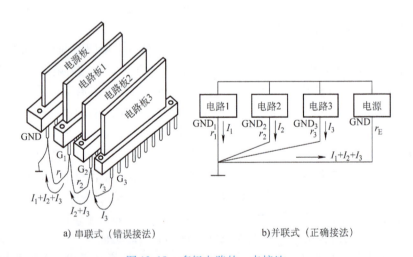

a) 串联式（错误接法）　　　　　　b) 并联式（正确接法）

图 12-18　多级电路的一点接地

之间相距甚远。当我们在实验室用较短的信号线把它们连接起来时，系统能正常工作；但当它们安装在工作现场，并用很长的信号线连接时，可能发现测量数据跳动、误差变大。这就涉及检测系统的一点接地问题。

（1）大地电位差　从理论上说，大地是理想的零电位。可是事实上大地存在着一定的电阻，如果某一电气设备对地有较大的漏电流，则以漏电点为圆心，在很大的一个范围内，电位沿半径方向向外逐渐降低，在人体跨步之间可以测出或多或少的电压降，图 12-19 所示为漏电设备产生"跨步电压"的示意图。在工业现场，由于电气设备很多，大地电流十分复杂，所以大地电位差有时可能高达几伏甚至几十伏。

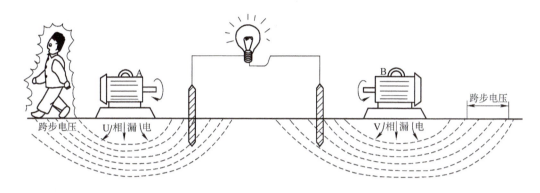

图 12-19　跨步电压及大地电位差

（2）检测系统两点接地将产生大地环流　若将传感器与二次仪表的零电位参考点在安装地点分别接各自的大地，则可能在二次仪表的输入端测到较为可观的 50Hz 的干扰电压。究其原因，如图 12-20a 所示，因为大地电位差 U_{Ni} 在内阻很小的传输线中的一根上产生较大数值的"大地环流" I_N，并在传输线的内阻 Z_{S2} 上产生降压 U_{No}，这个降压对二次仪表而言相当于差模干扰。

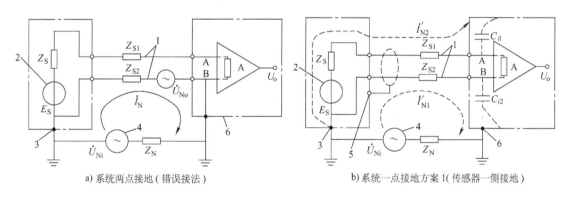

a）系统两点接地（错误接法）　　　　　b）系统一点接地方案 1（传感器一侧接地）

图 12-20　检测系统的接地

1—信号传输线　2—传感器的信号源　3—传感器外壳接地点　4—大地电位差
5—屏蔽层接地点　6—二次仪表外壳

（3）检测系统一点接地方案 1（传感器侧接地）　由于许多传感器输出信号的零电位端与传感器外壳相连接，又由于传感器外壳一般均通过固定螺钉、支撑构架等与大地连接，所以传感器输出信号线中有一根必然接大地，这样就迫使二次仪表输入端中的公共参考端不能再接大地，否则会引起大地环流。当采用检测系统一点接地方案 1 后，从图 12-20b 中可以看到，大地电位差只能通过二次仪表输入端与外壳之间很小的分布电容 C_{i1}、C_{i2}（一般约为几百 pF)流经信号线和二次仪表的外壳(为安全起见,二次仪表的外壳必须接大地)。由于分布电容 C_{i1}、C_{i2} 容量很小,对 50Hz 的阻抗很大,所以大地环流 I'_N 比两点接地时小得多。从图 12-20b 中还可以看到这很小的大地环流是同时流经两根信号线的,只要 $C_{i1} = C_{i2}$,则两路环流基本相等($I'_{N1} = I'_{N2}$),且在 Z_{S1}、Z_{S2} 上的压降也相等,最终施加在二次仪表 A、B 两端的只是很小的共模电压,又由于放大器的共模抑制比很大,所以此共模干扰不会在放大器输出端反映出来。

(4)浮置电路 在图 12-20b 中,二次仪表电路在未接信号线之前,没有任何导电性的直流电阻关系,这种类型的电路就称为浮置电路。采用干电池的数字仪表是浮置的特例。浮置电路基本消除了大地电位差引起的大地环流,抗干扰能力较强。

(5)检测系统一点接地方案 2(二次仪表侧接地) 有许多传感器采用两线制电流输出形式,它的两根信号线均不接大地。如果这时二次仪表也采用浮置电路,容易出现静电积累现象,从而产生电场干扰。在这种情况下,多采用二次仪表侧公共参考端接地的方案,如图 12-21 所示,这种方案仍然符合一点接地原则。

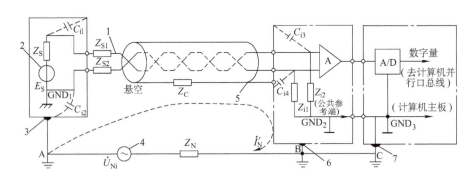

图 12-21 二次仪表一点接地方案 2(二次仪表侧接地)
1—信号传输线 2—传感器的信号源 3—传感器外壳接地点 4—大地电位差
5—屏蔽层接地点 6—二次仪表外壳接地点 7—计算机接地点

从图中可以看到,在二次仪表侧接地方案中,大地电位差引起的干扰环流 I'_N 从 A 点出发,经 C_{i1}、C_{i2}(信号线对传感器金属外壳的分布电容)→Z_{S1}、Z_{S2}(信号线内阻)→Z_{i1}、C_{i3} 和 Z_{i2}、C_{i4}(二次仪表对地阻抗)→A/D 板的公共参考端 GND_3→C 点和 B 点。由于 C_{i1}、C_{i2}、C_{i3}、C_{i4} 容量很小,Z_{i1}、Z_{i2} 的阻值较大,所以大地环流 I'_N 很小,方案 2 同样也有较高的抗干扰能力。

12.2.4 滤波技术

滤波器是抑制交流差模干扰的有效手段之一。下面分别介绍检测技术中常用的几种滤波电路。

1. *RC* 滤波器 当信号源为热电偶、应变片等信号变化缓慢的传感器时,利用小体积、低成本的无源 *RC* 低通滤波器将对串模干扰有较好的抑制效果,如图 12-22 所示。

所谓低通滤波器,就是只允许直流信号或缓慢变化的极低频率的信号通过,而不让较高频率信号(差模干扰)通过的电路。这里所说的较高频率信号是指 50Hz 及 50Hz 以上的信号,它们都不是有用的信号,是大地环流、电源畸变、电火花等造成的干扰信号。电容器 C 并

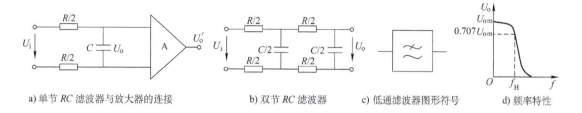

a) 单节 *RC* 滤波器与放大器的连接　　　　　b) 双节 *RC* 滤波器　　　c) 低通滤波器图形符号　　　d) 频率特性

图 12-22　串模干扰信号滤波器

联在二次仪表输入端，它对较高频率的干扰信号容抗较低，可将其旁路。在二次仪表输入端测到的干扰信号比不串联低通滤波器时小许多，所以能提高抗差模干扰能力，但对共模干扰不起作用。在图 12-22b 中，采用了两级 *RC* 低通滤波器，对干扰衰减更大。

低通滤波器多采用电阻串联、电容并联的方式，但也可以将电感与电阻串联，其对抗高频干扰的效果更好。

需要指出的是，仪表输入端串接低通滤波器后，会阻碍有用信号的突变，图 12-23 示出了低通滤波器降低检测系统的阶跃响应。当压力突变时，由于串接了低通滤波器，二次仪表的响应变慢。由此可见，串接低通滤波器是以牺牲系统响应速度为代价来减小串模干扰的。

2. 交流电源滤波器　电源网络吸收了各种高、低频噪声，对此常用 *LC* 滤波器来抑制混入电源噪声，如图 12-24 所示。100μH 电感、0.1μF 电容组成高频滤波器，能吸收从电源线传导进来的中短波段的高频噪声干扰。图中有两只对称的 5mH 电感，是由绕在同一只铁心两侧、匝数相等的电感线圈构成的，称为共模电感。由于电源的进线侧至负载的往返电流在铁心中产生的磁通方向相反、互相抵消，因而不起电感作用，对 50Hz 的大负载电流阻抗很小，但对于电源相线和中性线同时存在的大小相等、相位相同的共模噪声干扰来说是一个较大的电感，它呈高阻抗，所以对共模噪声干扰有良好的抑制作用。图

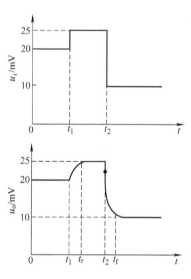

图 12-23　低通滤波器降低检测系统的阶跃响应

中的 10μF 电容能吸收因电源波形畸变而产生的谐波干扰，图中的压敏电阻能吸收因雷击等引起的浪涌电压干扰。

3. 直流电源滤波器　直流电源往往为几个电路所共用，为了避免通过电源内阻造成几个电路间相互干扰，应在每一个电路的直流电源上加上 *RC* 或 *LC* 退耦滤波器，如图 12-25 所示。图中的电解电容用来滤除低频噪声。由于电解电容采用卷制工艺而含有一定的电感，在高频时阻抗反而增大，所以需要在电解电容旁边并联一个 1nF ~ 0.01μF 的高频磁介电容或独石电容，用来滤除高频噪声。

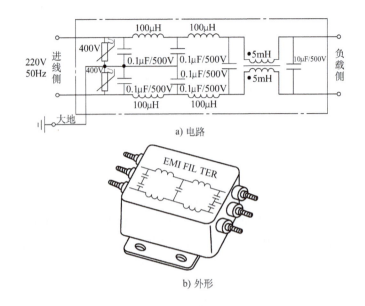

图 12-24 交流电源滤波器

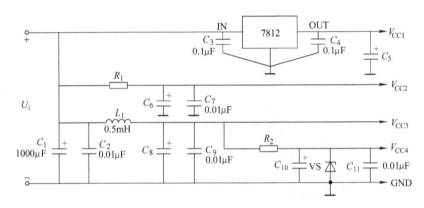

图 12-25 直流电源退耦滤波器电路

12. 2. 5 光电耦合技术

目前，检测系统越来越多地采用光电耦合器来提高系统的抗共模干扰能力。

光电耦合器是一种电→光→电耦合器件，它的输入量是电流，输出量也是电流，可是两者之间从电气上看却是绝缘的，如图 12-26 所示。发光二极管一般采用砷化镓红外发光二极管，而光电元件可以是光电二极管、光电晶体管、达林顿管，甚至可以是光电双向晶闸管、光电集成电路等。发光二极管与光电元件的轴线对准并保持一定的间隙。

当有电流流入发光二极管时，它便发射红外光，光电元件受红外光照射后，产生相应的光电流，这样就实现了以光为媒介的电信号传输。

图 12-27 是利用光耦在远距离信号传输中起隔离干扰作用的示意图。在距计算机控制中心很远的生产现场有一台非接触式转速表，它产生与转速成正比的 TTL 电平信号，通过很长的传输线传送给计算机。

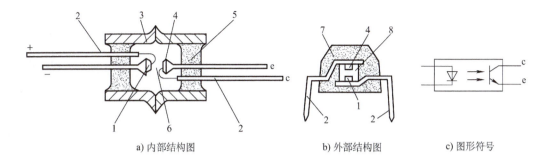

a) 内部结构图　　　　　　　b) 外部结构图　　　　　　c) 图形符号

图 12-26　光电耦合器

1—发光二极管　2—引脚　3—金属外壳　4—光电元件　5—不透明玻璃绝缘材料

6—气隙　7—黑色不透光塑料外壳　8—透明树脂

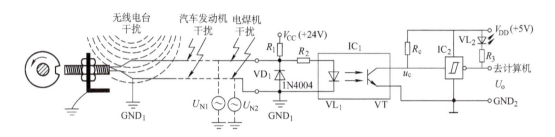

图 12-27　光耦在远距离信号传输中起隔离干扰的作用

　　假设该转速表的公共参考端在出厂时已与外壳连接，所以其中一根信号线接传感器的大地。如果直接将这两根信号线接到计算机中，势必就在传感器地 GND_1 与计算机地 GND_2 之间构成大地环流回路，在干扰很大的情况下，计算机可能无法正确地接收转速信号。

　　现在在传感器与计算机之间接入一只光耦 IC_1，它在传送信号的同时又将两个不同电位的地 GND_1、GND_2 隔离开来，避免了上述干扰。图中的 U_{N1}、U_{N2} 是各种干扰在传输线上引起的对地干扰电压。它们大小相等，相位相同，属于共模干扰，不会在光耦中产生 I_{VL}，所以也就不会将干扰耦合到光耦之后去，这就是光耦能够排除共模干扰的原因。图 12-27 中的 V_{CC} 与 V_{DD} 分属于不同的接地电路，所以它们之间不能有任何直流联系（如不能使用分压电路或集成稳压 IC 降压等），否则就失去了隔离的作用。

复习思考题

1. 在信号处理电路中，常用控制元件的模拟开关的主要性能要求有哪些？误差和噪声是如何产生的？

2. 在测量系统中，常采用哪些信号转换技术？简述各自的工作原理。

3. A/D 和 D/A 转换器主要应用于何种场合？请简述它们的组成和工作原理。

4. 电子装置中常见的干扰有几种？应采取何种措施加以预防？

5. 屏蔽有哪些形式？各起到什么作用？

6. 请问滤波技术主要抑制何种干扰？有哪些种类？

7. 简单分析光电耦合器在抗干扰电路中的作用。

8. 简述如何防止和抑制传感器的外来干扰？

9. 简述如何消除检测系统中的内部干扰？

 延伸阅读

MEMS 传感器：未来智能世界由此开启

随着人工智能的高速发展，传感器逐步趋向于智能化、微型化。MEMS 传感器是指采用微电子和微机械加工技术制造出来的传感器，是传感器微型化、智能化、集成化的代表之作，其系统尺寸在几毫米甚至更小，其内部结构一般在微米甚至纳米量级。

MEMS 传感器的应用越来越广，例如，MEMS 压力传感器在医疗领域的应用非常广泛，可以进行子宫内压测量，生命体征监测，血液和透析液的压力监测等。

我国国内智能传感器总产值占比从 2016 年的 13% 快速提升到 2020 年的 31%，随着国内厂商技术持续迭代、产品线进一步丰富、市场认知度持续提升，智能传感器市场国产化率将进一步提高。

相关短视频请参看随赠的教学辅助资源。

附　录

附录 A　测量的基准、标准和单位制简介

1. 基准和标准

每个物理量都有严格定义的单位，测量某物理量时，是将被测量与该物理量的单位量进行比较，比较的倍数就是被测物理量的大小，单位量的名称就是被测物理量的单位。例如，测得物体的质量为 11.8kg（千克），其中"千克"是质量单位，11.8 是以"千克"为单位测得的倍数值，若无单位"千克"，则数字 11.8 就毫无意义。那么用来比较被测物理量的单位量就得用标准单位量。选定的标准单位量本身也有一个准确度的问题。此外，标准单位量还有一个各国国内和国际之间统一的问题，否则将引起混乱。这就存在一个以哪个为标准单位量，即测量的基准问题。

测量的基准依据它的作用和不同的用途可分为国际基准和国际原器、国家原始基准或原器、副基准、工作基准和标准几个等级。

国际基准是根据国际公约、国际协议而规定的标准。它代表该测量标准单位量所能达到的最高精确的程度。国际计量局负责建立主要物理量的基本标准，以保证世界范围内物理测量的统一，它还保存国际原器，并进行国家基准与国际基准的比较。

通常把直接按物理单位定义复现的具有最高水平的基准称为国家原始基准（主基准）或原器，它们保存在各国国家级计量科学研究院或国家级标准实验室中。

为了保证国家基准的准确度不致因经常使用而降低，还制作了若干副基准，它的量值代替原始基准向下传递。因而国家基准主要用于副基准的调整和修正。

此外，还有经常直接向下级标准量具和仪器传递量值的工作基准。工作基准是作为科学、工业测试标准仪器的基本参考标准，它保存在各大区、各省级计量机构和有关地方性标准实验中心作为量值传递之用。

由于基准器价格昂贵、操作复杂、不宜经常动用，根据基准量值制成了不同等级的标准量具和仪器。根据准确度的高低，标准量具和仪器又分为一级、二级和三级标准，其中一级标准的量值由基准来决定。

2. 单位制

科学和工程中广泛使用的单位制很多。它们都是以一些基本物理量为基础，通过各物理量之间的联系组成各自的单位制。例如，绝对单位制、电磁单位制、静电单位制、国际单位制等。其中，国际单位制的构成比较科学，大部分采用实用单位，并涉及几乎所有专业领域，是当前比较先进的计量单位制。国际单位制可以代替几乎所有的其他单位制。目前大多数工业国家都在推行国际单位制。我国也在 1981 年 7 月 14 日开始推行国际单位制，同时沿用某些非国际单位制单位。

国际单位制是在米制基础上发展起来的，简称为 SI。国际单位制包括 SI 单位、SI 词冠和 SI 单位的十进倍数与分数单位三部分。

SI 单位包括 SI 基本单位、SI 辅助单位和 SI 导出单位。SI 导出单位是通过系数为 1 的单位定义方程式，由 SI 基本单位（包括辅助单位）表示的单位。

附录 B 常用传感器的性能比较

传感器类型	典型示值范围	特点及对环境的要求	应用场合与领域
金属热电阻	−200~960℃	精度高，不需冷端补偿；对测量桥路及电源稳定性要求高	测温、控温及与温度有关的非电量的测量
热敏电阻	−50~150℃	灵敏度高，体积小，价廉；线性差，测温范围较小	测温、控温及与温度有关的非电量的测量
热电偶	−200~1800℃	属自发电型传感器，精度高，测量电路较简单；需冷端温度补偿，电路较复杂	温度、控温及与温度有关的非电量的测量
PN 结测温集成电路	−50~150℃	体积小，集成度高，精度高，线性好，输出信号大，测量电路简单；测温范围较小	测温、控温
电位器	500mm 以内或360℃以下	结构简单，输出信号大，测量电路简单；易磨损，摩擦力大，需要较大的驱动力或力矩，动态响应差，须置于无腐蚀性气体的环境中	直线、角位移及张力的测量
应变片	2000μm/m 以内	体积小，价廉，精度高，频率特性较好；输出信号小，测量电路复杂，易损坏，须定期校验	力、应力、应变、压力、质量、振动、加速度及扭矩的测量
自感、互感	100mm 以内	分辨率高，输出电压较高；体积大，动态响应较差，需要较大的激励功率，易受环境振动影响，须考虑温度补偿	小位移、液体及气体的压力测量及工件尺寸的测量
电涡流	50mm 以内	非接触式测量，体积小，灵敏度高，安装使用方便，频响好，应用领域宽广；测量结果标定复杂，须远离不属被测物的金属物，须考虑温度补偿	小位移、振动、加速度、振幅、转速、表面温度、状态的测量及无损探伤
电容	500mm 以内或360°以下	需要的激励源功率小，体积小，动态响应好，能在恶劣条件下工作；测量电路复杂，对温度影响较敏感，需要良好的屏蔽	小位移、气体及液体压力、流量的测量，与介电常数有关的参数如厚度、含水量、温度、液位的测量
压电	10^6N 以下	属于自发电型传感器，体积小，高频响应好，测量电路简单；不能用于静态测量，受潮后易发生漏电	动态力、振动、加速度的测量，频谱分析
光电	视应用情况而定	非接触式测量，动态响应好，精度高，应用范围广；易受外界杂光干扰，需要遮光罩	亮度、温度、转速、位移、振动、透明度的测量，图像识别或其他特殊领域的应用
霍耳	5mm 以内	非接触式测量，体积小，灵敏度高，线性好，动态响应好，测量电路简单，应用范围广；易受外界磁场影响，温漂较大	磁感应强度、角度、位移、振动、转速、压力的测量，其他特殊场合的应用
超声波	视应用情况而定	非接触式测量，动态响应好，应用范围广；测量电路复杂，定向性稍差，测量结果标定复杂	距离、速度、位移、流量、流速、厚度、液位、物位的测量，无损伤或其他特殊领域的应用

（续）

传感器类型	典型示值范围	特点及对环境的要求	应用场合与领域
角编码器	10000r/min 以下，角位移无上限	测量结果数字化，精度较高，受温度影响小，成本较低	角位移、转速的测量，经直线旋转变换装置也可测量直线位移
光栅	20m 以内	测量结果数字化，精度高，受温度影响小；成本高，不耐冲击，易受油污及灰尘影响，应用遮光、防尘的防护罩	大位移、静动态的测量，多用于自动化机床
磁栅	30m 以内	测量结果数字化，精度高，受温度影响小，磁录方便；成本高，易受外界磁场影响，需要屏蔽，磁头易磨损	大位移、静动态的测量，多用于自动化机床
容栅	1m 以内	测量结果数字化，体积小，精度较高，受温度影响小，可用电池供电，成本低；易受外界电场影响，需要屏蔽	较大位移、静动态的测量，多用于数显量具
感应同步器	10m 以内	测量结果数字化，受温度影响小，对环境要求低；较笨重，直线型易产生接长误差，精度不如光栅和磁栅	较大位移、静动态测量，多用于自动化机床的角位移测量

附录 C   工业热电阻分度表

工作端温度/℃	电阻值/Ω		工作端温度/℃	电阻值/Ω	
	Cu50	Pt100		Cu50	Pt100
−200		18.52	30	56.42	111.67
−190		22.83	40	58.56	115.54
−180		27.10	50	60.70	119.40
−170		31.34	60	62.84	123.24
−160		35.54	70	64.98	127.08
−150		39.72	80	67.12	130.90
−140		43.88	90	69.26	134.71
−130		48.00	100	71.40	138.51
−120		52.11	110	73.54	142.29
−110		56.19	120	75.68	146.07
−100		60.26	130	77.83	149.83
−90		64.30	140	79.98	153.58
−80		68.33	150	82.13	157.33
−70		72.33	160		161.05
−60		76.33	170		164.77
−50	39.24	80.31	180		168.48
−40	41.40	84.27	190		172.17
−30	43.55	88.22	200		175.86
−20	45.70	92.16	210		179.53
−10	47.85	96.06	220		183.19
0	50.00	100.00	230		186.84
10	52.14	103.90	240		190.47
20	54.28	107.79	250		194.10

（续）

工作端温度/℃	电阻值/Ω		工作端温度/℃	电阻值/Ω	
	Cu50	Pt100		Cu50	Pt100
260		197.71	560		300.75
270		201.31	570		304.01
280		204.90	580		307.25
290		208.48	590		310.49
300		212.05	600		313.71
310		215.61	610		316.92
320		219.15	620		320.12
330		222.68	630		323.30
340		226.21	640		326.48
350		229.72	650		329.64
360		233.21	660		332.79
370		236.70	670		335.93
380		240.18	680		339.06
390		243.64	690		342.18
400		247.09	700		345.28
410		250.53	710		348.38
420		253.96	720		351.46
430		257.38	730		355.53
440		260.78	740		357.59
450		264.18	750		360.64
460		267.56	760		363.67
470		270.93	770		366.70
480		274.29	780		369.71
490		277.64	790		372.71
500		280.98	800		375.70
510		284.30	810		378.68
520		287.62	820		381.65
530		290.92	830		384.60
540		294.21	840		387.55
550		297.49	850		390.48

附录 D　镍铬 - 镍硅热电偶分度表（自由端温度为0℃）

工作端温度 /℃	热电动势 /mV	工作端温度 /℃	热电动势 /mV	工作端温度 /℃	热电动势 /mV
− 50	− 1.889	30	1.203	120	4.919
− 40	− 1.527	40	1.611	130	5.327
− 30	− 1.156	50	2.022	140	5.733
− 20	− 0.777	60	2.436	150	6.137
− 10	− 0.392	70	2.850	160	6.539
− 0	− 0.000	80	3.266	170	6.939
+ 0	0.000	90	3.681	180	7.338
10	0.397	100	4.095	190	7.737
20	0.798	110	4.508	200	8.137

（续）

工作端温度 /℃	热电动势 /mV	工作端温度 /℃	热电动势 /mV	工作端温度 /℃	热电动势 /mV
210	8.537	600	24.902	990	40.897
220	8.938	610	25.327	1000	41.264
230	9.341	620	25.751	1010	41.657
240	9.745	630	26.176	1020	42.045
250	10.151	640	26.599	1030	42.432
260	10.560	650	27.022	1040	42.817
270	10.969	660	27.445	1050	43.202
280	11.381	670	27.867	1060	43.585
290	11.793	680	28.288	1070	43.968
300	12.207	690	28.709	1080	44.349
310	12.623	700	29.128	1090	44.729
320	13.039	710	29.547	1100	45.108
330	13.456	720	29.965	1110	45.486
340	13.874	730	30.383	1120	45.863
350	14.292	740	30.799	1130	46.238
360	14.712	750	31.214	1140	46.612
370	15.132	760	31.629	1150	46.935
380	15.552	770	32.042	1160	47.356
390	15.974	780	32.455	1170	47.726
400	16.395	790	32.886	1180	48.095
410	16.818	800	33.277	1190	48.462
420	17.241	810	33.686	1200	48.828
430	17.664	820	34.095	1210	49.192
440	18.088	830	34.502	1220	49.555
450	18.513	840	34.909	1230	49.916
460	18.938	850	35.314	1240	50.276
470	19.363	860	35.718	1250	50.633
480	19.788	870	36.121	1260	50.990
490	20.214	880	36.524	1270	51.344
500	20.640	890	36.925	1280	51.697
510	21.066	900	37.325	1290	52.049
520	21.493	910	37.724	1300	52.398
530	21.919	920	38.122	1310	52.747
540	22.346	930	38.519	1320	53.093
550	22.772	940	38.915	1330	53.439
560	23.198	950	39.310	1340	53.782
570	23.624	960	39.703	1350	54.125
580	24.050	970	40.096	1360	54.466
590	24.476	980	40.488	1370	54.807

附录 E　常用光敏电阻的规格、型号及参数

规格	型号	最大电压(DC)/V	最大功耗/mW	环境温度/℃	光谱峰值/nm	亮电阻(10Lux)/kΩ	暗电阻/MΩ	响应时间/ms 上升	下降
Φ3系列	GL3516	100	50	−30 ~ +70	540	5 ~ 10	0.6	30	30
	GL3526					10 ~ 20	1		
	GL3537 − 1					20 ~ 30	2		
	GL3537 − 2					30 ~ 50	3		
	GL3547 − 1					50 ~ 100	5		
	GL3547 − 2					100 ~ 200	10		
	GL4516	150				5 ~ 10	0.6		
	GL4526					10 ~ 20	1		
	GL4537 − 1					20 ~ 30	2		
	GL4537 − 2					30 ~ 50	3		
	GL4548 − 1					50 ~ 100	5		
	GL4548 − 2					100 ~ 200	10		
Φ5系列	GL5516	150	90		540	5 ~ 10	0.6	30	
	GL5528		100			10 ~ 20	1		
	GL5537 − 1					20 ~ 30	2		
	GL5537 − 2					30 ~ 50	3		
	GL5539					50 ~ 100	5		
	GL5549					100 ~ 200	10	20	
	GL5606				560	4 ~ 7	0.5		
	GL5616					5 ~ 10	0.8		
	GL5626					10 ~ 20	2		
	GL5637 − 1					20 ~ 30	3		
	GL5637 − 2					30 ~ 50	4		
	GL5639					50 ~ 100	8		
	GL5649					100 ~ 200	15		
Φ7系列	GL7516	150	100			5 ~ 10	0.5		
	GL7528					10 ~ 20	1		
	GL7537 − 1		150			20 ~ 30	2		
	GL7537 − 2					30 ~ 50	4		
	GL7539					50 ~ 100	8		
Φ10系列	GL10516	200	150		560	5 ~ 10	1		
	GL10528					10 ~ 20	2		
	GL10537 − 1					20 ~ 30	3		
	GL10537 − 2					30 ~ 50	5		
	GL10539	250	200			50 ~ 100	8	30	
Φ12系列	GL12516	250	200			5 ~ 10	1		
	GL12528					10 ~ 20	2		
	GL12537 − 1					20 ~ 30	3		
	GL12537 − 2					30 ~ 50	5		
	GL12539					50 ~ 100	8		
Φ20系列	GL20516	500	500			5 ~ 10	1		
	GL20528					10 ~ 20	2		
	GL20537 − 1					20 ~ 30	3		
	GL20537 − 2					30 ~ 50	5		
	GL20539					50 ~ 100	8		

附录 F　2CR 型硅光电池特性参数

型号	开路电压 U_{oc}/mV	短路电流 I_{sc}/mA	输出电流 I_o/mA	转换效率 η（%）	面积/mm²
2CR11	450~600	2~4		≥6	2.5×5
2CR21	450~600	4~8		≥6	5×5
2CR31	500~600	9~15	6.5~8.5	6~8	5×10
2CR32	500~600	9~15	8.6~11.3	8~10	5×10
2CR33	550~600	12~15	11.4~15	10~12	5×10
2CR34	550~600	12~15	15~17.5	12 以上	5×10
2CR41	450~600	18~30	17.6~22.5	6~8	10×10
2CR42	500~600	18~30	22.5~27	8~10	10×10
2CR43	550~600	23~30	27~30	10~12	10×10
2CR44	550~600	27~30	27~35	12 以上	10×10
2CR51	450~600	36~60	35~45	6~8	10×20
2CR52	500~600	36~60	45~54	8~10	10×20
2CR53	550~600	45~60	54~60	10~12	10×20
2CR54	550~600	54~60	54~60	12 以上	10×20
2CR61	450~600	40~65	30~40	6~8	φ17
2CR62	500~600	40~65	40~51	8~10	φ17
2CR63	550~600	51~65	51~61	10~12	φ17
2CR64	550~600	61~65	61~65	12 以上	φ17
2CR71	450~600	72~120	54~120	≥6	20×20
2CR81	450~600	88~140	66~85	6~8	φ25
2CR82	500~600	88~140	86~110	8~10	φ25
2CR83	550~600	110~140	110~132	10~12	φ25
2CR84	550~600	132~140	132~140	12 以上	φ25
2CR91	450~600	18~30	13.5~30	≥6	5×20
2CR101	450~600	173~288	130~228	≥6	φ35

注：1. 测试条件：在室温 30℃ 下，入射辐照度 $E_c = 100 \text{nW/cm}^2$，输出电流是在输出电压为 400mV 下测得的。

2. 光谱范围：$0.4 \sim 1.1 \mu m$；峰值波长：$0.8 \sim 0.9 \mu m$；响应时间：$10^{-8} \sim 10^{-6} s$；使用温度：$-55℃ \sim +125℃$。

3. 2DR 型参数分类均与 2CR 型相同。

参 考 文 献

[1] 常健生. 检测与转换技术 [M]. 3 版. 北京：机械工业出版社，2011.

[2] 刘迎春，叶湘滨. 传感器原理、设计与应用 [M]. 5 版. 北京：国防工业出版社，2015.

[3] 刘靳，刘笃仁，韩保君. 传感器原理及应用技术 [M]. 3 版. 西安：西安电子科技大学出版社，2013.

[4] 谢文和，刘蕊. 传感器及其应用 [M]. 2 版. 北京：高等教育出版社，2011.

[5] 梁森，王侃夫，黄杭美. 自动检测与转换技术 [M]. 4 版. 北京：机械工业出版社，2021.

[6] 王煜东. 传感器及应用 [M]. 3 版. 北京：机械工业出版社，2019.

[7] 于永芳，郑仲民. 检测技术 [M]. 北京：机械工业出版社，2003.

[8] 林金泉. 自动检测技术 [M]. 2 版. 北京：化学工业出版社，2010.

[9] 宋文绪，杨帆. 自动检测技术 [M]. 4 版. 北京：高等教育出版社，2015.

[10] 余文勇，石绘. 机器视觉自动检测技术 [M]. 北京：化学工业出版社，2013.

[11] 胡向东. 传感器与检测技术 [M]. 4 版. 北京：机械工业出版社，2021.

[12] 牛彩雯，何成平. 传感器与检测技术 [M]. 北京：机械工业出版社，2018.